最初からそう教えてくれればいいのに!

PythonでExcelやメール操作を自動化するツボとコツがゼッタイにわかる本

立山秀利●著

秀和システム

はじめに

読者のみなさんの多くは、普段の仕事でExcelやメールを日々使っている人が多いことでしょう。プライベートでも同様です。そのなかで、毎回毎回同じような操作を手作業で行っていませんか？　それだと時間も手間もかかり、ミスの恐れも常につきまとうものです。

そのような悩みを解決するため、「プログラムを書いて自動化しましょう！　しかもプログラミング言語はPythonで！」というのが本書の趣旨です。

現在最も人気が高いプログラミング言語と言っても過言ではないPython（パイソン）。AI（Artificial Intelligence：人工知能）など先端分野での活用が広く知られていますが、実はExcelやメール操作の自動化もできてしまう言語なのです。本書では、このPythonを使って、Excelおよびメール操作を自動化します。

Excelについては、請求書を自動作成します。さらにPDF化もします。そして、その請求書のPDFファイルを添付したメールを作成し、送信することまでもPythonで自動化します。さらには、インターネットからの情報収集を仕事などで日々行っている人も多いかと思いますが、それもPythonで自動化します。収集した情報はExcelにデータを蓄積・保存し、グラフ作成までもPythonで行います。

「Excelを自動化するプログラミング言語ならVBAじゃないの？」とギモンを抱いた読者の方も多いかと思います。なぜPythonを使うのか、その理由は本書でも解説していますが、Excelのみならず、PDF化やメール作成・送信、インターネットからの情報収集までもまとめて自動化できることです。これはVBAにはできない、もしくは苦手な芸当です。その上、AIなど先端分野でもメインで使われているPythonの実践力アップにもつながるので、まさに一石二鳥でしょう。

また、本書では、いきなりプログラムの完成形だけを提示するのではなく、ゼロから処理手順を考え、少しずつコードを書きたしながら組み立てていくアプローチを採っています。そのような過程を実際に体験することで、似たようなプログラムを自力で作成できるような実践力をアップできます。

一方、本書で解説する内容は、PythonによるExcelやメール操作などの基本的な方法です。とはいえ、解説する内容は多岐にわたり、分量も多いため、一読しただけでは身に付けるのは難しいことでしょう。実際に自分の手を動かしてコードを書いて実行し、その結果を確認しながら、どのコードがどう動いているのか把握するなど、一歩ずつジックリと学習を進めてください。

また、本書ではさまざまなライブラリの関数やオブジェクト／メソッド／属性が登場しますが、それらを細部まですべて暗記しようとすると、必ずと言っていいほどザセツするでしょう。暗記は一切不要です。どのような機能の関数などがあり、どういったシーンで使えばいいのかが、何となくでよいので把握できれば十分です。あとは必要に応じて、本書を都度見直せばOKです。本を見れば済むものなら、見てしまえばよいのです。

なお、本書では、Pythonの基本的な文法はひととおり把握している読者の方を前提としています。もし、忘れてしまったり、うろ覚えであったりしたら、本書に登場する基本的な文法を巻末資料にまとめておいたので、そちらでおさらいしてください。こちらも都度見直せばOKです。

それでは、Pythonを使ってExcelやメール操作などを自動化する方法を学んでいきましょう。

立山秀利

本書の使い方

●本書の前提とする環境

- Windows 11およびWindows 10 64bit
- Python 3.96
- Excel 2021/2019、Microsoft 365版
- Anaconda、Gmail、PDF　2022年12月時点での最新版

●本書掲載のプログラム

- 本書前提環境以外での動作は、保証しかねる点をあらかじめご了承ください。
- 紙面掲載の画面は、OSはWindows 10のものです。
- 今後、Pythonなどのバージョンアップなどに伴い、紙面通りに動作しなくなる可能性がある点をあらかじめご了承ください。
- 本書で自動作成する請求書は、インボイス制度には対応しておりません。架空の形式の請求書です。

ダウンロードファイルについて

本書での学習を始める前に、本書で作成するサンプルプログラムで用いるファイル一式を、秀和システムのホームページから本書のサポートページへ移動し、ダウンロードしておいてください。ダウンロードファイルの内容は同梱の「はじめにお読みください.txt」に記載しております。

●秀和システムのホームページ

ホームページから本書のサポートページへ移動して、ダウンロードしてください。

URL　https://www.shuwasystem.co.jp/

最初からそう教えてくれればいいのに！

PythonでExcelやメール操作を自動化するツボとコツがゼッタイにわかる本

Contents

第3章 Excelの請求書作成をPythonで自動化しよう

第4章 Excelの請求書を自動でPDF化しよう

第6章　インターネットで情報収集してExcelで整理

第7章 インターネットからWeb APIで情報を取得

資料　Python文法基礎

Column

第1章

PythonでExcelとメール操作を自動化しよう

これからPythonでExcelとメール操作を自動化しましょう！本章ではイントロダクションとして、Pythonというプログラミング言語の魅力、Excelとメール操作の自動化をPythonで行うメリットを解説します。また、プログラミングの準備も行います。

1-1 Pythonって何？

AIから身近な自動化まで活躍するPython

近年、人気急上昇中であり、プログラマーの数も大幅に増えているプログラミング言語がPython（パイソン）です。画像認識や自動翻訳などのAI（Artificial Intelligence：人工知能）の開発では、事実上標準となっており、需要が高まっています。さらには、ビッグデータ分析やセキュリティなど、多くの先端分野で主役を張っています（図1）。

一方、先端分野でなくとも、ファイルの整理やインターネットのWebサイトからの情報収集など、日常の仕事などでのパソコン作業の自動化でも、多く使われているようになり始めています。他にも、プログラミング教育の現場でも採用されるなど、活躍の場はますます広がっています。

先ほど述べたPython活躍の場として、仕事などでのパソコン作業の自動化を挙げましたが、具体的な自動化の対象は多岐にわたります。そのなかのひとつが本書のメインテーマであるExcelとメールです。

仕事の現場ではおなじみの表計算ソフトであるExcelは、実は普段手作業で行っている作業をPythonで自動化できます。Pythonの人気の大きな理由のひとつが豊富なライブラリなのですが、その中には、Excelを制御するためのライブラリがあり、それを使えばできてしまうのです。

メールについてもライブラリが揃っており、送信メールの作成をはじめ、Pythonならさまざまな操作を自動化できます。

このようにExcelとメールの操作をPythonで自動化すれば、仕事の効率を大幅にアップでき、ミスも劇的に減らせます。いいことだらけなので、ぜひとも挑戦しましょう！

図1 先端分野でも身近な作業でも活躍するPython

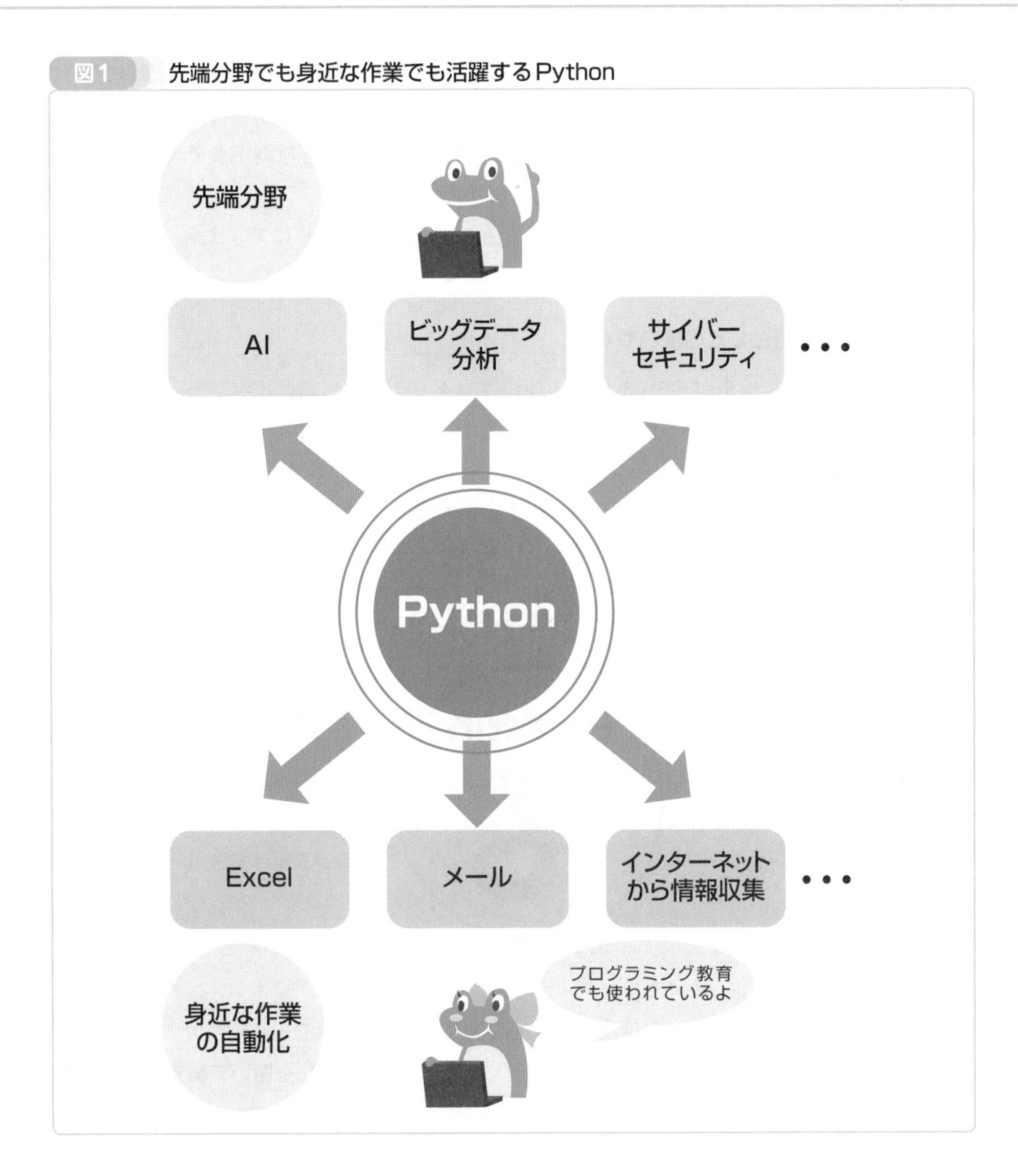

Pythonを使う意味は？

読者のみなさんの中にはここまで読んで、「Excelの自動化するプログラミング言語ならVBAでしょ？」と思った読者の方もいるでしょう。VBA（Visual Basic for Applications）はExcelに標準で搭載されているプログラミング言語であり、確かにExcelの自動化と言えばVBAが常識でした。それでもPythonを使うメリットは、主に次の2点です。

守備範囲の広さ

VBAは原則、Excelをはじめマイクロソフト社のOfficeソフト自動化のためのプログラミング言語です。それに対してPythonは豊富なライブラリによって、メール操作やインターネットからの情報収集など、Officeソフト以外でも自動化できるのが大きなメリットです。

VBAでもメールやWebの自動化はできないこともないのですが、コードがやや複雑になり、追加の事前準備も大きな手間になってしまいます。Pythonなら、メールをはじめOfficeソフト以外の自動化でも、シンプルなコードででき、追加の事前準備も原則不要です（使用するライブラリによっては、事前準備が少し必要になります）。

また、VBAが苦手なこと、実質不可能なことも、Pythonなら簡単にできます（詳しくは第7章で解説します）。

プログラミング言語としての使いやすさ

Pythonは文法・ルールがVBAをはじめ他のプログラミング言語に比べてわかりやすいので、初心者でも習得しやすいのが人気のヒミツです。そして、文法・ルール自体も比較的シンプルなため、豊富なライブラリとあわせることで、同じ処理のコードを書く場合、VBAなど他の言語に比べて短くスッキリとしたコードで済むなど、効率よくプログラミングできます（図2）。

図2 Excel自動化にPythonを使うメリット

守備範囲が広い!

豊富なライブラリ
etc.

プログラミング言語
として使いやすい!

シンプルな文法･ルール
etc.

他にも、PythonをExcel自動化に使う副次的なメリットとして、Excelのアプリ自体がパソコンにインストールされていなくても、Excelのファイル（ブック）を開いて編集することができ、ソフト代が節約できるなども考えられます。

逆にPythonを使うデメリットとしては、VBAに比べてできることが限られてしまうことです。セルの値の転記や書式設定、ワークシートのコピー、ブックの保存、グラフ作成など基本的な処理ならPythonでも可能です。しかし、値のみの貼り付けなど、Excelの一部の機能はPythonでは自動化できません。一方、VBAなら自動化できないExcelの機能はありません。

以上のように挙げたPythonのメリットとデメリットを踏まえ、Excelのどのような作業をPythonで自動化するのかを決めましょう。

一方、メール操作などExcel以外の自動化については、できることは基本的にPythonとVBAで大差ありません。Pythonの方が簡単なコードでできることを踏まえると、メリットが大きいと言えます。

1-2 Pythonの開発環境を準備しよう

開発環境はAnacondaで構築

本書では、Pythonの開発環境はAnaconda（アナコンダ）を用いるとします。AnacondaはPython本体に加え、ツール類や主要なライブラリなどひとまとめになったものです。初心者でも非常に簡単にPythonのプログラミング環境を準備できます。もちろん、すべての機能を無料で利用できます。

このAnacondaの中に、Excelやメールを自動化するためのライブラリが含まれています。Excel用がOpenPyXLとpywin32、メール用がsmtplibとemailという名前のライブラリになります。おのおの具体的にどのようなライブラリなのか、どう使えばよいのかなど、詳細は次章以降で順次解説します。また、本書では、インターネットからの情報収集などの自動化も解説しますが、Anacondaにはそのためのライブラリも含まれています。

もし、お手元のパソコンにAnacondaの開発環境がなければ、本節でこのあとすぐに紹介する手順などを参考にインストールしておいてください。

実際にプログラミングを行うためのツールには、Anacondaに同梱されているJupyter Notebook（ジュピターノートブック）を使うとします。Webブラウザーベースのプログラミングツールです。

また、本書では、WebブラウザーはGoogle Chrome（以下、Chrome）を使うとします。紙面に以降登場するWebブラウザーの画面はすべてChromeのものとします。とはいえ、画面の内容や見た目、操作手順などはMicrosoft Edgeなど他のWebブラウザーでも同じです。基本的にはChromeをオススメしますが、他のWebブラウザーを使っても構いません。

以上のように、本書の開発環境にはPython本体とライブラリのOpenPyXLとpywin32、smtplib、emailなどに加え、Anaconda、Jupyter Notebook、Webブラウザーが登場します。それらの“登場人物”と、自動化の対象であるExcelおよびメールとの関係や役割分担の全体像を、ここで次の図1で整理しておきます。何となくボンヤリで構いませんので、この全体像を把握しておくとよいでしょう。

なお、第6章と第7章ではインターネットからの情報収集自動化を解説しますが、それらのライブラリなどは図1には含まれていません。

図1 PythonとExcel、メール、ツール類などの関係

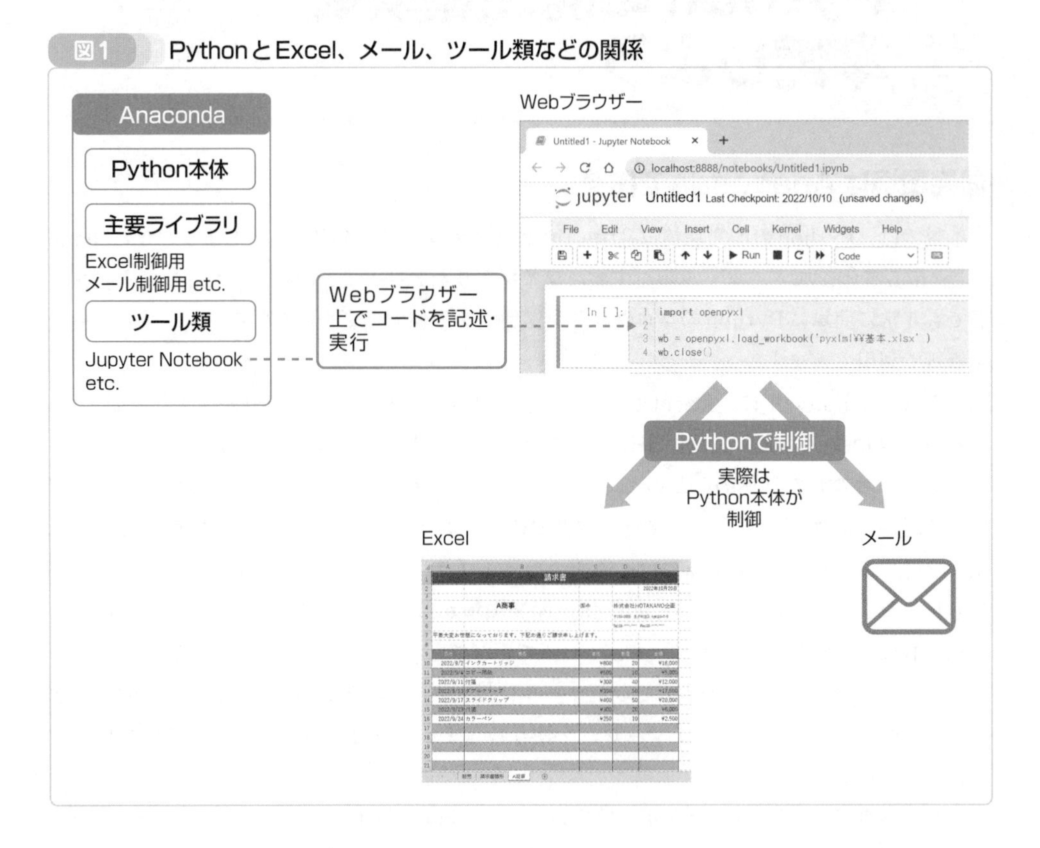

Anacondaのインストール方法

Anacondaのインストール手順は次の通りです。

①Webブラウザーを起動し、下記 URL をアドレスバーに入力するなどして、Anacondaダウンロードの Webページを開いてください（画面1）。[Download] ボタンなどから、お使いのOS に応じて、Anacondaのインストーラーをダウンロードしてください。

URL
https://www.anaconda.com/products/distribution

▼画面1　Anacondaのダウンロードページ

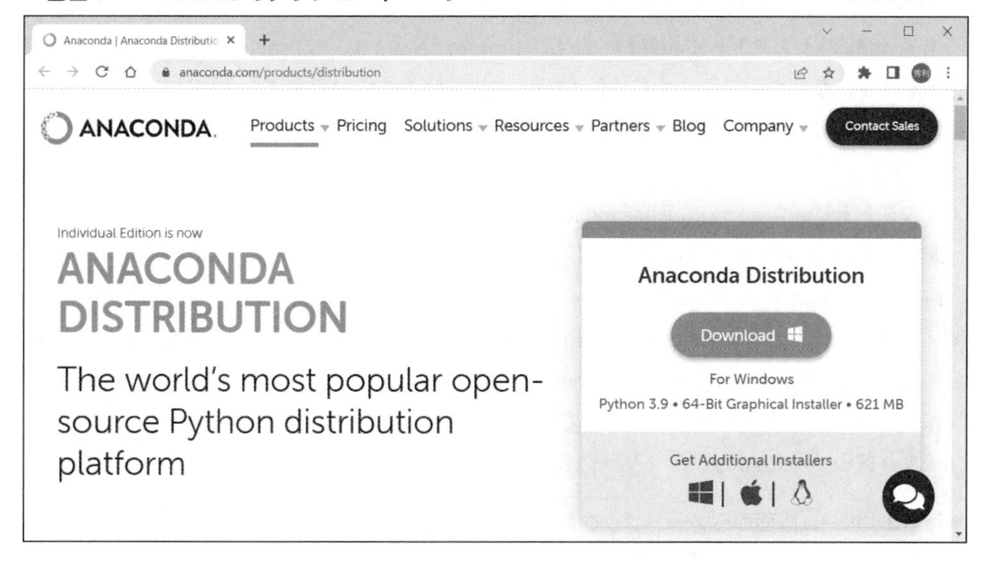

なお、URLは予告なく変更される場合があります。その際は「Anaconda ダウンロード」などのキーワードで検索して、該当のWebページを開いてください。また、以降の画面の内容も予告なく変更される場合もあります。その際は画面上の説明などを見て、適宜操作してください。

②ダウンロードしたインストーラーをダブルクリックして起動してください（画面2）。ウィザードが起動するので、画面の指示に従ってインストールを行ってください。

▼画面2　Anaconda インストーラーのウィザードの初期画面

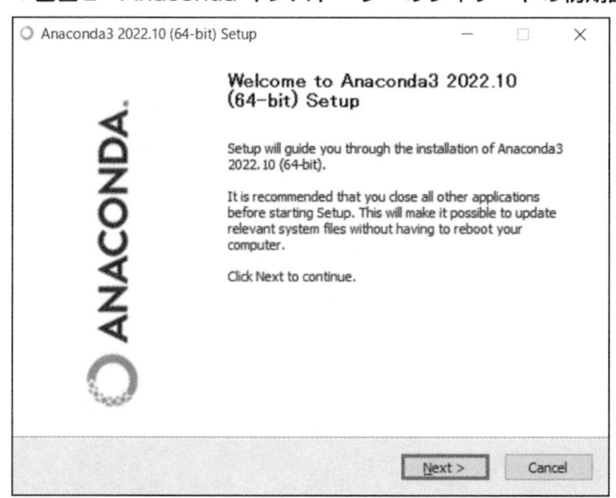

なお、Anacondaのインストールウィザードで、途中で進捗バーの終わり間際で、数分程度止まった状態になるケースがありますが、そのまま待てば次のステップに進みます。

Jupyter Notebookのキホン

Anacondaのインストールが終わったら、Jupyter NotebookでPythonのプログラミングが行えるようになります。ここで基本的な操作方法を解説しておきます。すでにご存じの方も、復習のつもりで目を通しておくとよいでしょう。

①［スタート］メニューの［Anaconda3］→［Jupyter Notebook］をクリックします。
既定のWebブラウザー（本書の場合はChrome）でJupyter Notebook が起動し、ホーム画面が表示されます（Webブラウザーのタブ名は「Home Page」）。

②［New］をクリックし、［Python 3(ipykernel)］をクリックして、「ノートブック」を新規作成します（画面3）。Jupyter Notebookでは、プログラムはノートブック単位で管理します。作成済みのノートブックを再び開くなら、ホーム画面の一覧からそのノートブックのファイル（拡張子「.ipynb」）をクリックしてください。

▼**画面3　ホーム画面からノートブックを新規作成または開く**

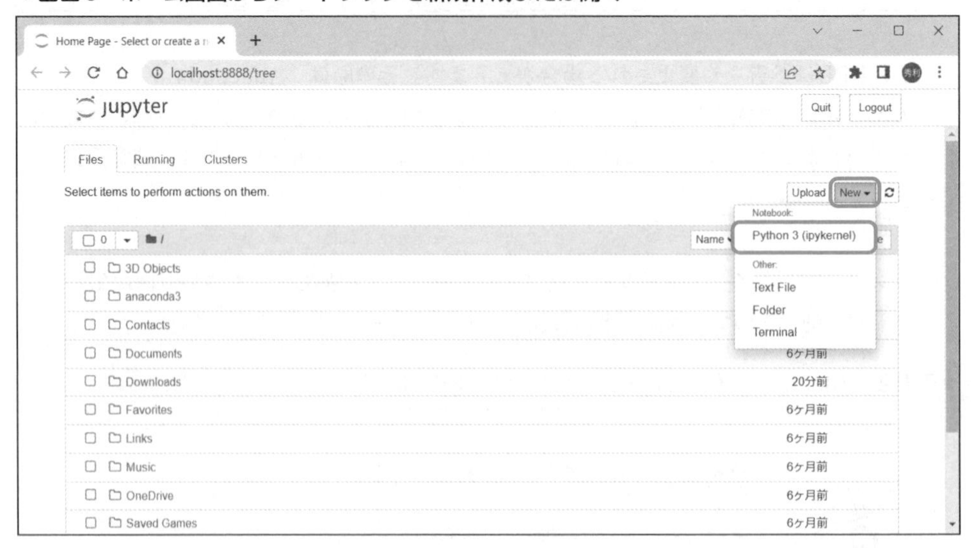

③ノートブックを開いたら、「セル」にプログラムのコードを入力して実行してください。セルはコードを入力して実行する場所であり、コードの内容によっては実行結果も表示されます。コードの入力・実行のために最低限覚えておく操作方法は図2になります。

図2 Jupyter Notebook使い方の基本

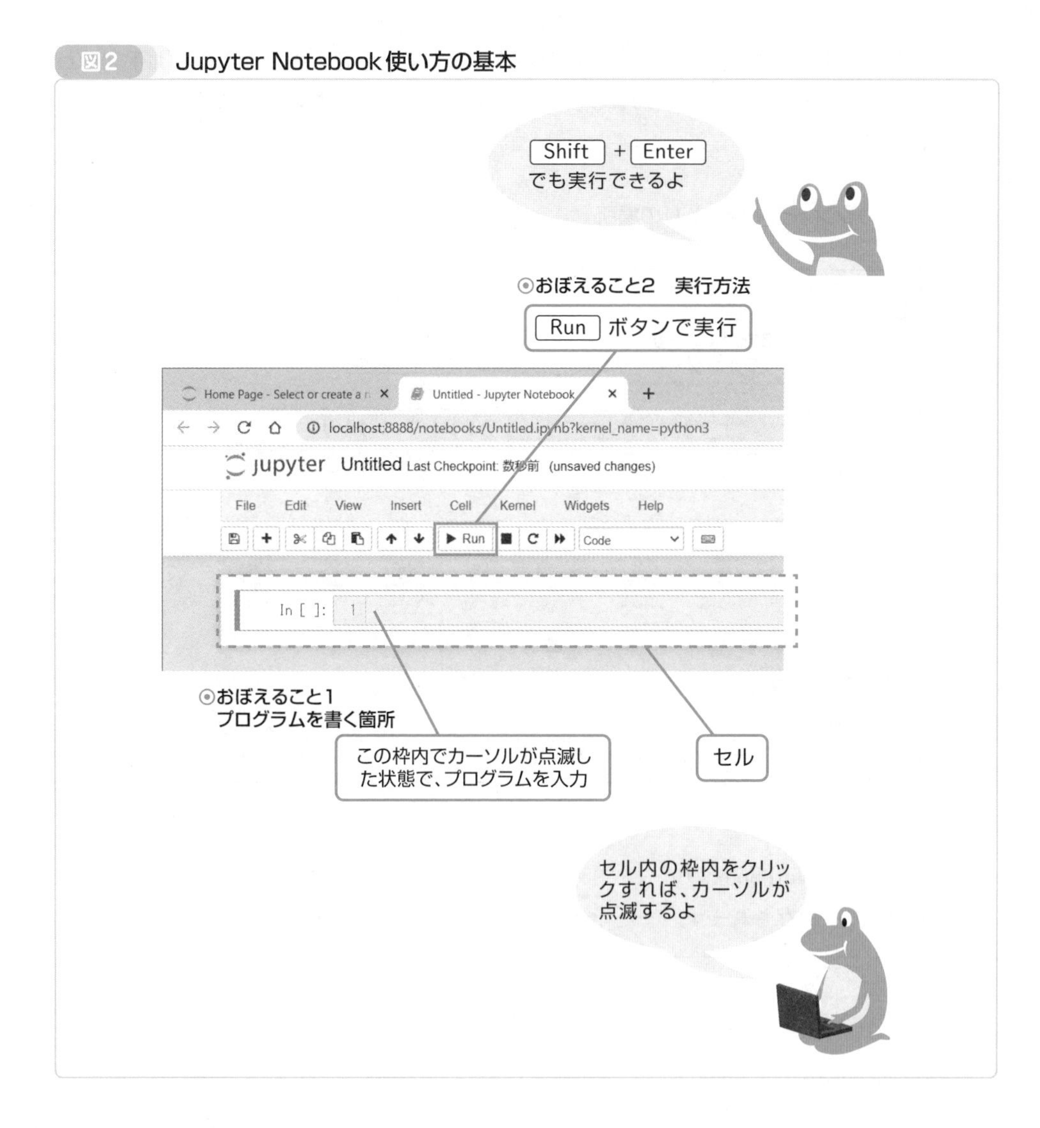

ファイルの置き場所はカレントディレクトリ

本書での学習にはサンプルプログラムを用います。

その中でExcelのブックをはじめ、各種ファイルを扱うのですが、それらのファイルの置き場所はJupyter Notebookのカレントディレクトリを基準とします。具体的には次のフォルダーになります。

Cドライブの「ユーザー」フォルダー以下にあるユーザー名フォルダー

ここで言うユーザー名とは、ユーザー（パソコンの持ち主）に応じて付けられる名前です。そのため、ユーザー名は人によって異なります。筆者の環境ではユーザー名は「tatey」であり、カレントディレクトリのフォルダー名もその名前になります。読者のみなさんはお手元のパソコンにて、ご自分のユーザー名およびカレントディレクトリをあらかじめ確認しておいてください（図3）。

図3 カレントディレクトリの場所

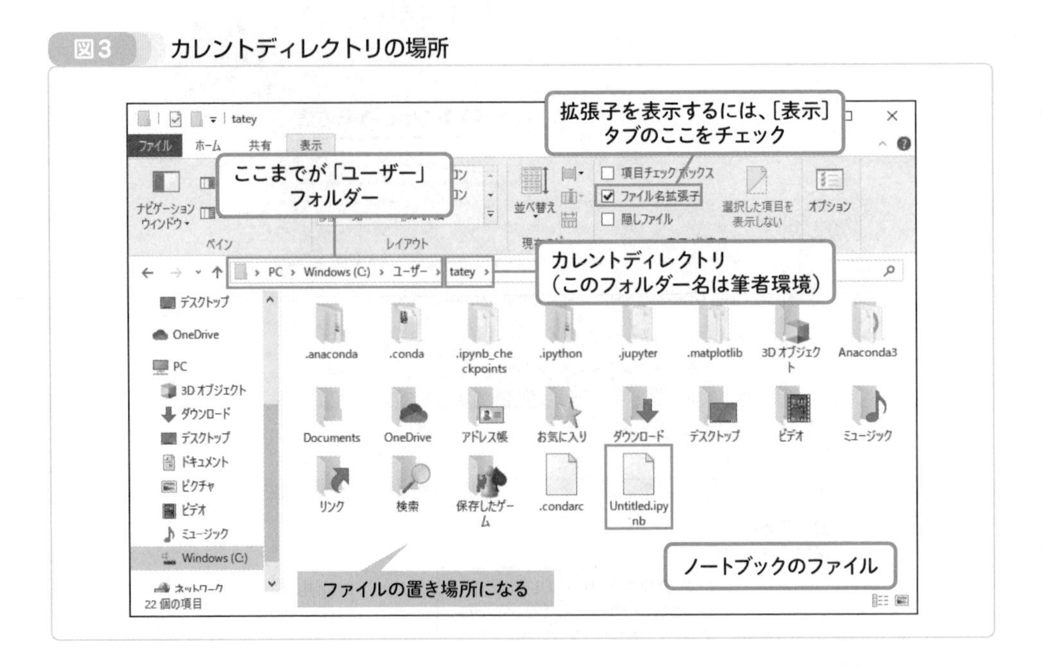

なお、Jupyter Notebookのノートブックは、拡張子「.ipynb」のファイルとして、カレントディレクトリに保存されます。また「ディレクトリ」はフォルダーと同義と捉えればOKです。

第2章

PythonでExcelを制御するキホンを学ぼう

　これからいよいよPythonでExcelを自動化する方法を学んでいきます。最初に本章で、PythonでExcelを制御するために必要最小限な方法を学びます。次章以降のベースとなる方法なので、しっかりと身に付けましょう。

Excel制御のキホンを身に付けよう

シンプルな例でキホンを学ぶ

本節では、PythonでExcelを制御する方法のキホンを解説します。次章から仕事で役立つ実践的なExcelの自動化を解説しますが、そのベースとなるPythonのライブラリの必要最小限な使い方を先に本章で学んでおきましょう。

Excelを制御するために用いるライブラリは、前章で名前のみ紹介したOpenPyXLです。Excelを制御できるライブラリは他にもありますが、本書では最もメジャーなOpenPyXLを中心に使うとします。サードパーティーのライブラリですが、Anacondaには最初から含まれているため、インストール作業は不要で、すぐに使い始められます。

OpenPyXLを軸としたPythonのプログラムによってExcelを制御します。そのキホンとして、本章で学ぶ内容は具体的に以下とします。

・ブックを読み込む／閉じる
・ブックの保存
・制御対象のワークシートの指定
・ワークシート名の取得
・ワークシート名の変更
・制御対象のセルの指定
・セルの値の取得
・セルの値の入力／変更

とりあえず上記さえマスターしておけば、さまざまなパターンのExcel自動化に応用できます。ブック関連は主に本節、ワークシート関連は次節、セル関連は次々節にて解説します。他の応用的な使い方については、そのいくつかを次章以降で随時紹介していきます。

本章では、制御対象のExcelブックとして、本書ダウンロードファイル（入手方法は5ページ参照）に含まれる「基本.xlsx」を用います。このブックはカレントディレクトリ（21ページ参照）以下に、「pyxlml」というフォルダーを新たに作成し、その中に置くとします。

それでは、お手元のパソコンでカレントディレクトリを開き、「pyxlml」フォルダーを新規作成してください。新規作成できたら、ダウンロードファイルにあるブック「基本.xlsx」をコピーしてください（画面1）。

▼画面1　カレントディレクトリに「基本.xlsx」をコピー

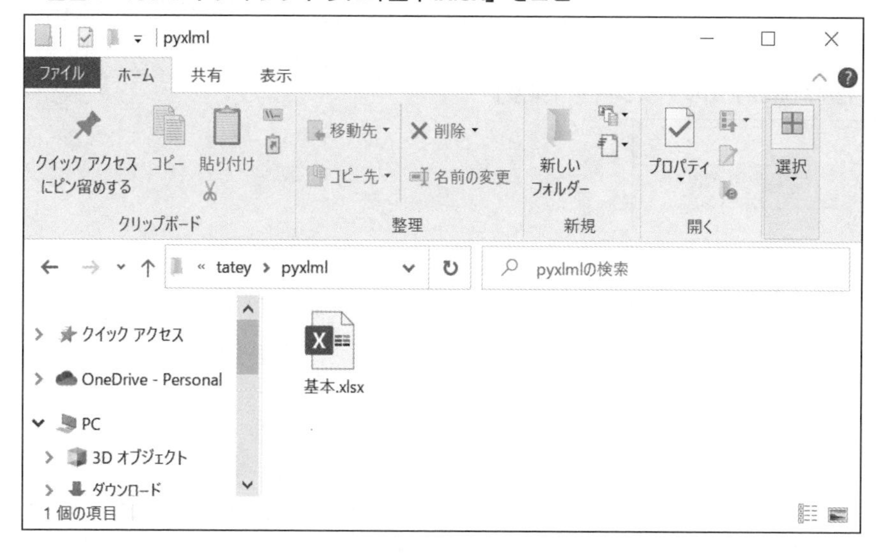

この「基本.xlsx」の中身がどのようなブックなのか紹介します。ダブルクリックしてExcelで開いてください。ワークシートが2枚あるのが確認できます。1枚目のワークシートは名前が「東京」であり、次の画面のとおり小さな表があります（画面2）。

▼画面2　「基本.xlsx」のワークシート「東京」

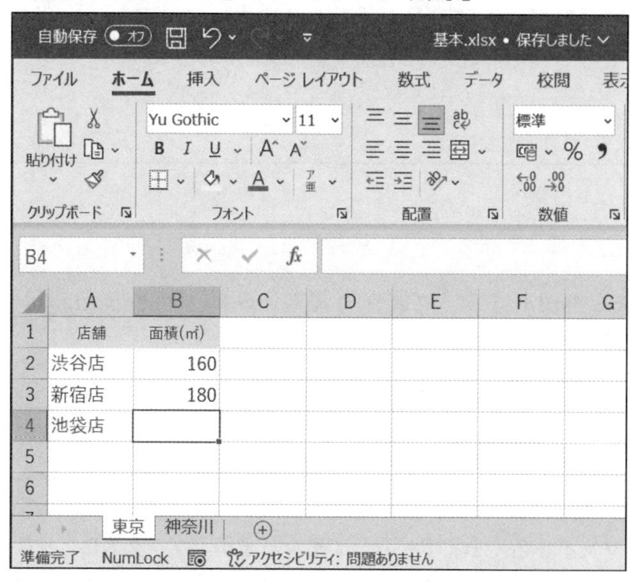

「基本.xlsx」のシチュエーションとしては、ある企業の店舗一覧という想定です。3つの店舗の名前と面積が入力された表がA1～B4セルにあります。B4セルのみ空白です。1行目は列見出しであり、データは2行目から入力します。

ワークシート「東京」の表は、東京地区の店舗という想定です。2枚目のワークシートである「神奈川」には、神奈川地区の店舗の表があります。こちらもB4セルは空にしてあります（画面3）。

▼画面3 「基本.xlsx」のワークシート「東京」

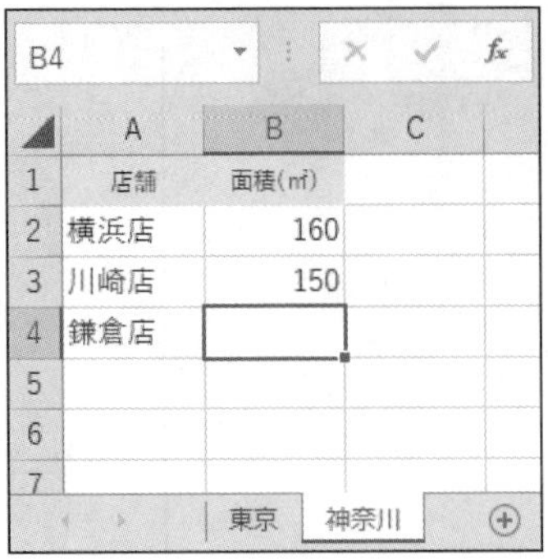

B4

	A	B	C
1	店舗	面積(㎡)	
2	横浜店	160	
3	川崎店	150	
4	鎌倉店		
5			
6			
7			

東京　神奈川

このようなごくシンプルな構成の「基本.xlsx」を用いて、これからOpenPyXLによるExcel制御の基礎を学びます。「基本.xlsx」を閉じて、次へ進んでください。

OpenPyXLでブックを読み込む

それでは、OpenPyXLによるExcel制御のキホンの解説を始めます。

最初は、OpenPyXLのインポート方法です。ご存知の方も多いかと思いますが、ライブラリを使うには、インポートしておく必要があります。OpenPyXLのモジュール名は「openpyxl」です。ライブラリ名をそのまますべて小文字で表記したモジュール名になります。インポートするコードは以下になります。

```
import openpyxl
```

次にブックを読み込む方法を解説します。ブックの読み込みは、「openpyxl.load_workbook」という関数で行います。基本的な書式は以下です。

書 式

```
openpyxl.load_workbook(ブック名)
```

引数には、目的のブック名（ファイル名）を文字列として指定します。ブック名には拡張子（.xlsx）も必ず含めます。また、ブック名だけを記述すると、カレントディレクトリの直下にあるブックと見なされます。もし、目的のブックがカレントディレクトリ直下にないのなら、ブック名の前に、その場所のパスを付ける必要があります。パスとは、ファイルやフォルダーの場所を表す文字列であり、フォルダー名などをパス区切り文字でつなげた形式です。パス区切り文字とは、フォルダーなどの階層を意味する文字であり、OSによって異なります。

今回は目的のブックである「基本.xlsx」は、カレントディレクトリ以下の「pyxlml」フォルダーの中に置いたのでした。そのため、ブック名の前にパスとして、pyxlmlフォルダーも加える必要があります。

Windowsの場合、パス区切り文字は「¥」です。よって、「カレントディレクトリ以下のpyxlmlフォルダー以下」は「pyxlml¥」というパスになります。ただし、Pythonでは「¥」は特殊な文字なので、文字列の中で使うにはルールとして、「¥」を重ねて（エスケープ処理）、「¥¥」と記述する必要があります（図1）。同じ「¥」が2つ並びますが、前がエスケープ処理の「¥」、後がパス区切り文字の「¥」であり、役割は異なります。

このルールに従うと、pyxlmlフォルダー以下のパスは「pyxlml¥¥」と書けばよいとわかります。すると、pyxlmlフォルダー以下にあるブック「基本.xlsx」は、ブック名の「基本.xlsx」の前にこのパスを付けて、「pyxlml¥¥基本.xlsx」と記述すればよいことになります。

図1　「pyxlml¥¥基本.xlsx」のコードの構造

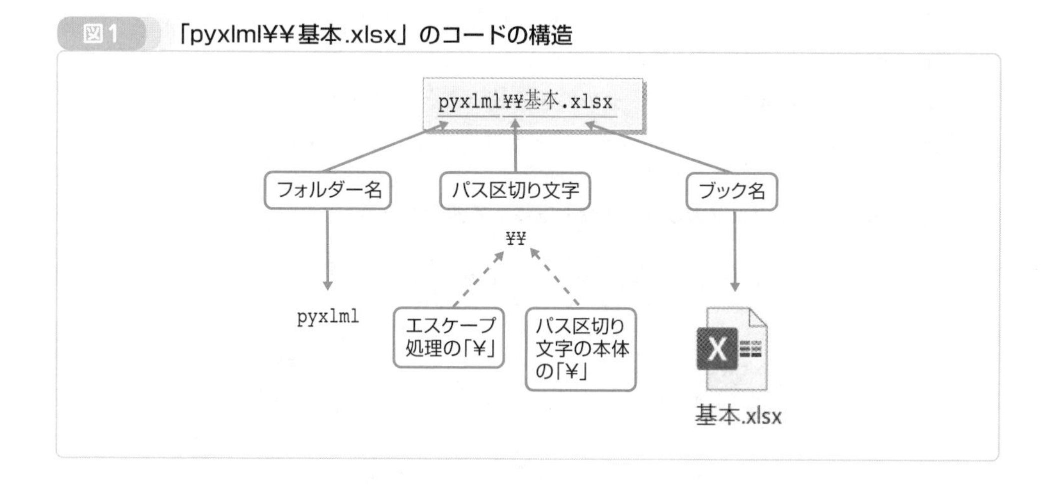

さらに、openpyxl.load_workbook関数の引数には文字列として指定するので、「'」で囲んで「'pyxlml¥¥基本.xlsx'」とします。この記述をopenpyxl.load_workbook関数の引数に指定します。

```
openpyxl.load_workbook('pyxlml¥¥基本.xlsx')
```

このコードで、「基本.xlsx」を開いて読み込むことができます。

なお、openpyxl.load_workbook関数には、他にも省略可能な引数がありますが、本節時点では解説は割愛します。このあと、使う必要が生じたら、随時改めて解説します。本書で使わない引数については、解説はすべて割愛します。以降、他の関数についても、そのような方針で書式を解説するとします。

開いたブックはオブジェクトとして得られる

openpyxl.load_workbook関数は実行すると、読み込んだブックのオブジェクトを戻り値として返します。これは同関数の機能として決められています。

このブックのオブジェクトを以降の処理に用いていきます。その際、ブックのオブジェクトは通常、変数に格納して使うのがセオリーです。コードとしてはopenpyxl.load_workbook関数の戻り値を変数に代入するかたちになります。今回は変数名を「wb」します。すると、先ほどのコードは以下になります。

```
wb = openpyxl.load_workbook('pyxlml¥¥基本.xlsx')
```

このコードによって、openpyxl.load_workbook関数で「基本.xlsx」を読み込み、その戻り値を変数wbに代入することで、変数wbに「基本.xlsx」のブックのオブジェクトが格納されます。以降はこの変数wbを使って、セルの値の読み書きなどの処理を行っていきます。それらの処理はブックのオブジェクトの各メソッドや属性で行います（図2）。

図2　読み込んだブックのオブジェクトを使って処理を行う

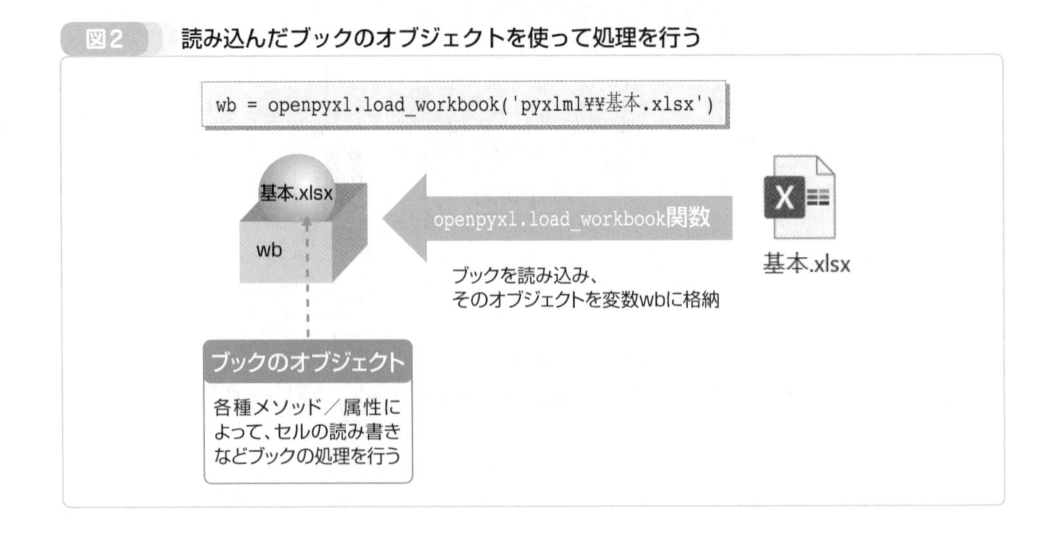

開いたブックは最後に閉じよう

続けて、ブックを閉じる方法を解説します。読み込むために開いたブックは、必要な処理が終わったら、最後に閉じるようにしましょう。

ブックを閉じるには、ブックのオブジェクトの「close」というメソッドを実行します。引数はないので、メソッド名の後ろに空のカッコ「()」だけを記述します。

書式

```
ブックのオブジェクト.close()
```

今回の場合、「基本.xlsx」のブックのオブジェクトは変数wbに格納してあるのでした。よって、同ブックを閉じるコードは以下とわかります。

```
wb.close()
```

なお、openpyxl.load_workbook関数で読み込んだブックは実質、closeメソッドで閉じなくても、問題ないケースがほとんどです。とはいえば、なるべく最後に閉じるようにした方がより安全です。

ブックの読み込みを体験しよう

ここまでに、OpenPyXLをインポートするコード、pyxlmlフォルダー以下にあるブック「基本.xlsx」を読み込むコード、およびブックを閉じるコードがわかりました。これらをまとめると以下になります。

```
import openpyxl

wb = openpyxl.load_workbook('pyxlml¥¥基本.xlsx')
wb.close()
```

インポートするコードの後ろには空白行を入れています。入れなくても問題なく実行できますが、本書ではコードをより見やすくするなどの理由から、空白行を適宜入れるとします。

では、上記コードをJupyter Notebookにて記述してみましょう。新しいセルにコードを入力してください（画面4）。

▼画面4　Jupyter Notebookのセルにコードを入力

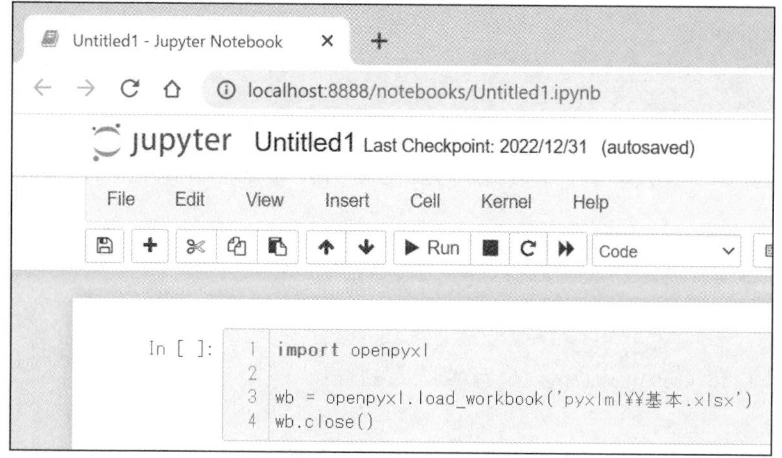

さっそく実行して動作確認したいのですが、実はopenpyxl.load_workbook関数は、いわばブックを内部的に開いて読み込むだけの関数です。実行しても、Excelが立ち上がって画面に開くなど、目に見える動作結果は得られません。上記コードを実際に実行しても、画面上には何も表示されないのです（もちろん、関数名のスペル間違いなどがあれば、エラーが表示されます)。

このままでは実行しても、ちゃんとブック「基本.xlsx」を読み込んで、閉じられたのかが確認できません。そこで、確認できるよう、何かしら画面上に実行結果が表示される処理のコードを一時的に追加してみましょう。どのような処理でもよいのですが、今回はブック「基本.xlsx」に含まれるすべてのワークシートの名前をprint関数で出力する処理とします。

ブックに含まれるすべてのワークシートの名前は、ブックのオブジェクトの「sheetnames」という属性で取得できます。書式は以下です。すべてのワークシート名がリスト（Pythonのリスト）で得られます。

書 式

```
ブックのオブジェクト.sheetnames
```

今回のコードでは、ブック「基本.xlsx」のオブジェクトは変数wbに格納したのでした。よって、ブック「基本.xlsx」に含まれるすべてのワークシートの名前を取得するコードは以下になります。

```
wb.sheetnames
```

このコードをprint関数の引数に丸ごと指定することで、得られたすべてのワークシート名を出力します。

```
print(wb.sheetnames)
```

それでは、先ほどコードを記述したJupyter Notebookのセルにて、以下のように「print(wb.sheetnames)」を追加してください。ブックを読み込む処理と閉じる処理の間に追加します。

▼追加前

```
import openpyxl

wb = openpyxl.load_workbook('pyxlml¥¥基本.xlsx')
wb.close()
```

▼追加後

```
import openpyxl

wb = openpyxl.load_workbook('pyxlml¥¥基本.xlsx')
print(wb.sheetnames)
wb.close()
```

追加できたら実行してください。すると、ブック「基本.xlsx」に含まれるすべてのワークシートの名前がリスト形式で出力されます（画面5）。同ブックには先ほど紹介したとおり、ワークシートは「東京」と「神奈川」の2枚あるのでした。それらのワークシート名が「['東京', '神奈川']」とリスト形式で出力されます。

▼画面5　すべてのワークシート名が出力された

```
In [1]:  1 import openpyxl
         2
         3 wb = openpyxl.load_workbook('pyxlml¥¥基本.xlsx')
         4 print(wb.sheetnames)
         5 wb.close()

        ['東京', '神奈川']
```

次節では、ワークシート関連のキホンを解説します。そのなかで、ブックの保存方法も解説します。

ワークシート制御のキホンを学ぼう

ワークシートのオブジェクトを取得

本節では、OpenPyXLでExcelのワークシートを制御するキホンを解説します。

Excelの自動化といえば、大抵は値の入力などセルの制御がメインとなりますが、OpenPyXLではセルを制御するには原則、そのセルがあるワークシートのオブジェクトを取得する必要があります。ワークシートのオブジェクトを取得することは、言い換えれば、制御対象のワークシートを指定することになります。

ワークシートのオブジェクトを取得する方法は主に2通りあります。1つ目はワークシート名による方法です。ブックのオブジェクトを使い、以下の書式で記述します。

書式

```
ブックのオブジェクト[ワークシート名]
```

ブックのオブジェクトの後ろに「[]」を記述し、その中に目的のワークシート名を文字列として指定します。ちょうど辞書でキーを指定するのと同じかたちで、ワークシート名を指定すます。

たとえば、前節で取得したブック「基本.xslx」のオブジェクトが入った変数wbを使い、ワークシート「東京」のオブジェクトを取得するコードなら、次のように記述します。

```
wb['東京']
```

ワークシートのオブジェクト取得する2つ目の方法は、先頭から何番目のワークシートなのか、番号で指定する方法です。ブックのオブジェクトの「worksheets」という属性を使います。

書式

```
ブックのオブジェクト.worksheets[番号]
```

「[]」の中には、先頭（＝1番目）のワークシートを0とする番号の整数を指定します。先頭の番号は0になる点に注意してください。2番目なら1、3番目なら2……という連番で指定していきます。リストなどのインデックスと同じになります。

たとえば、先述の変数wbを使い、先頭のワークシートのオブジェクトを取得するコードなら、次のように記述します。

```
wb.worksheets[0]
```

「[]」に指定する番号は先頭なので0を指定します。これで、先頭のワークシートであるワークシート「東京」のオブジェクトを取得できます。もし、番号に1を指定したなら、2番のワークシートであるワークシート「神奈川」のオブジェクトを取得できます。

ワークシートのオブジェクトを取得する主な2つの方法は以上です。他にも、ブックのオブジェクトの「active」という属性を使い、現在アクティブになっているワークシート（前面に表示中のワークシート）のオブジェクトを取得する、という方法もあります。

さて、取得したワークシートのオブジェクトは、セルの制御など、以降の処理に用いきます。その際、ワークシートのオブジェクトは通常、変数に格納して使うのがセオリーです。

たとえば、変数名を「ws」とします。先ほど紹介した例で取得したワークシート「東京」のオブジェクトを格納して使うなら、次のいずれかのコードによって変数wsに格納します。

▼ワークシート名で指定する方法

```
ws = wb['東京']
```

▼番号で指定する方法

```
ws = wb.worksheets[0]
```

ワークシート名を取得するには

続けて、ワークシート名を取得する方法を解説します。ワークシート名は、ワークシートのオブジェクトの「title」という属性に、文字列として格納されています。下記書式で記述すると、ワークシート名が得られます。

書式

```
ワークシートのオブジェクト.title
```

たとえば、ブック「基礎.xslx」の先頭のワークシートのオブジェクトが変数wsに格納済みとします。その場合、以下のコードでワークシート名を取得できます。

```
ws.title
```

ここで試しに、ブック「基礎.xslx」の先頭のワークシート名を取得し、print関数で出力してみましょう。先頭のワークシートのオブジェクトは番号で取得する方法を使い、コード「ws = wb.worksheets[0]」によって変数wsに格納するとします。そして、ワークシート名を取得・出力するコードは、上記の「ws.title」をprint関数の引数にそのまま指定し、「print(ws.title)」になります。

では、お手元のコードを次のように追加・変更してください。

▼追加・変更前

```
import openpyxl

wb = openpyxl.load_workbook('pyxlml¥¥基本.xlsx')
print(wb.sheetnames)
wb.close()
```

▼追加・変更後

```
import openpyxl

wb = openpyxl.load_workbook('pyxlml¥¥基本.xlsx')
ws = wb.worksheets[0]
print(ws.title)
wb.close()
```

追加・変更できたら実行してください。すると、先頭のワークシート名である「東京」が出力されます（画面1）。

▼画面1　先頭のワークシート名「東京」が出力された

```
In [2]:  1 import openpyxl
         2
         3 wb = openpyxl.load_workbook('pyxlml¥¥基本.xlsx')
         4 ws = wb.worksheets[0]
         5 print(ws.title)
         6 wb.close()
東京
```

もし、コード「ws = wb.worksheets[0]」で0を1に変更したら、2番目のワークシート名である「神奈川」が出力されます。また、ワークシートのオブジェクトを取得するコードは、ワークシート名による方法でももちろん構いません。

ワークシート名の変更とブックの保存

今度はワークシート名を変更する方法を解説します。先ほど解説したワークシートのオブジェクトのtitle属性に、新しい名前の文字列を代入すれば、その名前にワークシート名を変更できます。書式で表すと以下になります。

書式

```
ワークシートのオブジェクト.title = 新しい名前
```

さっそくワークシート名の変更を体験してみましょう。ここでは、「基礎.xslx」の先頭のワークシート名を「東京」から「Tokyo」に変更するとします。

目的のワークシート名は先ほど「ws.title」であるとわかっています。これに新しい名前の「Tokyo」を文字列として代入すれば、ワークシート名を「Tokyo」に変更できます。そのコードは以下になります。

```
ws.title = 'Tokyo'
```

では、コードを次のように変更してください。先ほどは先頭のワークシート名を取得・出力していたコード「print(ws.title)」を丸ごと上記コードに変更することになります。

▼**変更前**

```
import openpyxl

wb = openpyxl.load_workbook('pyxlml¥¥基本.xlsx')
ws = wb.worksheets[0]
print(ws.title)
wb.close()
```

▼**変更後**

```
import openpyxl

wb = openpyxl.load_workbook('pyxlml¥¥基本.xlsx')
ws = wb.worksheets[0]
ws.title = 'Tokyo'
wb.close()
```

これで変更できました。さっそく実行し、ワークシート名が変更されたか動作確認したいところですが、実はこのままでは意図通り変更できません。試しに実行し、その後に「基本.xlsx」をダブルクリックするなどしてExcelで開いても、先頭のワークシート名は元の「東京」のままです（画面2）。

▼画面2　先頭のワークシート名は変更されていない

	A	B	C
1	店舗	面積(㎡)	
2	渋谷店	160	
3	新宿店	180	
4	池袋店		
5			
6			

東京　神奈川

一体なぜでしょうか？　どうしたらよいでしょうか？　このあとすぐに原因と解決方法を解説します。その前に、もし、お手元のコードを実行し、「基本.xlsx」を開いたなら、再び「基本.xlsx」を閉じておいてください。

ブックを保存して変更結果を確認

先ほどのコードは実行しても、ワークシート名は「Tokyo」に変更されませんでした。その原因ですが、ワークシート名を変更するコード「ws.title = 'Tokyo'」自体は問題なく、ちゃんと変更しています。

原因はその次の処理にあります。ブックを上書き保存せずに、closeメソッドで閉じているため、ワークシート名を変更した状態がブックに保存されていません。そのため、「基本.xlsx」を開いても、先頭のワークシート名は元の「東京」で変わらないのです。以上が原因でした。

これを解決するには、上書き保存する処理を追加してやります。OpenPyXLでブックを保存するには、ブックのオブジェクトの「save」というメソッドを使います。基本的な書式は以下です。

書式

```
ブックのオブジェクト.save(ブック名)
```

引数の「ブック名」には、保存するブックの名前を文字列として指定します。カレントディレクトリ以外の場所にあるなら、そのパスをブック名の前に付けます。そして、この引数に、元のブック名と同じ文字列を指定したら、上書き保存されます。存在しないブック名を指定したら、その名前にて別名で保存されることになります。

以上がブック保存のキホンです。今回は上書き保存したいので、saveメソッドの引数には、元のブック名である「基本.xlsx」をパス付きで指定します。「pyxlml」フォルダー以下にあるので、「pyxlml¥¥基本.xlsx」という文字列を指定すればOKです。ちょうど、openpyxl.load_workbook関数の引数に指定したのと同じ文字列になります。

以上を踏まえると、ブック「基本.xlsx」を上書き保存するコードは以下とわかります。

```
wb.save('pyxlml¥¥基本.xlsx')
```

それでは、上記コードを追加しましょう。追加する場所は、ワークシート名を変更するコード「ws.title = 'Tokyo'」のすぐ後ろです。

▼追加前

```
import openpyxl

wb = openpyxl.load_workbook('pyxlml¥¥基本.xlsx')
ws = wb.worksheets[0]
ws.title = 'Tokyo'
wb.close()
```

▼追加後

```
import openpyxl

wb = openpyxl.load_workbook('pyxlml¥¥基本.xlsx')
ws = wb.worksheets[0]
ws.title = 'Tokyo'
wb.save('pyxlml¥¥基本.xlsx')
wb.close()
```

追加できたら実行してください。実行する前、「基本.xlsx」がちゃんと閉じてあるか再確認しましょう。実行後、「基本.xlsx」をダブルクリックするなどして、Excelで開いてください（画面3）。

▼画面3　先頭のワークシート名が「Tokyo」に変更された

	A	B	C
1	店舗	面積(㎡)	
2	渋谷店	160	
3	新宿店	180	
4	池袋店		
5			
6			

Tokyo　神奈川

今度は意図通り、先頭のワークシート名が「Tokyo」に変更できました。以上がワークシート名を変更する方法です。では、次節以降に備え、「基本.xlsx」の先頭のワークシート名を元の「東京」に戻し、上書き保存して閉じておいてください（画面4）。この変更は手作業で行ってください。

▼画面4　先頭のワークシート名を「東京」に戻し、上書き保存

	A	B
1	店舗	面積(㎡)
2	渋谷店	160
3	新宿店	180
4	池袋店	
5		
6		

東京　神奈川

手作業で「東京」に戻す

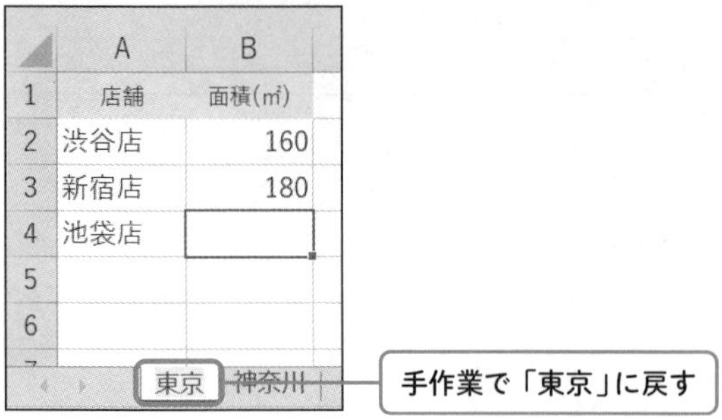

saveメソッドによるブックの保存で注意点があります。先ほどの先頭のワークシート名を変更するコードを実行する前には、もし「基本.xlsx」をExcelで既に開いていたら、必ず閉じるようにしていました。もし、閉じずに開いたままコードを実行すると、「PermissionError」というエラーになってしまいます（画面5）。

▼画面5　「基本.xlsx」を開いたままだとエラーになる

```
In [5]:  1 import openpyxl
         2 
         3 wb = openpyxl.load_workbook('pyxlml¥¥基本.xlsx')
         4 ws = wb.worksheets[0]
         5 ws.title = 'Tokyo'
         6 wb.save('pyxlml¥¥基本.xlsx')
         7 wb.close()

        ---------------------------------------------------
        PermissionError                         Traceback (m
        <ipython-input-5-f4d2cea7b375> in <module>
              4 ws = wb.worksheets[0]
              5 ws.title = 'Tokyo'
        ----> 6 wb.save('pyxlml¥¥基本.xlsx')
              7 wb.close()
```

このエラーの原因はザックリ言えば、Excelという別のプログラムで開いているブックを、Pythonのプログラムによって無理矢理上書き保存しようとするからです。今後もPermissionErrorエラーが起きてしまったら、対象のブックがExcelで開いていないか確認しましょう。

2-3 セルの値を制御するキホンをマスターしよう

セルのオブジェクトを取得するには

前節までにOpenPyXLを軸に、PythonでExcelを制御する方法のキホンとして、ブック関連とワークシート関連のコードの書き方を学びました。本節では、セル関連のキホンを学びます。具体的には、セルの値の取得と入力／変更の方法です。入力／変更については、対象のセルが空なら入力、既に何かしらの値が入っているなら変更という違いだけで、処理としては全く同じになります。

それでは順に解説していきます。OpenPyXLでは、セルの値の取得するにせよ、入力／変更するにせよ、まず必要になるのが、対象となるセルのオブジェクトの取得です。前節までに学んだブックもワークシートも、オブジェクトを取得してから、各種メソッドや属性を使って制御しました。この流れはセルでも全く同じです。

セルのオブジェクト取得する方法は主に2通りあります。1つ目はセル番地による方法です。ここで言うセル番地とは、「A1」や「B3」など、セルの場所を表す列番号（アルファベット）と行番号（数値）の組み合わせであり、普段Excelを使う上でおなじみでしょう。

セル番地による方法では、ワークシートのオブジェクトを使い、以下の書式で記述します。

書式

```
ワークシートのオブジェクト［セル番地］
```

ワークシートのオブジェクトの後ろに「[]」を記述し、その中に目的のセル番地を文字列として指定します。ちょうど、ワークシートのオブジェクトをワークシート名によって取得する方法と同じような形式になります。また、辞書のキーとも同じ形式と言えます。

たとえば、ブック「基本.xslx」のワークシート「東京」のオブジェクトが入った変数wsがあるとします。この変数wsを使い、A1セルのオブジェクトを取得するコードは、次のように記述します。変数wsに続けて、「[]」の中に文字列「A1」を指定します。

```
ws['A1']
```

これで、ワークシート「東京」のA1セルのオブジェクトが取得でき、値の取得などの制御が可能となります。もし、B3セルのオブジェクトを取得したいなら、「ws['B3']」と記述するなど、目的のセルに応じてセル番地を指定します。

セルを行と列の数値で指定

セルのオブジェクト取得する方法の2つ目は、目的のセルを行と列の数値で指定する方法です。ワークシートのオブジェクトの「cell」というメソッドを使い、以下の書式で記述します。

書式

```
ワークシートのオブジェクト.cell(行, 列)
```

cellメソッドの第1引数には、目的のセルの行番号を整数で指定します。第2引数には、A列を1とする整数で列番号を指定します。B列は2、C列は3、D列は4、…となります。列の指定は、アルファベットの列番号と整数の列番号の対応が、慣れるまではわかりづらいかと思います。次の図1のとおり整理しておきますので参考にしてください。

図1 アルファベットの列番号と整数の列番号の対応

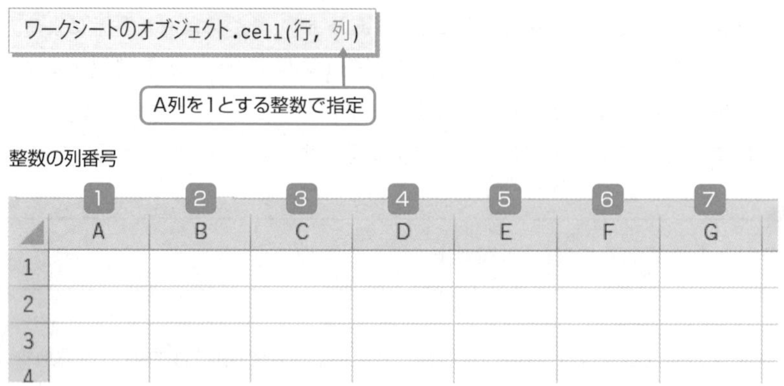

たとえば、ブック「基本.xslx」のワークシート「東京」のオブジェクトが入った変数wsがあるとします。この変数wsを使い、ワークシート「東京」のA1セルのオブジェクトをcellメソッドで取得するコードは、次のように記述します。

```
ws.cell(1, 1)
```

第1引数には行番号を指定するのでした。A1セルの行番号は1なので、1を指定します。第2引数には、A列を1とする整数で列番号を指定するのでした。A1セルはA列であり、A列に対応する整数の列番号は1です。よって、第2引数には1を指定します。

次の例は、B3セルとします。B3セルのオブジェクトをcellメソッドで取得するなら次のように記述します。

```
ws.cell(3, 2)
```

B3セルの行番号は3なので、第1引数には3を指定します。そして、B列はA列を1とする連番では、2に該当します。したがって、第2引数には2を指定します。これで、B3セルのオブジェクトが取得できます。

B列をはじめ、各列のアルファベットと整数での列番号の対応を、先ほどの図を参考に改めて確認しておきましょう。

セルの値は「value」属性で

本節はここまでに、セルのオブジェクトを取得する2つの方法を学びました。しかし、セルの値を取得するにも、入力／変更するにもオブジェクトを取得しただけでは不十分です。セルの値を制御するには、セルのオブジェクトの「value」という属性が必要となります。書式は以下です。

書式

```
セルのオブジェクト.value
```

上記の書式で記述すると、そのセルの値を取得できます。たとえば、先ほどの「基本.xlsx」の例にて、ワークシート「東京」のA1セルのオブジェクトをコード「ws['A1']」で取得したとします。A1セルの値を取得するには、この「ws['A1']」にvalue属性を付けて、以下のように記述すればOKです。

```
ws['A1'].value
```

実際に体験してみましょう。A1セルの値を取得し、print関数で出力するとします。そのコードは上記の「ws['A1'].value」をprint関数の引数にそのまま指定すればOKです。

それでは、お手元のコードを以下のように変更してください。

▼**変更前**

```
import openpyxl


wb = openpyxl.load_workbook('pyxlml¥¥基本.xlsx')
ws = wb.worksheets[0]
ws.title = 'Tokyo'
wb.save('pyxlml¥¥基本.xlsx')
wb.close()
```

▼変更後

```
import openpyxl

wb = openpyxl.load_workbook('pyxlml¥¥基本.xlsx')
ws = wb.worksheets[0]
print(ws['A1'].value)
wb.close()
```

ワークシート名を変更するコードを、A1セルの値を出力するコードに丸ごと変更します。なおかつ、上書き保存するコードを削除しました。このコードでは、ワークシート名やセルの値などに一切変更を加えていないため、上書き保存する必要がないからです。

コードを変更できたら実行してください。すると、ワークシート「東京」のA1セルの値である「店舗」が出力されます（画面1）。

▼画面1　ワークシート「東京」のA1セルの値が出力された

```
In [6]:  1 import openpyxl
         2
         3 wb = openpyxl.load_workbook('pyxlml¥¥基本.xlsx')
         4 ws = wb.worksheets[0]
         5 print(ws['A1'].value)
         6 wb.close()

        店舗
```

念のため、「基本.xlsx」をExcelで開き、ワークシート「東京」のA1セルの値が「店舗」であること、ちゃんと「ws['A1'].value」で取得・出力できていることを確認しておくとよいでしょう。その際、確認し終えたら、「基本.xlsx」を必ず閉じておいてください。

なお、上記コードは「基本.xlsx」の先頭のワークシート名を前節の最後にて「Tokyo」に変更したのを、元の「東京」に戻してあることが必須条件です。もし実行してエラーになったら、戻し忘れていないかチェックしましょう。

また、上記コードでは、A1セルのオブジェクトを取得する「ws['A1']」に直接、value属性を付けた形式のコードになります。もちろん、「ws['A1']」をいったん別の変数に格納し、その変数にvalue属性を付けて、「変数名.value」という形式のコードでも構いません。

次に、ワークシート「東京」のB3セルの値を取得・出力してみましょう。今度はcellメソッドでセルのオブジェクトを取得するとします。cellメソッドでB3セルのオブジェクトを取得するコードは、先ほど解説したように「ws.cell(3, 2)」でした。よって、「ws['A1']」の部分を「ws.cell(3, 2)」に変更してください。

▼変更前

```
import openpyxl

wb = openpyxl.load_workbook('pyxlml¥¥基本.xlsx')
ws = wb.worksheets[0]
print(ws['A1'].value)
wb.close()
```

▼変更後

```
import openpyxl

wb = openpyxl.load_workbook('pyxlml¥¥基本.xlsx')
ws = wb.worksheets[0]
print(ws.cell(3, 2).value)
wb.close()
```

実行すると、180という数値が出力されます（画面2）。

▼画面2　B3セルの値が出力された

```
In [10]:  1 import openpyxl
          2
          3 wb = openpyxl.load_workbook('pyxlml¥¥基本.xlsx')
          4 ws = wb.worksheets[0]
          5 print(ws.cell(3, 2).value)
          6 wb.close()

          180
```

「基本.xlsx」をExcelで開けば、ワークシート「東京」のB3セルの値が180であり、ちゃんと取得･出力できていることが確認できます。確認後は「基本.xlsx」を閉じておいてください。

セルの値を変更するには

次はセルの値の入力／変更の方法です。先に変更から解説します。

セルの値を変更するには、セルのオブジェクトのvalue属性に、目的の値を代入すればOKです。書式で表すと以下です。

書式

```
セルのオブジェクト.value = 値
```

これで、そのセルの元の値が、新たな値で上書きされて変更されます。

ここで例を提示します。ワークシート「東京」のB3セルには、先ほど出力したとおり、数値の180がすでに入力されています。このB3の値を180から200に変更したいとします。

そのコードは以下です。B3セルのオブジェクトのvalue属性に、200を代入するコードになります。

```
ws.cell(3, 2).value = 200
```

さっそく実際に試してみましょう。お手元のコードを次のように追加・変更してください。

▼追加・変更前

```
import openpyxl

wb = openpyxl.load_workbook('pyxlml¥¥基本.xlsx')
ws = wb.worksheets[0]
print(ws.cell(3, 2).value)
wb.close()
```

▼追加・変更後

```
import openpyxl

wb = openpyxl.load_workbook('pyxlml¥¥基本.xlsx')
ws = wb.worksheets[0]
ws.cell(3, 2).value = 200
wb.save('pyxlml¥¥基本.xlsx')
wb.close()
```

B3セルの値を出力するコードを、B3セルの値を200に変更するコードに変更します。なおかつ、ブックを上書き保存するコードを追加しています。セルの値を変更したら、その変更結果を保存しておかないと、ブックを閉じた際に元に戻ってしまいます。ワークシート名変更の際と同じ注意点になります。

追加・変更できたら実行してください。上書き保存する処理が含まれるので、「基本.xlsx」を必ず閉じた状態で実行しましょう。

実行し終えたら、「基本.xlsx」をExcelで開くと、ワークシート「東京」のB3セルの値が元の180から200に変更されていることが確認できるでしょう（画面3）。

▼画面3　B3セルの値が180から200に変更された

	A	B
1	店舗	面積(㎡)
2	渋谷店	160
3	新宿店	200
4	池袋店	
5		
6		

東京　神奈川

セルに値を新たに入力するには

続けて、空のセルに値を新たに入力する体験をしましょう。今回はワークシート「東京」のB4セルが空なので、そこに数値の250を入力するとします。B4セルは4行目、2列目のセルなので、オブジェクトは「ws.cell(4, 2)」で取得できます。そのvalue属性に、250を代入すればよいことになります。

```
ws.cell(4, 2).value = 250
```

では、お手元のコードを次のように変更してください。

▼変更前

```
import openpyxl

wb = openpyxl.load_workbook('pyxlml¥¥基本.xlsx')
ws = wb.worksheets[0]
ws.cell(3, 2).value = 200
wb.save('pyxlml¥¥基本.xlsx')
wb.close()
```

▼変更後

```
import openpyxl

wb = openpyxl.load_workbook('pyxlml¥¥基本.xlsx')
ws = wb.worksheets[0]
ws.cell(4, 2).value = 250
wb.save('pyxlml¥¥基本.xlsx')
wb.close()
```

「基本.xlsx」を閉じて、実行してください。実行後に再び「基本.xlsx」を開くと、空だったB4セルに250が新たに入力されたことが確認できます（画面4）。

▼**画面4　B4セルに250が新たに入力された**

	A	B
1	店舗	面積(㎡)
2	渋谷店	160
3	新宿店	200
4	池袋店	250
5		
6		

東京　神奈川

セルの値をコピーするには

本節でここまでに学んだ内容を用いれば、セルの値をコピーできます。コピー元のセルの値をvalue属性で取得し、それをコピー先のセルのvalue属性に代入すれば、値をコピーできます。書式で表すと以下です。

書式

```
コピー先のセルのオブジェクト.value = コピー元のセルのオブジェクト.value
```

たとえば、「基本.xlsx」のワークシート「東京」のB4セルの値をB5セルにコピーしたいとします。B4セルは先ほどのコードによって、値は250が入力されています。B5セルは現時点では空のセルです。

この場合、コピー元のセルはB4セル、コピー先のセルはB5セルになります。B4セルのオブジェクトを取得するコードは「ws.cell(4, 2)」でした。B5セルのオブジェクトは、5行目2列目のセルということで、「ws.cell(5, 2)」で取得できます。以上を踏まえ、上記書式にあてはめると、ワークシート「東京」のB4セルの値をB5セルにコピーするコードは以下になります。

```
ws.cell(5, 2).value = ws.cell(4, 2).value
```

では、お手元のコードを次のように変更してください。コード「ws.cell(4, 2).value = 250」を上記コードに変更することになります。

▼**変更前**

```
import openpyxl

wb = openpyxl.load_workbook('pyxlml¥¥基本.xlsx')
```

```
ws = wb.worksheets[0]
ws.cell(4, 2).value = 250
wb.save('pyxlml¥¥基本.xlsx')
wb.close()
```

▼変更後

```
import openpyxl

wb = openpyxl.load_workbook('pyxlml¥¥基本.xlsx')
ws = wb.worksheets[0]
ws.cell(5, 2).value = ws.cell(4, 2).value
wb.save('pyxlml¥¥基本.xlsx')
wb.close()
```

コードを変更できたら、「基本.xlsx」を閉じていることを確認したうえ、実行してください。実行後に「基本.xlsx」を開くと、ワークシート「東京」のB5セルには、B4セルの値である250がコピーされたことが確認できます（画面5）。

▼画面5　B4セルの値をB5セルにコピーできた

	A	B
1	店舗	面積(㎡)
2	渋谷店	160
3	新宿店	200
4	池袋店	250
5		250
6		

東京　神奈川

さらには、この方法を発展させれば、2つのワークシート間でセルの値をコピーできます。2つのワークシートのオブジェクトをそれぞれ取得し、それらからコピー元とコピー先のセルのオブジェクトを取得します。あとはvalue属性で値を代入すれば、2つのワークシート間でセルの値がコピーされます。

たとえば、現在空であるワークシート「東京」のB6セルに、ワークシート「神奈川」のB3セルの値である150をコピーするとします。ワークシート「東京」のB6セルのオブジェクトは「ws.cell(6, 2)」で得られます。一方、ワークシート「神奈川」のオブジェクトは「wb.worksheets[1]」で得られます（ワークシート名で取得してもOK）。それを変数ws2に格納して使うとします。すると、ワークシート「神奈川」のB3セルのオブジェクトは「ws2.cell(3, 2)」となります。あとはvalue属性を使い、値をコピーするよう代入すればOKです。

以上を踏まえ、コードを次のように追加・変更してください。

▼追加・変更前

```
import openpyxl


wb = openpyxl.load_workbook('pyxlml¥¥基本.xlsx')
ws = wb.worksheets[0]
ws.cell(5, 2).value = ws.cell(4, 2).value
wb.save('pyxlml¥¥基本.xlsx')
wb.close()
```

▼追加・変更後

```
import openpyxl


wb = openpyxl.load_workbook('pyxlml¥¥基本.xlsx')
ws = wb.worksheets[0]
ws2 = wb.worksheets[1]
ws.cell(6, 2).value = ws2.cell(3, 2).value
wb.save('pyxlml¥¥基本.xlsx')
wb.close()
```

実行した後、「基本.xlsx」を開くと、ワークシート「東京」のB6セルに、ワークシート「神奈川」のB3セルの値である150がコピーされたことが確認できます（画面6)。

▼画面6　異なるワークシート間でセルの値をコピーできた

	A	B
1	店舗	面積(㎡)
2	渋谷店	160
3	新宿店	200
4	池袋店	250
5		250
6		150

東京　神奈川　...

本節では、セルのオブジェクトを取得する2つの方法を解説しましたが、両者をどのように使い分ければよいかは、次々章で解説します。また、取得したセルのオブジェクトを使うと、値の制御だけではなく、各種メソッドや属性を使って、書式設定をはじめ、セルに関するさまざまな制御がPythonで行えます。

第3章

Excelの請求書作成をPythonで自動化しよう

本章ではいよいよ、仕事で役立つExcelの自動化として、請求書を自動作成するプログラムをPythonで作成します。他の業務にも役立つ実践的な知識とノウハウがたくさん登場するので、ぜひマスターしましょう。

3-1 サンプル「販売管理」の紹介

請求書作成とPDF化、メール送信をすべて自動化

本章からいよいよ、OpenPyXLを軸とするPythonによるExcelの本格的な自動化を学びます。本書では、学んだ方法を仕事などで実際にどう使えばよいのか、具体的にどう役立つのかなどがよりイメージできるよう、読者のみなさんには、あるサンプルの作成していただきます。

どのようなサンプルなのか、このあとすぐに詳しく紹介しますが、まずは全体像を紹介します。シチュエーションとしては、Excelで管理している商品の販売データから、請求書を自動作成するサンプルです。Excelを手作業で操作して請求書を作るのではなく、Pythonのプログラムで自動作成するのです。

さらに本サンプルでは、Excelで作成した請求書をPDF化します。その上、請求先へメール送信もPythonで自動化します。一斉メールではなく、個別の宛先に送ります。メール本体には請求書のPDFファイルを添付し、メールアドレスや件名、本文の設定も自動で行います(図1)。ExcelにPDFとメールも加えたこれだけの作業をすべてPythonで自動化します。

図1　サンプル「販売管理」の全体像のイメージ図

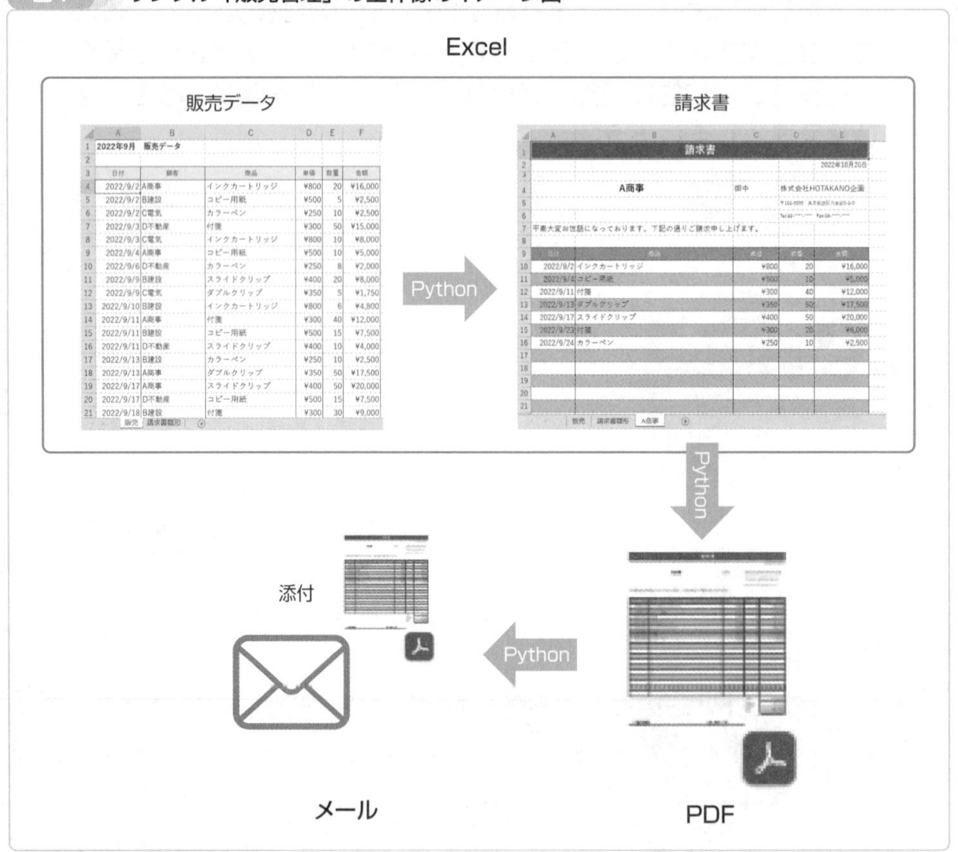

このようなExcelで請求書作成してPDF化し、メールで送るという一連の作業の自動化へのニーズは、業種を問わずよくあるでしょう。もちろん、本サンプルのプログラムは請求書だけでなく、他にもさまざまな帳票類などの自動作成からPDF化、メール送信に幅広く応用できます。本サンプルは以降、「販売管理」という名称で呼ぶとします。

これからサンプル「販売管理」のプログラムを作っていきます。請求書作成を本章、PDF化を次章、メール送信を第5章で作成します。前章で学んだOpenPyXLを軸とするPythonによるExcel制御の基礎をベースに、目的の機能をひとつひとつ順に作っていきます。そのなかで、新たな知識が必要になれば、随時解説していきます。

販売データから請求書を自動作成

それでは、本書サンプル「販売管理」の仕様を詳しく紹介します。どのようなExcelの表やデータを使い、どのような形式の請求書を作成するのかなどを紹介します。同時に、プログラムを作成するために必要なブックの用意などの準備も行います。

本節では、サンプル「販売管理」の機能のうち、請求書作成からPDF化までの仕様紹介と準備を行うとします。メール送信の仕様については第5章の冒頭で行います。これから紹介する仕様については、PDF化までとはいえ、紹介する項目が多々あります。もちろん、この場で覚える必要はまったくありません。このあと学習を進めていく最中に、必要に応じて随時振り返ればOKです。

本サンプルで使うExcelブックは、本書ダウンロードファイル（入手方法は5ページ参照）に含まれている「販売管理.xlsx」です。では、ブック「販売管理.xlsx」を、前章で作成した「pyxlml」フォルダーにコピーしてください（画面1）。

▼画面1 「販売管理.xlsx」を「pyxlml」フォルダーへコピー

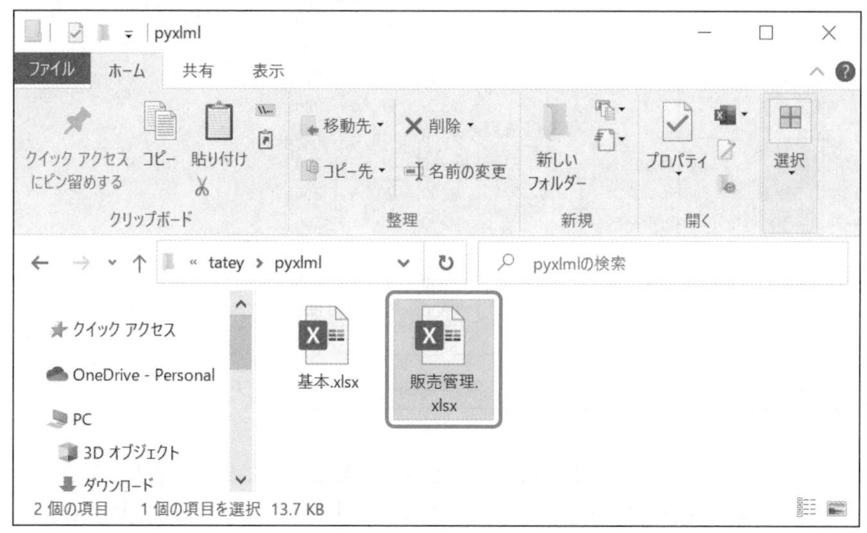

「pyxlml」フォルダーへコピー

コピーできたら、一度中身を見てみましょう。ダブルクリックしてExcelで開いてください。ワークシートは「販売」と「請求書雛形」の2枚です。ワークシート「販売」を表示してください。

このワークシート「販売」には、売れた商品の履歴である販売データの表があります。列の構成は次の画面のように、A列からF列まで、「日付」、「顧客」、「商品」、「単価」、「数量」、「金額」となっています（画面2）。「金額」は「単価」に「数量」を掛けた金額です。そして、表の1行が1件の売上になります。よくある形式のデータです。

▼画面2　ワークシート「販売」

	A	B	C	D	E	F
1	2022年9月　販売データ					
2						
3	日付	顧客	商品	単価	数量	金額
4	2022/9/2	A商事	インクカートリッジ	¥800	20	¥16,000
5	2022/9/2	B建設	コピー用紙	¥500	5	¥2,500
6	2022/9/2	C電気	カラーペン	¥250	10	¥2,500
7	2022/9/3	D不動産	付箋	¥300	50	¥15,000
8	2022/9/3	C電気	インクカートリッジ	¥800	10	¥8,000
9	2022/9/4	A商事	コピー用紙	¥500	10	¥5,000
10	2022/9/6	D不動産	カラーペン	¥250	8	¥2,000
11	2022/9/9	B建設	スライドクリップ	¥400	20	¥8,000
12	2022/9/9	C電気	ダブルクリップ	¥350	5	¥1,750
13	2022/9/10	B建設	インクカートリッジ	¥800	6	¥4,800
14	2022/9/11	A商事	付箋	¥300	40	¥12,000
15	2022/9/11	B建設	コピー用紙	¥500	15	¥7,500
16	2022/9/11	D不動産	スライドクリップ	¥400	10	¥4,000
17	2022/9/13	B建設	カラーペン	¥250	10	¥2,500
18	2022/9/13	A商事	ダブルクリップ	¥350	50	¥17,500
19	2022/9/17	A商事	スライドクリップ	¥400	50	¥20,000
20	2022/9/17	D不動産	コピー用紙	¥500	15	¥7,500
21	2022/9/18	B建設	付箋	¥300	30	¥9,000
22	2022/9/18	C電気	スライドクリップ	¥400	20	¥8,000
23	2022/9/19	C電気	コピー用紙	¥500	10	¥5,000
24	2022/9/20	B建設	ダブルクリップ	¥350	20	¥7,000
25	2022/9/23	C電気	カラーペン	¥250	15	¥3,750
26	2022/9/23	A商事	付箋	¥300	20	¥6,000
27	2022/9/23	D不動産	インクカートリッジ	¥800	20	¥16,000
28	2022/9/24	A商事	カラーペン	¥250	10	¥2,500
29	2022/9/25	B建設	コピー用紙	¥500	30	¥15,000
30	2022/9/25	C電気	付箋	¥300	50	¥15,000
31	2022/9/27	D不動産	付箋	¥300	50	¥15,000
32	2022/9/30	B建設	スライドクリップ	¥400	14	¥5,600
33						

販売　請求書雛形

【A】日付
【B】顧客
【C】商品
【D】単価
【E】数量
【F】金額
ワークシート名

そして本サンプルでは、毎月の月末に締めて、各顧客（販売先）ごとに請求書を作成して送付するとします。請求書は毎回ゼロから作成するのではなく、あらかじめ下記画面のような請求書のテンプレート（雛形）を、「販売」ワークシートとは別のワークシート「請求書雛形」に用意しておき、必要なデータを適宜入力して作成するとします。

テンプレート各部を次の画面3で解説しておきます。項目は画面3の【a】～【g】です。書式や罫線などもあらかじめ設定しておきます。下記画面のすぐ下に提示しているこれらの詳細な解説は、読み飛ばして次に進んでも問題ありません。ここではとにかく、「請求書はあらかじめテンプレートを用意しておく」という大枠のみ認識しておけば大丈夫です。次節でこのテンプレートを使っていきますので、その時に該当箇所について、必要に応じてその都度、改めて本ページに戻って適宜振り返ってください。

▼**画面3　テンプレート各部**

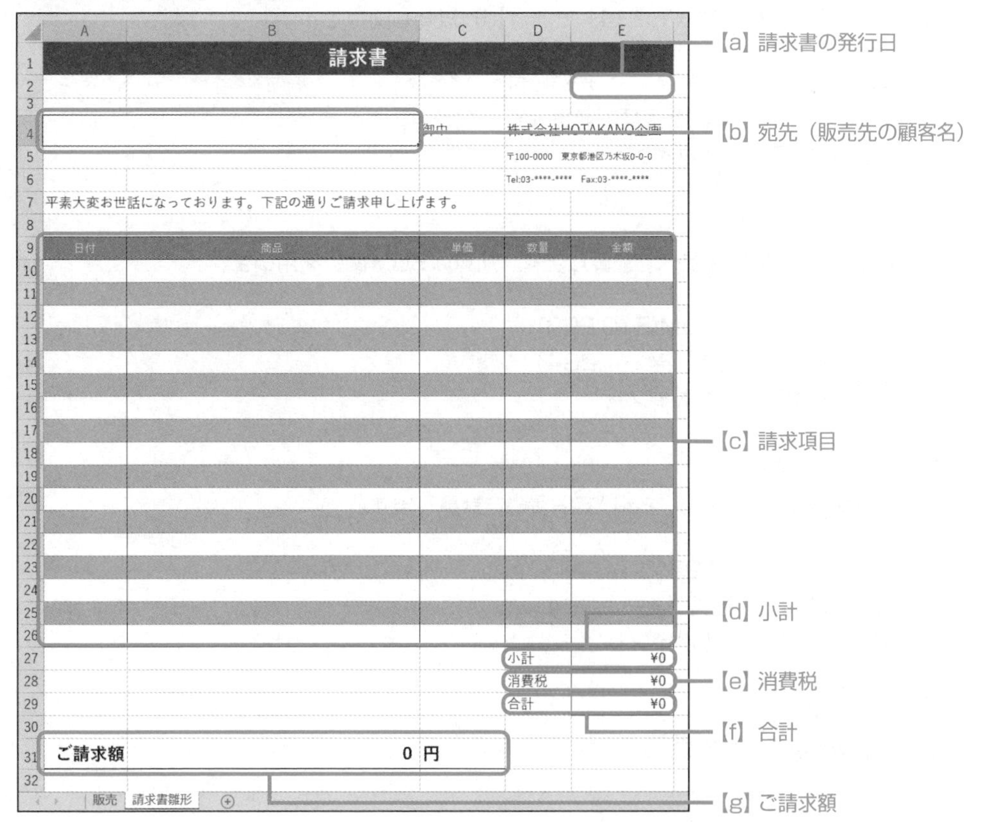

本テンプレート【a】～【g】であらかじめ設定／入力しておく書式／式の詳細は次の通りです。

【a】請求書の発行日（E2セル）

請求書の発行日です。最初は空白セルにしてあります。表示形式はの「長い日付形式」は、「○年×月△日」という年月日を漢字で区切る形式です。フォントは【b】以降もすべて同様に設定しています。

- 表示形式　　：長い日付形式
- フォント　　：游ゴシック
- 文字のサイズ：10ポイント

【b】宛先

販売先の顧客名です。A4セルとB4セルを結合して中央揃えにしています。文字のサイズは14ポイント、スタイルは［太字］に設定しておきます。最初は空白セルにしてあります。

【c】請求項目

売上があった商品の日付と商品、単価、数量、金額を記した表です。日付と単価と金額のセルのみ、あらかじめ表示形式を設定しておきます。日付の表示形式「短い日付」は、「○/×/△」という年月日を「/」で区切る形式です。単価と金額の表示形式の「通貨」は、厳密には「通貨」の「¥－1,234」です。【d】以降も同様です。

・表示形式　：日付　　　　短い日付
　　　　　　　単価と金額　通貨（¥－1,234）
・文字のサイズ：11ポイント

【d】小計（E27セル）

各商品の単価 × 数量をすべて加算します。加算はSUM関数を用います。

・式　　　　：=SUM(E10:E26)
・表示形式　：通貨（¥－1,234）
・文字のサイズ：11ポイント

【e】消費税（E28セル）

小計に税率の0.1（10%）を掛けて消費税を計算します。

・式　　　　：=E27*0.1
・表示形式　：通貨（¥－1,234）
・文字のサイズ：11ポイント

【f】合計（E29セル）

小計と消費税を加算します。

・式　　　　：=E27＋E28
・表示形式　：通貨（¥－1,234）
・文字のサイズ：11ポイント

【g】ご請求額（B31セル）

合計であるE29セルの数値を参照して、そのまま表示します。金額のセルですが、右隣りのC31セルに「円」と入力してあるので、本セルは金額の数値のみを表示し、表示形式は数値とします。スタイルは太字に設定しています。

・式　　　　：＝E29
・表示形式　：数値　（－1,234）
・文字のサイズ：14ポイント
・スタイル　：太字

このテンプレートを用いて、目的の顧客宛の請求書を次の流れで作成するとします。次の(1)～(3)の作業をPythonで自動化します（図2）。

(1) 請求書のテンプレートのワークシートを、ワークシート群の末尾にコピー。ワークシート名をその顧客名に変えて、目的の顧客宛の請求書のワークシートを作成します。

(2)【a】「宛先」（販売先の顧客名）と【b】「請求書の発行日」を入力します。

(3) ワークシート「販売」の販売データの表から、目的の顧客の販売データをピックアップして、請求書上の【c】「請求項目」の表に転記（コピー）していきます。販売データの表から、顧客名以外の列をコピーすることになります。

図2　請求書作成の作業の流れ

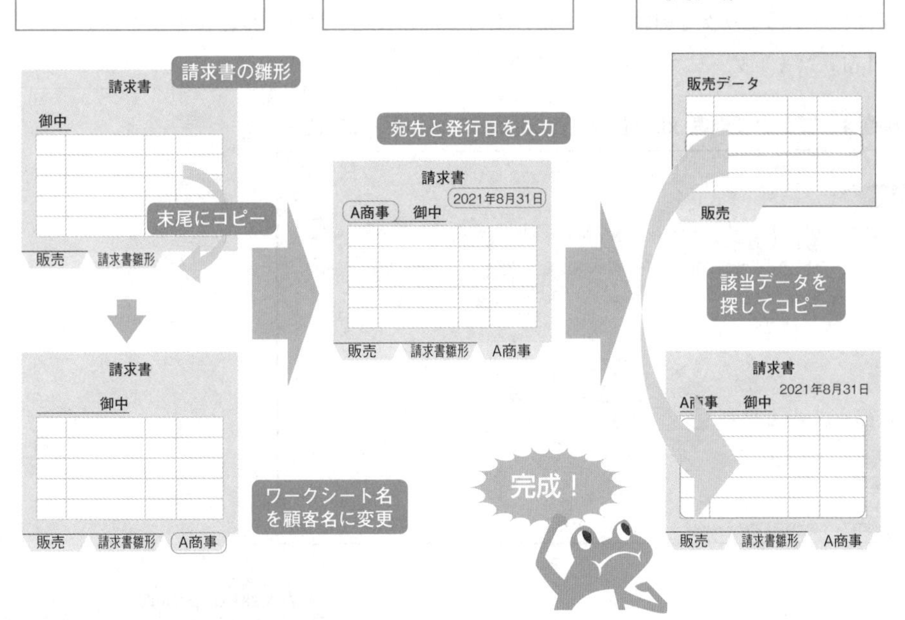

【a】～【c】以外の項目の【d】「小計」～【g】「ご請求額」ですが、これらは前述のとおり、テンプレートの段階であらかじめ必要な数式を入力してあります。そのため、【c】「請求項目」にさえ必要なデータが入力すれば、数式によって必要な値が得られます。それらの値をPythonで処理する必要はありません。

これらテンプレートに必要な数式の入力や書式設定をあらかじめ行っておく件については、実はPythonによるExcel自動化のツボのひとつであり、3-5節の最後で改めて解説します。

4社の顧客の請求書を自動作成

さらに請求書作成の仕様として、複数の顧客の請求書を自動作成するとします。先ほど開いたExcelブック「販売管理.xlsx」のワークシート「販売」である画面2を再び見ると、販売データの表のB列「顧客」には、「A商事」「B建設」「C電気」「D不動産」という4社の顧客が入力されています。

本サンプルでは、これら4社すべての顧客の請求書を自動作成するとします。先ほど紹介したとおり、顧客1社につき、請求書のワークシートを作成するのでした。その際、請求書のワークシート名は顧客名に設定するのでした。よって、4社ぶんの請求書を作成するということは、計4枚の請求書のワークシートを「A商事」「B建設」「C電気」「D不動産」という名前で作成することになります。

その際、これら顧客の一覧を「顧客.xlsx」というブックに別途用意するとします。顧客の一覧はブック「販売管理.xlsx」に用意してもよいのですが、販売に関するデータと顧客データは別途管理した方が何かと都合がよいこともあり、ここではブックを分けるとします。

顧客データのブック「顧客.xlsx」は、本書ダウンロードファイルに含まれています。では、「pyxlml」フォルダーにコピーしてください（画面4）。

▼画面4　ブック「顧客.xlsx」を「pyxlml」フォルダーにコピー

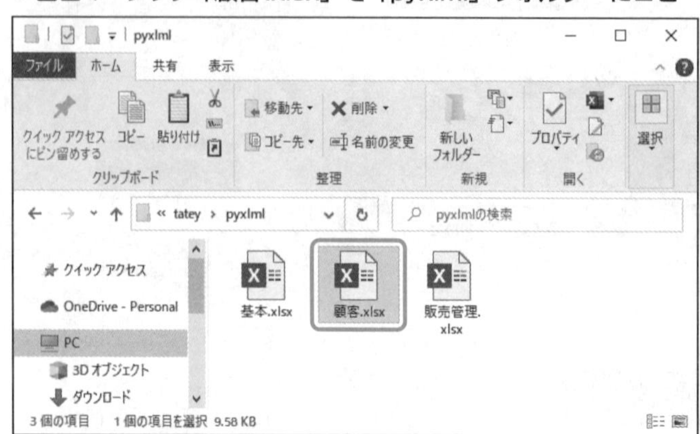

「顧客.xlsx」も「pyxlml」フォルダーにコピー

コピーできたら、一度中身を確かめてみましょう。ダブルクリックしてExcelで開いてください。ワークシートは「Sheet1」の1枚だけです。顧客の一覧として、A列に顧客名、B列にはメールアドレスが入力してあります。1行目は見出しであり、データは2行目から入力しています。A列には、先述の「A商事」「B建設」「C電気」「D不動産」という顧客名が入力してあります（画面5）。

▼画面5 「顧客.xlsx」の中身

自動保存 オフ 顧客.xlsx • 保存し

ファイル ホーム 挿入 ページレイアウト 数式 データ

B9

	A	B	C
1	顧客名	メール	
2	A商事	xxxxxxxx@xxxx.xxx.xx.xx	
3	B建設	yyyyyyyy@yyyy.yyy.yy.yy	
4	C電気	zzzzzzzz@zzzz.zzz.zz.zz	
5	D不動産	vvvvvvvv@vvvv.vvv.vv.vv	

このA列の顧客名のデータを用いて、4社ぶんの請求書を自動作成するとします。その際は、先ほど紹介したブック「販売管理.xlsx」も同時に用いて、2つのブックをPythonで制御し、請求書を自動作成することになります（図3）。

図3 2つのブックをPythonで制御

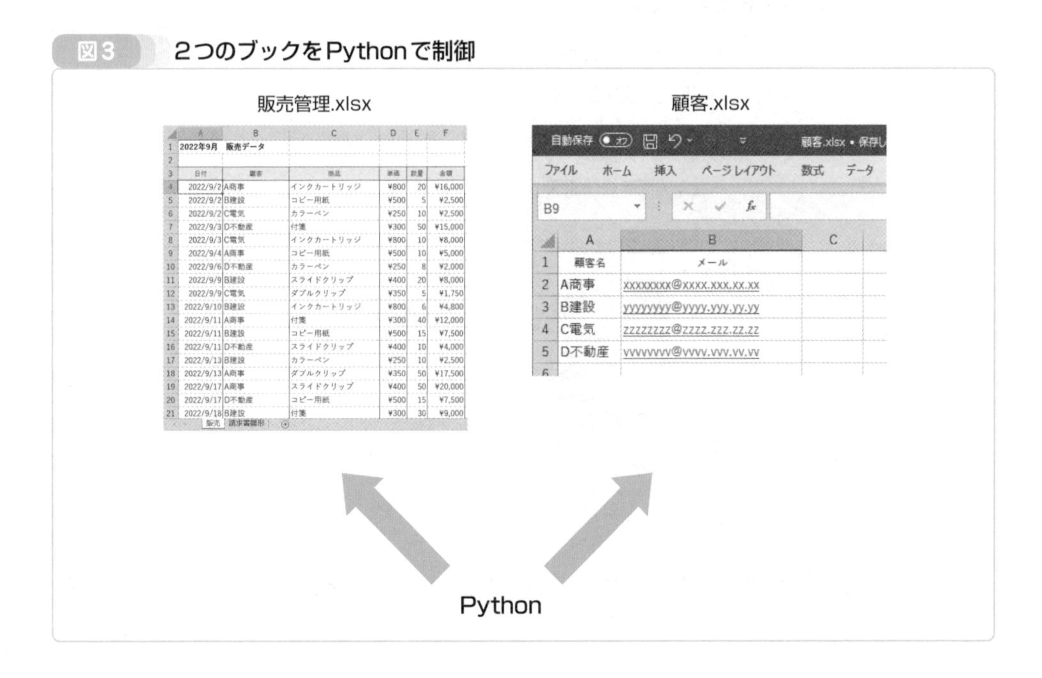

	A	B	C	D	E	F
1	2022年9月 販売データ					
2						
3	日付	顧客	商品	単価	数量	金額
4	2022/9/2	A商事	インクカートリッジ	¥800	20	¥16,000
5	2022/9/2	B建設	コピー用紙	¥500	5	¥2,500
6	2022/9/2	C電気	カラーペン	¥250	10	¥2,500
7	2022/9/3	D不動産	付箋	¥300	50	¥15,000
8	2022/9/3	C電気	インクカートリッジ	¥800	10	¥8,000
9	2022/9/4	A商事	コピー用紙	¥500	10	¥5,000
10	2022/9/6	D不動産	カラーペン	¥250	8	¥2,000
11	2022/9/9	B建設	スライドクリップ	¥400	20	¥8,000
12	2022/9/9	C電気	ダブルクリップ	¥350	5	¥1,750
13	2022/9/10	B建設	インクカートリッジ	¥800	6	¥4,800
14	2022/9/11	A商事	付箋	¥300	40	¥12,000
15	2022/9/11	B建設	コピー用紙	¥500	15	¥7,500
16	2022/9/11	D不動産	スライドクリップ	¥400	10	¥4,000
17	2022/9/13	B建設	カラーペン	¥250	10	¥2,500
18	2022/9/13	A商事	ダブルクリップ	¥350	50	¥17,500
19	2022/9/17	A商事	スライドクリップ	¥400	50	¥20,000
20	2022/9/17	D不動産	コピー用紙	¥500	15	¥7,500
21	2022/9/18	B建設	付箋	¥300	30	¥9,000

販売 請求書雛形

	A	B	C
1	顧客名	メール	
2	A商事	xxxxxxxx@xxxx.xxx.xx.xx	
3	B建設	yyyyyyyy@yyyy.yyy.yy.yy	
4	C電気	zzzzzzzz@zzzz.zzz.zz.zz	
5	D不動産	vvvvvvvv@vvvv.vvv.vv.vv	

なお、「顧客.xlsx」のB列のメールアドレスは、すべてダミーです。第5章のメール送信自動化のプログラムで用います。どう使うかは第5章で改めて解説します。

請求書PDF化の仕様

サンプル「販売管理」の請求書作成の仕様は以上です。続けて、PDF化の仕様を紹介します。先述のとおり、プログラム作成は次章で行います。こちらもこの時点では大枠のみ把握し、必要に応じて振り返ればOKです。

こちらは仕様というほど大げさな機能ではなく、単にExcelで作成した各社の請求書をPDFに変換するだけです。顧客4社ぶんの請求書のワークシートをそれぞれ個別にPDFファイルに変換します。

おのおののPDFファイル名は、以下の形式で保存するとします。

```
顧客名様請求書.pdf
```

上記形式の「顧客名」の部分は、たとえば顧客「A商事」向けの請求書なら、「顧客名」の部分に「A商事」をあてはめ、PDFファイル名は「A商事様請求書.pdf」となります。

そして、請求書のPDFファイルは、「pyxlml」フォルダー以下に「請求書」フォルダーを新たに設け、そこに保存するとします（図4）。

図4 請求書をPDF化する仕様

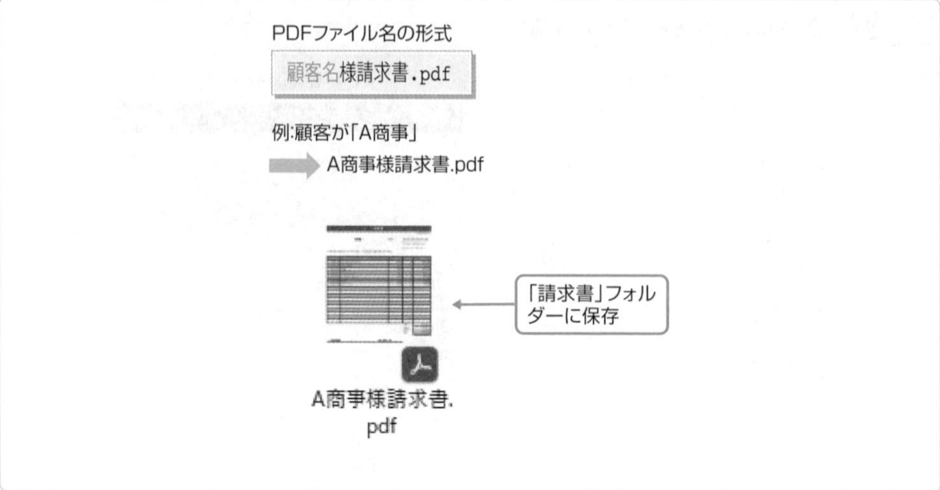

それでは、「pyxlml」フォルダーの中に、「請求書」フォルダーを新規作成してください（画面6）。

▼画面6 「請求書」フォルダーを新規作成

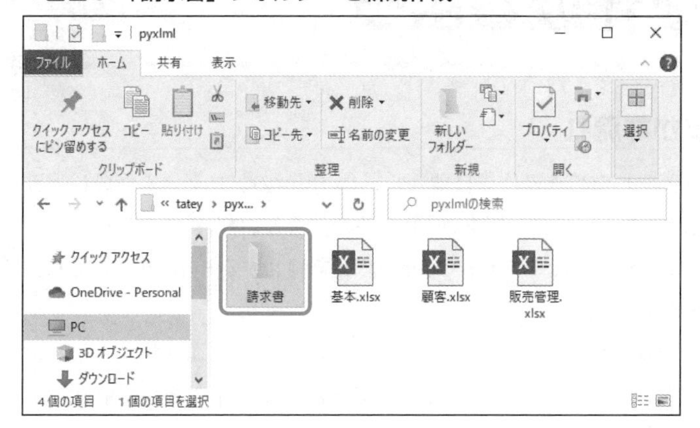

サンプル「販売管理」の請求書作成からPDF化までの機能についての仕様紹介、および必要なブックやフォルダーの準備は以上です。開いたブックをすべて閉じて、次節へ進んでください。

まずは顧客1社のみで請求書を作成しよう

プログラム作成の大まかな流れ

それでは、サンプル「販売管理」の請求書作成機能から、Pythonのプログラム作成に取り掛かりましょう。請求書作成機能と一言で言っても、前節で紹介したとおり、雛形のワークシートコピーをはじめ、さまざまな細かい機能があり、OpenPyXLを軸とするPythonで、それらを順に作っていく必要があります。

最初からいきなりすべての機能を作ろうとすると、コードの記述や意図通り動かなかった際の修正など、プログラミング作業が大変になってしまいます。そこで、大まかには次のような流れで作成していくとします。

【1】顧客1社のみで請求書を作成

【2】複数の顧客の請求書を作成

まずは顧客1社のみで請求書を作成する機能を作り、次に複数の顧客の請求書を作成するようプログラムを発展させるという流れです。このように段階的に作り上げていくアプローチなら、最初からいきなり完成形の機能をすべて作るよりも、比較的プログラミングが容易になります。もちろん、段階の分け方は他にも考えられますが、本書では上記とします。

加えて、このあと順に解説していきますが、【1】も【2】もさらに細かく段階分けして作成していきます。

顧客1社のみで請求書作成に必要な処理

それでは、【1】顧客1社のみで請求書を作成するプログラムの作成を始めます。顧客1社に限定して作成するのです。どの顧客でもよいのですが、ここでは「A商事」とします。まずは【1】にて、「A商事」のみで請求書を作成し、そのあと【2】にて、残りの顧客3社である「B建設」「C電気」「D不動産」の請求書も作成できるようプログラムを発展させます。

【1】のコードを書く前に、必要な処理を考えましょう。実はその処理は、前節で紹介した3-1節の図2そのものです。以下に改めて文章のみを提示しておきます。

(1) 請求書のテンプレートのワークシートを、ワークシート群の末尾にコピー。ワークシート名をその顧客名に変えて、目的の顧客宛の請求書のワークシートを作成します。

(2)【b】「宛先」(販売先の顧客名)と【a】「請求書の発行日」を入力します。

(3) ワークシート「販売」の販売データの表から、目的の顧客の販売データをピックアップして、請求書上の【c】「請求項目」の表に転記(コピー)していきます。販売データの表から、顧客名以外の列を転記することになります。

上記の(1)と(2)の機能を本節、(3)の機能を次節から3-5節にかけて作成します。

ワークシートをコピーするには

それでは(1)の機能の作成に取り掛かりましょう。まずは、請求書のテンプレートであるワークシート「請求書雛形」を、ワークシート群の末尾にコピーする機能です。

OpenPyXLでワークシートをコピーするには、ブックのオブジェクトの「copy_worksheet」というメソッドを使います。基本的な書式は次のようになります。

書式

```
ブックのオブジェクト.copy_worksheet(ワークシートのオブジェクト)
```

引数には、コピー元となるワークシートのオブジェクトを指定します。これで、そのワークシートがそのブックのワークシート群の末尾にコピーされます。

たとえば、ブックのオブジェクトが変数「wb」に格納されているとします。この場合、「Sheet1」という名前のワークシートを末尾にコピーするコードは次のようになることがわかります。

```
wb.copy_worksheet(wb['Sheet1'])
```

ブックのオブジェクトには変数wbを指定します。copy_worksheetメソッドの引数に指定しているコピー元ワークシートのオブジェクトは、ワークシート名が「Sheet1」であり、ブックのオブジェクトが変数wbなので、「wb['Sheet1']」と記述すればよいのでした。そのワークシート「Sheet1」のオブジェクトを、copy_worksheetメソッドの引数に指定しています。

請求書の雛形をコピーしよう

OpenPyXLでワークシートをコピーする方法を学んだところで、「販売管理.xlsx」のワークシート「請求書雛形」を末尾にコピーするコードを考えていきましょう。

copy_worksheetメソッドを使うには、ブック「販売管理.xlsx」のオブジェクトが必要です。その処理は前章で学んだように、openpyxl.load_workbook関数を使い、ブック「販売管理.xlsx」

を開いて読み込むのでした。すると、ブック「販売管理.xlsx」のオブジェクトが同関数の戻り値として取得できるのでした。

同ブックのオブジェクトを格納する変数名は何でもよいのですが、ここでは「wb」とします。以上を踏まえると、ブック「販売管理.xlsx」のオブジェクトを変数wbに取得するコードは次のようになることがわかります。

```
import openpyxl

wb = openpyxl.load_workbook('pyxlml¥¥販売管理.xlsx')
```

目的のブック「販売管理.xlsx」は、カレントディレクトリの「pyxlml」フォルダー以下にあるので、openpyxl.load_workbook関数の引数に指定するブック名は「pyxlml¥¥販売管理.xlsx」というパス付きの文字列になります。もちろん、OpenPyXLをインポートするコードも最初に必要です。

とりあえず上記コードをJupyter Notebookの新しいセルに入力してください。まだ実行しないでください（画面1）。

▼画面1　ブックを開くコードを新しいセルに入力

```
In [ ]:  1  import openpyxl
         2
         3  wb = openpyxl.load_workbook('pyxlml¥¥販売管理.xlsx' )
```

これで、ブック「販売管理.xlsx」のオブジェクトが変数wbに取得できました。続けて、ワークシート「請求書雛形」を末尾にコピーするコードを考えましょう。

先ほど学んだcopy_worksheetメソッドの書式にあてはめると、ブックのオブジェクトには変数wbを指定します。

copy_worksheetメソッドの引数には、コピー元であるワークシート「請求書雛形」のオブジェクトを指定する必要があります。ワークシート「請求書雛形」のオブジェクトは、ブックのオブジェクトである変数wbと、目的のワークシート名を使い、「wb['請求書雛形']」と記述します。この記述をcopy_worksheetメソッドの引数に指定すればよいことになります。

以上を踏まえると、ワークシート「請求書雛形」を末尾にコピーするコードは次のようになることがわかります。

```
wb.copy_worksheet(wb['請求書雛形'])
```

さらに必要な処理として、ブックを上書き保存するコードも追加しなければなりません。前章で学んだとおり、ブックに変更を加えたら、上書き保存しないと反映されないのでした。

ブックを上書き保存するコードは前章で学んだとおり、ブックのオブジェクトのsaveメソッドを使い、引数に目的のブック名の文字列を指定すればよいのでした。そのコードは次のようになることがわかります。

```
wb.save('pyxlml¥¥販売管理.xlsx')
```

引数に指定している文字列「pyxlml¥¥販売管理.xlsx」は、ブックを読み込む処理でのopenpyxl.load_workbook関数の引数とまったく同じにすることで、上書き保存できるのでした。

さらに、開いたブックは最後に閉じるのでした。ブックを閉じるには、前章で学んだとおり、ブックのオブジェクトのcloseメソッドを使うのでした。引数はなしでした。ここでは、ブックのオブジェクトは変数wbなので、閉じるコードは次のようになることがわかります。

```
wb.close()
```

では、以上の3つのコードを先ほどのJupyter Notebookのセルに追加してください。

▼追加前

```
import openpyxl

wb = openpyxl.load_workbook('pyxlml¥¥販売管理.xlsx')
```

▼追加後

```
import openpyxl

wb = openpyxl.load_workbook('pyxlml¥¥販売管理.xlsx')
wb.copy_worksheet(wb['請求書雛形'])
wb.save('pyxlml¥¥販売管理.xlsx')
wb.close()
```

追加できたら、実行して動作確認しましょう。エラーを防ぐため、実行前にブック「販売管理.xlsx」が閉じてあることを確認してください。

実行し終えたら、結果を確認するために、ブック「販売管理」をダブルクリックしてExcelで開いてください。すると、「請求書雛形 Copy」という名前のワークシートが末尾に追加されていることが確認できます（画面2）。

このワークシートは、テンプレートのワークシート「請求書雛形」をコピーしたものになります。ブックを開いた時点では、このワークシート「請求書雛形 Copy」がアクティブになっていないので、ワークシート名のタブをクリックしてアクティブにしましょう。すると、ちゃんとワークシート「請求書雛形」をコピーしたものであることがわかります。なお、Jupyter Notebook上には何も出力されません。以下同様です。

▼画面2　ワークシート「請求書雛形」をコピーできた

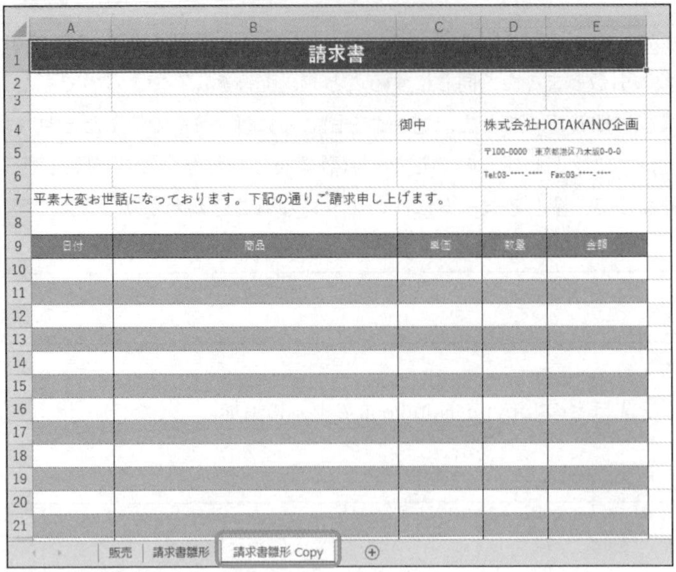

	A	B	C	D	E
1	請求書				
2					
3					
4			御中	株式会社HOTAKANO企画	
5				〒100-0000　東京都港区乃木坂0-0-0	
6				Tel:03-****-****　Fax:03-****-****	
7	平素大変お世話になっております。下記の通りご請求申し上げます。				
8					
9	日付	商品	単価	数量	金額

販売 | 請求書雛形 | 請求書雛形 Copy

次回の動作確認の準備は必須

これで、請求書のテンプレートであるワークシート「請求書雛形」を、ワークシート群の末尾にコピーする機能を作成できました。次の機能である、ワークシート名を目的の顧客名に設定する処理の作成へすぐに移りたいところですが、ここで次回の動作確認の準備をしておく必要があります。

前章で解説したとおり、次の動作確認で実行する前に、「販売管理.xlsx」を閉じておかないと、上書き保存時にエラーとなるのでした。それに加え、コピーして追加されたワークシート「請求書雛形 Copy」を削除しておくことも必要になります。

なぜなら、ワークシート「請求書雛形 Copy」が残ったままだと、次回実行時にワークシート「請求書雛形」が再びコピーされ、請求書のワークシートが2枚になってしまうからです。A商事の請求書のワークシートは1枚だけが必要なのに、2枚あってはおかしなことになってしまいます。

そのような事態を防ぐため、次回の動作確認で実行する前に、ワークシート「請求書雛形 Copy」を削除するのです。では、ワークシート「請求書雛形 Copy」を削除してください。画面3のように、ワークシート名の部分を右クリックし、［削除］をクリックすれば削除できます。

▼画面3　ワークシート「請求書雛形 Copy」を削除

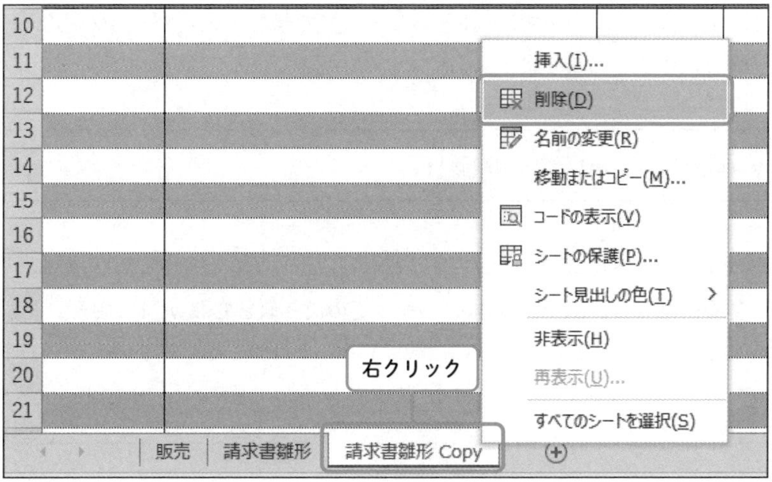

削除できたら、忘れずにブックを上書き保存して、閉じてください。これで次回の動作確認の準備は完了です。このような次回の動作確認の準備は、このあとも動作確認する度に必要となります。いちいち削除する手間が面倒かと思いますが、適切に動作確認するためには欠かせない作業なので、毎回忘れずに行ってください。

請求書のワークシート名を設定しよう

次は、ワークシート名を目的の顧客名に設定する機能です。「A商事」の請求書を作成するので、ワークシート名は「A商事」に設定します。

その処理は、テンプレートをコピーしてできたワークシート「請求書雛形 Copy」の名前を、目的の名前である「A商事」に変更すればよいことになります。ワークシート名の変更は前章で学んだとおり、ワークシートのオブジェクトのtitle属性に、目的の名前の文字列を代入すればよいのでした。

その処理には、テンプレートをコピーしてできたワークシートのオブジェクトを取得する必要があります。そのコードは、ブックのオブジェクトの変数wbを使い、ワークシート名である「請求書雛形 Copy」を指定して「wb['請求書雛形 Copy']」と記述しても、もちろん構いません。はたまた、前章で学んだworksheetsメソッドと連番で指定する方法にて、「wb.worksheets[2]」と記述してもよいのですが（コピーして追加された末尾のワークシートは3番目なので、連番は2を指定すればOK）、ここではもっと効率がよいコードの書き方を紹介します。

先ほど用いたcopy_worksheetメソッドは、実はコピーして追加されたワークシートのオブジェクトを、戻り値として返す機能も備えています。その機能を利用するとします。

そのワークシートのオブジェクトを変数に格納し、以降の処理に用います。変数名は何でもよいのですが、ここでは「ws_i」とします。なお、本来はどのような用途のワークシートなのかなど、もっとわかいやすい変数名を付けるべきですが、本書では紙幅の関係で、こういった短い変数名とします。以下同様です。

このオブジェクトを変数ws_iに、テンプレートをコピーしてできたワークシートのオブジェクトを格納するコードは次のようになります。

```
ws_i = wb.copy_worksheet(wb['請求書雛形'])
```

現在記述してあるテンプレートのコピーのコード「wb.copy_worksheet(wb['請求書雛形'])」の冒頭に、「ws_i = 」を追加し、copy_worksheetメソッドの戻り値を変数ws_iに代入するようにします。では、お手元のコードを次のように、「ws_i = 」を追加してください。

▼追加前

```
import openpyxl

wb = openpyxl.load_workbook('pyxlml¥¥販売管理.xlsx')
wb.copy_worksheet(wb['請求書雛形'])
wb.save('pyxlml¥¥販売管理.xlsx')
wb.close()
```

▼追加後

```
import openpyxl

wb = openpyxl.load_workbook('pyxlml¥¥販売管理.xlsx')
ws_i = wb.copy_worksheet(wb['請求書雛形'])
wb.save('pyxlml¥¥販売管理.xlsx')
wb.close()
```

これで変数ws_iに、テンプレートをコピーしたワークシートのオブジェクトを格納できました。あとはこの変数ws_iを使い、title属性に目的の名前である文字列「A商事」を代入すれば、ワークシート名を「A商事」に変更できます。そのコードは以下です。

```
ws_i.title = 'A商事'
```

では、上記コードを次のように追加してください。

▼追加前

```
import openpyxl

wb = openpyxl.load_workbook('pyxlml¥¥販売管理.xlsx')
ws_i = wb.copy_worksheet(wb['請求書雛形'])
wb.save('pyxlml¥¥販売管理.xlsx')
wb.close()
```

▼追加後

```
import openpyxl

wb = openpyxl.load_workbook('pyxlml¥¥販売管理.xlsx')
ws_i = wb.copy_worksheet(wb['請求書雛形'])
ws_i.title = 'A商事'
wb.save('pyxlml¥¥販売管理.xlsx')
wb.close()
```

追加する場所は、テンプレートのワークシートをコピーする処理と、ブックを上書き保存する処理の間です。もし、テンプレートのワークシートをコピーする処理の前に追加すると、名前を変更したいワークシートが存在しない状態で、名前を変更しようとするのでエラーになります。また、上書き保存する処理の後ろに追加してしまうと、せっかく名前を変更しても反映されません。このようにコード自体は正しくても、追加する場所が不適切だと、意図通りの動作結果が得られないので注意しましょう。

コードを正しい場所に追加できたら、さっそく動作確認してみましょう。「販売管理.xlsx」を閉じているか確認したら、プログラムを実行してください。

実行し終えたら、「販売管理.xlsx」を開いて確認してみましょう。すると、テンプレートをコピーしたワークシートの名前が「A商事」に設定されたことが確認できます（画面4）。

▼画面4　末尾のワークシート名を「A商事」に設定できた

	A	B	C	D	E
1	請求書				
2					
3					
4			御中	株式会社HOTAKANO企画	
5				〒100-0000　東京都港区乃木坂0-0-0	
6				Tel:03-****-****　Fax:03-****-****	
7	平素大変お世話になっております。下記の通りご請求申し上げます。				
8					
9	日付	商品	単価	数量	金額
10					
11					
12					
13					
14					
15					
16					
17					
18					
19					
20					
21					

販売　請求書雛形　A商事

確認できたら、ワークシート「A商事」を忘れずに削除してください。上書き保存したのち、ブックを閉じたら、次へ進んでください。

宛先を入力しよう

次は、「(2)【b】「宛先」(販売先の顧客名) と【a】「請求書の発行日」を入力します。」の処理の作成に取り掛かりましょう。請求書の宛名はA4セルに入力するのでした。ここでは宛名として「A商事」を入力します。

前章で学んだように、セルに文字列や数値を入力するには、セルのオブジェクトのvalue属性に、目的の文字列や数値を入力すればよいのでした。セルのオブジェクトを取得するには、セル番地の文字列で指定する書式「ワークシートのオブジェクト[セル番地]」、もしくはcellメソッドを使い行と列の数値で指定する書式「ワークシートのオブジェクト.cell(行, 列)」のいずれかの方法でした。ここでは前者の方法とします。

目的の請求書のワークシートのオブジェクトは変数ws_iに格納してあるのでした。A4セルのオブジェクトは書式「ワークシートのオブジェクト[セル番地]」にのっとると、「ws_i['A4'].」となります。あとはvalue属性に、目的の宛名である文字列「A商事」を代入すればOKです。

```
ws_i['A4'].value = 'A商事'
```

では、上記コードを追加しましょう。ワークシート名を設定する処理「ws_i.title = 'A商事'」の後ろに追加します。その処理の前でも、意図通りの実行結果が得られるのですが、今回は後ろに追加するとします。

▼追加前

```
import openpyxl

wb = openpyxl.load_workbook('pyxlml¥¥販売管理.xlsx')
ws_i = wb.copy_worksheet(wb['請求書雛形'])
ws_i.title = 'A商事'
wb.save('pyxlml¥¥販売管理.xlsx')
wb.close()
```

▼追加後

```
import openpyxl

wb = openpyxl.load_workbook('pyxlml¥¥販売管理.xlsx')
ws_i = wb.copy_worksheet(wb['請求書雛形'])
ws_i.title = 'A商事'
ws_i['A4'].value = 'A商事'
wb.save('pyxlml¥¥販売管理.xlsx')
wb.close()
```

追加できたら実行してください。「販売管理.xlsx」を開き、請求書のワークシート「A商事」に切り替えると、A4セルに宛名である「A商事」が入力されたことが確認できます（画面5）。

▼画面5　A4セルに宛名「A商事」が入力された

	A	B	C	D
1	請求書			
2				
3				
4	A商事		御中	株式
5				〒100-00
6				Tel:03-
7	平素大変お世話になっております。下記の通りご請求申し上げます。			
8				
9	日付	商品	単価	数
10				

なお、このA4セルはテンプレートの段階で、14ptのフォントサイズと太字をあらかじめ設定してあるので、上記画面のように表示されます。追加したコード「ws_i['A4'].value = 'A商事'」はあくまでも、A4セルに文字列を入力するだけの処理であり、書式は事前に設定したものです。

確認できたら、ワークシート「A商事」を削除して、ブックを上書き保存して閉じてください。

なお、前節で紹介したとおりA4セルはB4セルと結合していますが、結合したセルを操作する場合は、結合したセル範囲の左上に位置するセル番地を必ず指定します。他のセル番地だとセルのオブジェクトを正しく取得できなくなってしまうので気をつけてください。今回のコード「ws_i['A4'].value = 'A商事'」の場合、A4セルではなくB4セルを指定し、「ws_i['B4'].value = 'A商事'」と記述してしまうと、宛名欄に「A商事」を入力できなくなります。

また、結合セル範囲のオブジェクトを取得するために指定すべきセル番地は、Excelで開き、目的の結合セル範囲をクリックして選択した際、画面左上の「名前ボックス」に表示されるセル番地になります。どのセル番地を指定すればよいかわからなければ、この方法で確かめましょう。

日付を入力しよう

続けて、日付を入力する処理も作りましょう。入力先は前節で紹介したよとおりE2セルでした。

請求書の日付をいつにするのか、月末などいくつかのパターンがありますが、ここでは、請求書を作成した日付——つまり、現在の日付とします。

Pythonでは、現在の日付は標準ライブラリ「datetime」の「datetime.date.today」という関数で取得できます。書式は以下で、引数はありません。実行すると、現在の日付が戻り値として得られます。

書式

```
datetime.date.today()
```

E2に現在の日付を入力するには、E2セルの値である「ws_i['E2'].value」に、datetime.date.today関数の戻り値を代入すればOKです。そのコードは以下となります。

```
ws_i['E2'].value = datetime.date.today()
```

では、上記コードを追加してください。追加先は宛名を設定する処理の後ろとします。datetimeモジュールをインポートするコード「import datetime」も必要なので、冒頭に追加します。

▼追加前

```
import openpyxl

wb = openpyxl.load_workbook('pyxlml¥¥販売管理.xlsx')
ws_i = wb.copy_worksheet(wb['請求書雛形'])
ws_i.title = 'A商事'
ws_i['A4'].value = 'A商事'
wb.save('pyxlml¥¥販売管理.xlsx')
wb.close()
```

▼追加後

```
import openpyxl
import datetime

wb = openpyxl.load_workbook('pyxlml¥¥販売管理.xlsx')
ws_i = wb.copy_worksheet(wb['請求書雛形'])
ws_i.title = 'A商事'
ws_i['A4'].value = 'A商事'
ws_i['E2'].value = datetime.date.today()
wb.save('pyxlml¥¥販売管理.xlsx')
wb.close()
```

追加できたら実行してください。「販売管理.xlsx」を開き、請求書のワークシート「A商事」に切り替えると、E2セルに現在の日付が入力されたことが確認できます（画面6）。

▼画面6　E2セルに現在の日付が入力された

B	C	D	E
請求書			
			2022年10月20日
	御中	株式会社HOTAKANO企画	
		〒100-0000　東京都港区乃木坂0-0-0	
		Tel:03-****-****　Fax:03-****-****	
下記の通りご請求申し上げます。			
品	単価	数量	金額

E2セルには「～年～月～日」という漢字の年月日の形式で日付が表示されています。こちらも宛名のA4セルと同じく、テンプレートの段階で日付の書式を「長い日付形式」にあらかじめ設定してあるため、このような形式で表示されます。

datetime.date.today関数で入力したのは、あくまでも日付の“生”のデータ（シリアル値）です。E2セルを選択し、数式バーを見ると、年月日が「/」で区切られたシリアル値の形式で日付が入力されていることがわかります。

実行結果を確認できたら、ワークシート「A商事」を削除し、ブックを上書き保存して閉じてください。

なお、現在の日付ならExcelのTODAY関数を使う方法も思い浮かぶかもしれませんが、今回入力したいのはあくまでも、請求書を作成した当日の日付けです。TODAY関数はブックを開いた当日の日付を毎回取得するため、開くたびに日付が変わってしまうので、今回の用途には不適切です。

また本節終了時点で書いたコードは、空白行を除くと9行とはいえ、さまざまな処理が入っています。本来は各コードがどういった処理なのかわかるよう、コメントを適宜入れるべきですが、本書では紙幅の関係でコメントは一切入れないとします。以下同様です。

目的の顧客の販売データを請求書に転記しよう　～その1

大まかな処理手順を考えよう

本書サンプル「販売管理」は前節までに、60ページの3-2節の（1）と（2）の処理まで作成しました。具体的には、請求書のテンプレートのワークシートを末尾にコピーし、ワークシート名を目的の顧客名に設定したのち、宛名をA4セルに入力し、かつ、請求書の日付として現在の日付をE2に入力する処理です。

本節と次節にて、61ページの3-2節の（3）の処理を作成します。ここで、（3）の処理内容を改めて提示します。

（3）ワークシート「販売」の販売データの表から、目的の顧客の販売データをピックアップして、請求書上の【c】「請求項目」の表に転記（コピー）していきます。販売データの表から、顧客名以外の列を転記することになります。

この（3）の機能を実現する処理手順は、何通りか考えられますが、ここでは以下とします。なお、冒頭に付く連番の形式は、（3）をさらに細かく段階分けするということで、「(3-連番)」の形式とします。文章だけだと非常にわかりづらいので、次ページの図1に図解しておきました。こちらとあわせてお読みください。

（3-1）ワークシート「販売」の販売データの表（データの範囲はA4～F32セル）の「顧客」の列（B列）を、上から順番に「A商事」かどうか見ていく。

（3-2）「A商事」を見つけたら、同じ行の「日付」（A列）と「商品」（C列）、「単価」（D列）、「数量」（E列）、「金額」（F列）の値を、ワークシート「A商事」の表（データの範囲はA10～E26セル）にそれぞれ転記。ワークシート「A商事」の表では「日付」はA列、「商品」はB列、「単価」はC列、「数量」はD列、「金額」はE列となる。

（3-3）ワークシート「販売」の表の下の行に進み、（3-1）と（3-2）を繰り返す。再び「A商事」を見つけた場合は、ワークシート「A商事」の表の次の行にデータを転記する。ワークシート「販売」の表の最後の行（32行）に来たら処理を終える。

図1 本節で作成する処理（3-1）～（3-3）の流れ

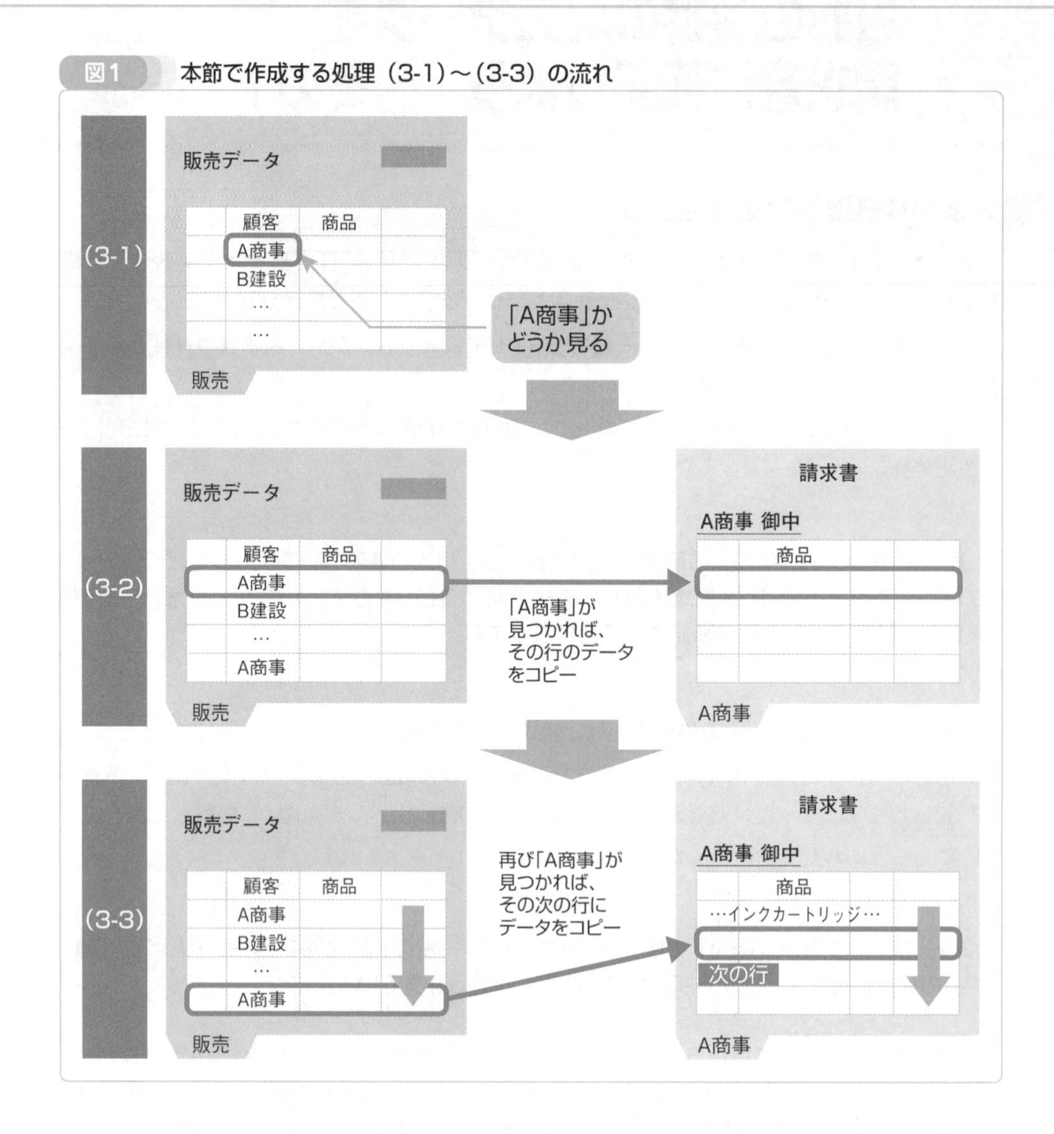

これら（3-1）～（3-3）の機能を実現するには、具体的にどうコードを記述すればよいか、考えてみましょう（図2）。

（3-1）の機能はワークシート「販売」のB列「顧客」における各セルのオブジェクトのvalue属性の値が文字列「A商事」かどうか、if文で判断すればよさそうです。

（3-2）のデータのコピー（転記）については、ワークシート「販売」の各セルのオブジェクトのvalue属性の値を、ワークシート「A商事」の各セルのオブジェクトのvalue属性に代入すれば実現できます。

（3-3）については、4行目から32行目まで同じような処理を繰り返すということで、for文によるループ（反復）を使って実現できそうです。なお、具体的にワークシート「販売」のどの列のデータを、ワークシート「A商事」のどの列に転記するのかは、次節で実際にコードを書く際に改めて図示します。

図2　処理（3-1）～（3-3）の流れをPythonでどのように実現するか

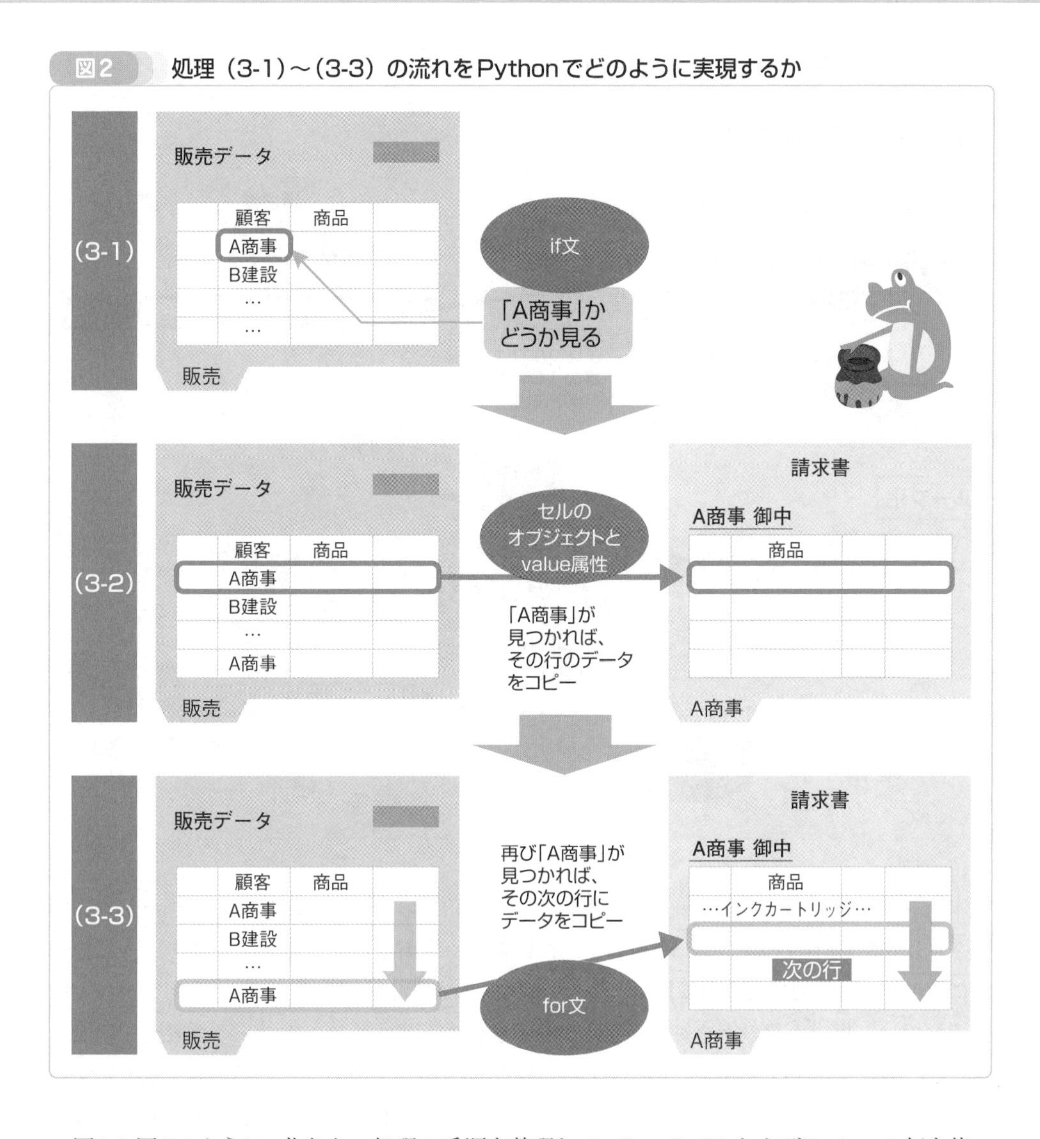

図1や図2のように、作りたい処理の手順を整理して、OpenPyXLおよびPythonの何を使って作るのかを見繕うなど、先に“設計図”みたいなものを描いておくと、その後のプログラミングがスムーズに進みます。紙に手書きで十分なので、コードを書く前に、処理手順の整理などをして“見える化”しておくことをオススメします。

だいたいの設計図が描けたところで、さっそくコードの記述に取りかかりましょう。例によって、目的の機能をより確実に作るため、最初から一気に作成するのではなく、段階的に作成しましょう。ここでは、最初は単一の行のみを対象にコードを作成し、その後ループ化します（図3）。

図3　単一行のみ対象→ループ化と段階的に作成

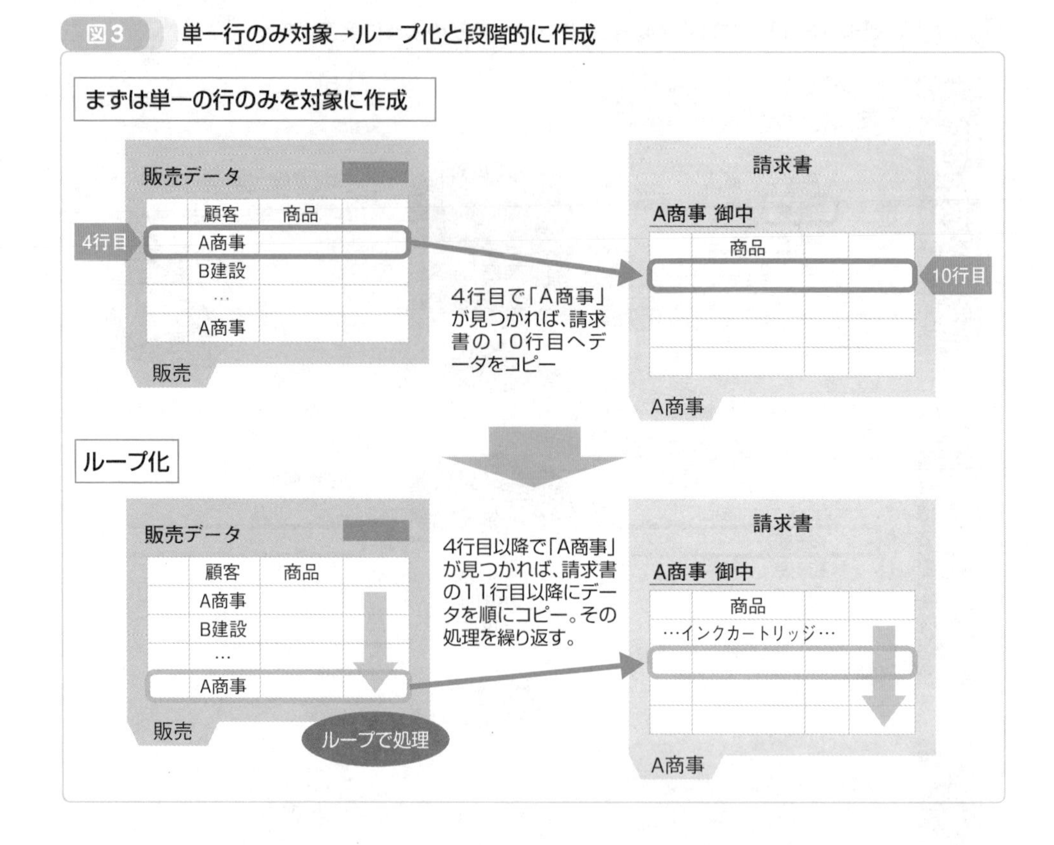

本サンプルは最初に、60ページの3-2節の（1）～（3）のように段階分けしましたが、ここでさらに（3）を図1のように（3-1）～（3-3）に細かく段階分けしたことになります。このように段階分けも最初は大まかに行い、徐々に細かく行うとよいでしょう。

それでは、単一の行のみを対象としたコードを作成します。ワークシート「販売」の表を見ると、データが入っている先頭の行は4行目になります。最初は単一の行のみを対象にするということで、4行目について作成してみましょう。一方、販売データの転記先である請求書のワークシート「A商事」では、表の先頭の行である10行目のみを対象とします。

「A商事」のデータかどうか判定

それでは（3-1）の処理を、ワークシート「販売」の表の先頭の行である4行目について作成しましょう。

ワークシート「販売」の表で、販売先となる顧客名が入力されているのはB列「顧客」でした。よって、B列で表の先頭の行であるB4セルについて、値が「A商事」がどうかを見ます。

その処理では、ワークシート「販売」のB4セルの値を取得する必要があります。そのためにはまず、ワークシート「販売」のオブジェクトが必要ですが、ここまでにそのオブジェクトを取得する処理はないので、新たに書きましょう。

ワークシート「販売」のオブジェクトは他のワークシートと同じく、変数に格納して以降の処理に使うとします。変数名は何でもよいのですが、ここでは「ws_s」とします。この変数ws_sに、ワークシート「販売」のオブジェクトを取得して格納するコードは以下になります。

```
ws_s = wb['販売']
```

ワークシート「販売」のオブジェクトを取得する処理は、これまで何度か出てきた方法と同じです。ブック「販売管理.xlsx」のオブジェクトが変数wbに格納済みなので、あとはワークシート名の文字列「販売」を使って、「wb['販売']」で記述するだけです。

欲しいのはワークシート「販売」のB4セルの値でした。そのためには、ワークシート「販売」のB4セルのオブジェクトを取得する必要があります。取得方法は「ワークシートのオブジェクト[セル番地]」でももちろんよいのですが、ここではcellメソッドを使い、行と列の番号で取得する方法を用いるとします。

その理由は、このあとでワークシート「販売」の表の4行目以降も処理するようコードを発展させる際、ループ化することになりますが、その際はセルを行と列で指定する方法の方が都合がよいからです。この件は次節以降で改めて解説しますので、この場ではとりあえず、ワークシート「販売」のB4セルのオブジェクトは、cellメソッドを使い行と列の番号で取得する方法を採用する、とだけ把握できていればOKです。

B4セルは4行目、2列目に位置するセルです。したがって、cellメソッドの第1引数の行には4、第2引数の列には2を指定すればよいことになります。ワークシート「販売」のオブジェクトは変数ws_sに格納するのでした。よって、ワークシート「販売」のB4セルのオブジェクトは次のようい記述すればよいことになります。

```
ws_s.cell(4, 2)
```

これで、ワークシート「販売」のB4セルのオブジェクトを取得できました。その値を取得するには、value属性を付けるだけです。

```
ws_s.cell(4, 2).value
```

そして、ワークシート「販売」のB4セルの値が「A商事」かどうかを見るには、if文を使います。if文の条件式にて、ワークシート「販売」のB4セルの値が文字列「A商事」と等しいかどうかを判定すれば、目的の処理になります。その条件式は、「等しい」の比較演算子である==演算子を使い、次のようになることがわかります。

```
ws_s.cell(4, 2).value == 'A商事'
```

この条件式をif文の書式にあてはめましょう。最後の「:」を忘れないよう注意してください。

```
if ws_s.cell(4, 2).value == 'A商事':
```

ここで一度、ここまでを考えたコードを追加しましょう。お手元のコードを次のように追加してください。追加後はまだ実行しないでください。

▼追加前

```
import openpyxl
import datetime

wb = openpyxl.load_workbook('pyxlml¥¥販売管理.xlsx')
ws_i = wb.copy_worksheet(wb['請求書雛形'])
ws_i.title = 'A商事'
ws_i['A4'].value = 'A商事'
ws_i['E2'].value = datetime.date.today()
wb.save('pyxlml¥¥販売管理.xlsx')
wb.close()
```

▼追加後

```
import openpyxl
import datetime

wb = openpyxl.load_workbook('pyxlml¥¥販売管理.xlsx')
ws_s = wb['販売']

ws_i = wb.copy_worksheet(wb['請求書雛形'])
ws_i.title = 'A商事'
ws_i['A4'].value = 'A商事'
ws_i['E2'].value = datetime.date.today()

if ws_s.cell(4, 2).value == 'A商事':
```

```
wb.save('pyxlml¥¥販売管理.xlsx')
wb.close()
```

一見、コードが大きく変化したように思えるかもしれませんが、追加したのは先ほど考えた2つのコード「ws_s = wb['販売']」と「if ws_s.cell(4, 2).value == 'A商事':」の2つだけです。

「ws_s = wb['販売']」は、openpyxl.load_workbook関数でブック「販売管理.xlsx」を読み込む処理の後ろに追加しています。ワークシート「販売」のオブジェクトを取得するのに、ブック「販売管理.xlsx」のオブジェクト（変数wb）が必要なので、この位置に追加したのです。

「if ws_s.cell(4, 2).value == 'A商事':」は、請求書のワークシート「A商事」のE2セルに日付を入力する処理と、ブックを上書き保存する処理の間に追加しています。この時点では、if文で条件式が成立した際の処理が何もなく、「if～」だけを追加したことになります。

あわせて、空白行も、処理の区切りよい箇所として、上記の3箇所に挿入しました。これらの空白行はなくても、処理としては全く問題ないのですが、あった方がコードがより読みやすくなります。コードが読みやすいと、記述ミスが減るなどして、バグの発生の抑制につながるのでオススメです。今回の空白行の挿入箇所はあくまでも筆者の主観なので、みなさんが読みやすくなる箇所に挿入しても構いません。

これで、条件式「ws_s.cell(4, 2).value == 'A商事'」が成立するなら――ワークシート「販売」のB4セルの値が「A商事」なら、if文の中（ブロック内）に入るようになりました。このif文のブロック内には、本来は各販売データを転記する処理を書くのですが、そのコードは次の（3-2）で記述するので、ここでは確認のためだけの暫定的な処理として、print関数で「発見」と出力するとします。

では、次のように、if文のブロック内に「print('発見')」を追加してください。その際、if文の文法どおり、一段インデントするのを忘れないよう注意してください。

▼**追加前**

```
      :
      :
if ws_s.cell(4, 2).value == 'A商事':

wb.save('pyxlml¥¥販売管理.xlsx')
wb.close()
```

⬇

▼**追加後**

```
      :
      :
```

```
if ws_s.cell(4, 2).value == 'A商事':
    print('発見')

wb.save('pyxlml¥¥販売管理.xlsx')
wb.close()
```

追加できたら、実行してください。すると、「発見」と出力されます（画面1）。

▼画面1　条件式が成立し、「発見」と出力された

```
In [4]:  1 import openpyxl
         2 import datetime
         3 
         4 wb = openpyxl.load_workbook('pyxlml¥¥販売管理.xlsx')
         5 ws_s = wb['販売']
         6 
         7 ws_i = wb.copy_worksheet(wb['請求書雛形'])
         8 ws_i.title = 'A商事'
         9 ws_i['A4'].value = 'A商事'
        10 ws_i['E2'].value = datetime.date.today()
        11 
        12 if ws_s.cell(4, 2).value == 'A商事':
        13     print('発見')
        14 
        15 wb.save('pyxlml¥¥販売管理.xlsx')
        16 wb.close()

         発見
```

ワークシート「販売」の表のB4セルには、販売先の顧客として「A商事」が入力されています。よって、if文の条件式「ws_s.cell(4, 2).value == 'A商事'」は成立します。if文のブロック内に入り、「print('発見')」が実行され、このような結果になりました。

実行結果を確認できたら、ブック「販売管理.xlsx」を一度開き、ワークシート「A商事」を削除してください。この時点では、まだ上書き保存して閉じないでください。

条件式が不成立時の動作確認も忘れずに！

さきほどの動作確認では、if文の条件式が成立し、if以下のブロック内の処理が実行されたことがわかりました。ここでは、if文の条件式が成立しない場合についても、正しく動作するか確認してみましょう。

本サンプルに限らず、if文を使った際は、条件式が成立する場合だけでなく、成立しない場合も動作確認することを強くオススメします。処理に使うデータなどから、本来は条件式が成立しないはずなのに、実際に実行すると成立してしまう、というバグはありがちです。成立する場合しか動作確認しないと、そういったバグを見逃してしまいます。

本サンプルで条件式が成立しない場合の動作確認として、ワークシート「販売」のB4セルの値を、元の「A商事」から一時的に「B建設」に変更するとします。その場合、条件式「ws_ s.cell(4, 2).value == 'A商事'」は成立しないので、if文のブロック内には入らず、そのまま抜けてしまうので、何も出力されないはずです。

では、ワークシート「販売」のB4セルの値を「B建設」に変更してください（画面2）。

▼画面2　B4セルの値を「B建設」に変更

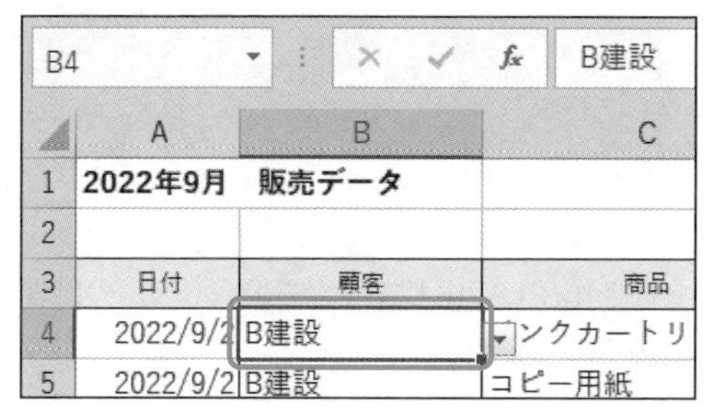

ワークシート「A商事」が削除してあることを再確認したら、上書き保存し、ブックを閉じてください。そして、プログラムを実行してください。今度は先ほど述べたように、条件式が成立せずif文のブロック内に入らないので、何も出力されません（画面3）。

▼画面3　条件式が成立せず、何も出力されない

```
In [6]:  1  import openpyxl
         2  import datetime
         3
         4  wb = openpyxl.load_workbook('pyxlml¥¥販売管理.xlsx')
         5  ws_s = wb['販売']
         6
         7  ws_i = wb.copy_worksheet(wb['請求書雛形'])
         8  ws_i.title = 'A商事'
         9  ws_i['A4'].value = 'A商事'
        10  ws_i['E2'].value = datetime.date.today()
        11
        12  if ws_s.cell(4, 2).value == 'A商事':
        13      print('発見')
        14
        15  wb.save('pyxlml¥¥販売管理.xlsx')
        16  wb.close()

In [ ]:  1
```

これで、条件式が成立しない場合も正しく動くことが確認できました。ブック「販売管理.xlsx」を一度開き、ワークシート「販売」のB4セルの値を元の「A商事」に戻してください（画面4）。

▼**画面4　B4セルの値を「A商事」に戻す**

B4　× ✓ *fx*　A商事

	A	B	C
1	**2022年9月**	**販売データ**	
2			
3	日付	顧客	商品
4	2022/9/2	A商事	ンクカートリッシ
5	2022/9/2	B建設	コピー用紙

さらに、ワークシート「A商事」を削除し、上書き保存して閉じてください。(3-1) の処理は以上です。次節で (3-2)、次々節で (3-3) の処理を作ります。

if文の動作確認をもっと確実に行うコツ

本節で解説したとおり、if文の動作確認は条件式が成立する場合のみならず、成立しない場合も欠かさず行うことを強くオススメします。

それに加え、どのようなケースなら成立する／しないを先に明確化しておくこともオススメします。例えば、条件式に使われるセルの値がこれなら成立する、それ以外なら成立しない、などです。そうしないと、実行した結果が正しいのか正しくないのか判断できなくなってしまいます。

特に条件式に複数のセルの値や変数が使われるケースでは、それぞれの値の組み合わせによって、条件式が成立する／しないが決まるため、頭が混乱しがちなので注意が必要です。その場合、紙に手書きでよいので、どのようなケースなら成立する／しないを書き出しておくとよいでしょう。自分の頭の中の整理にもなります。

3-4 目的の顧客の販売データを請求書に転記しよう　～その2

まずは先頭の販売データだけを転記しよう

本節は前節の続きとして、3-3節（73ページ）の（3-2）の処理を作ります。ここで再提示しておきます。

> (3-2)「A商事」を見つけたら、同じ行の「日付」(A列）と「商品」(C列)、「単価」(D列)、「数量」(E列)、「金額」(F列）の値を、ワークシート「A商事」の表（データの範囲はA10～E26セル）にそれぞれ転記。ワークシート「A商事」の表では「日付」はA列、「商品」はB列、「単価」はC列、「数量」はD列、「金額」はE列となる。

(3-2)の上記の文章だけだと、具体的にワークシート「販売」のどの列のセルのデータを、ワークシート「A商事」のどの列のセルに転記するのか、今ひとつわかりづらいので、図1に示します。この図を見て、転記元と転記先のセルを把握しましょう。また、顧客のデータは転記しない点も改めて認識してください。

図1　転記元セルと転記先セルの対応関係

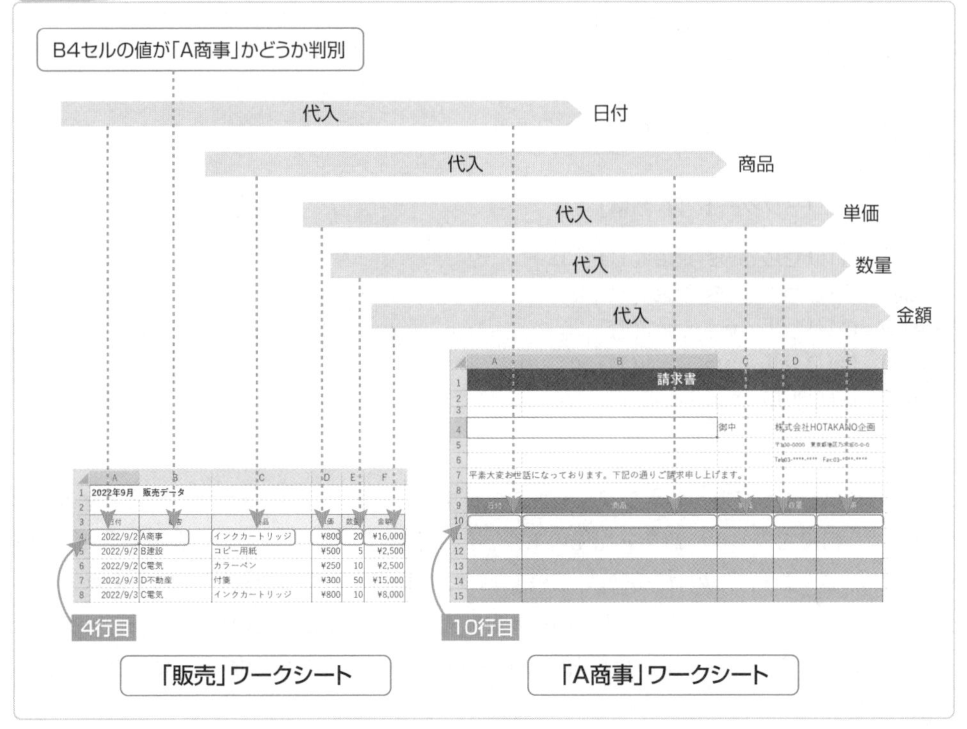

これら転記元のセルと転記先のセルのオブジェクトは、どういったコードで得られるのか、ひとつずつ挙げていきましょう。

まずは転記元のワークシート「販売」の4行目にある先頭データで、A列の「日付」のセルを挙げてみましょう。該当セルはA4セルです。このA4セルのオブジェクトを取得する方法ですが、(3-1) と同じく、のちほど (3-3) でループ化することを念頭に置き、cellメソッドを用います。A4セルは4行目、1列目に位置するセルなので、cellメソッドの第1引数の行には4、第2引数の列には1を指定します。

そして、該当するワークシートは「販売」なので、変数ws_sを用います。以上を踏まえると、ワークシート「販売」のA4セルのオブジェクトは次のようになることがわかります。

```
ws_s.cell(4, 1)
```

以下同様に、この処理で必要なすべてのセルのオブジェクトを取得するコードを挙げると以下になります。ワークシートのオブジェクトの変数がws_sかws_iか、およびcellメソッドで引数に指定している行と列がどのような数値なのかの違いだけです。

▼転記元： ワークシート「販売」

- 日付　A4セル　ws_s.cell(4, 1)
- 商品　C4セル　ws_s.cell(4, 3)
- 単価　D4セル　ws_s.cell(4, 4)
- 数量　E4セル　ws_s.cell(4, 5)
- 金額　F4セル　ws_s.cell(4, 6)

▼転記先： ワークシート「A商事」

- 日付　A10セル　ws_i.cell(10, 1)
- 商品　B10セル　ws_i.cell(10, 2)
- 単価　C10セル　ws_i.cell(10, 3)
- 数量　D10セル　ws_i.cell(10, 4)
- 金額　E10セル　ws_i.cell(10, 5)

これで必要なすべてセルのオブジェクトを取得するコードがわかりました。あとはvalue属性を使い、転記元のセルの値を転記先のセルへ代入すれば、「日付」から「金額」までの5つの値を転記できます。そのコードは以下の5行になります。大まかには、代入の＝演算子の左辺が転記先のワークシート「A商事」のセルに該当し、右辺が転記元のワークシート「販売」のセルに該当します。各セルの位置関係や行/列などは、あわせて図解しておいたので、頭の中を整理しましょう (図2)。

```
ws_i.cell(10, 1).value = ws_s.cell(4, 1).value
ws_i.cell(10, 2).value = ws_s.cell(4, 3).value
ws_i.cell(10, 3).value = ws_s.cell(4, 4).value
ws_i.cell(10, 4).value = ws_s.cell(4, 5).value
ws_i.cell(10, 5).value = ws_s.cell(4, 6).value
```

図2　転記元セルと転記先セルの行と列

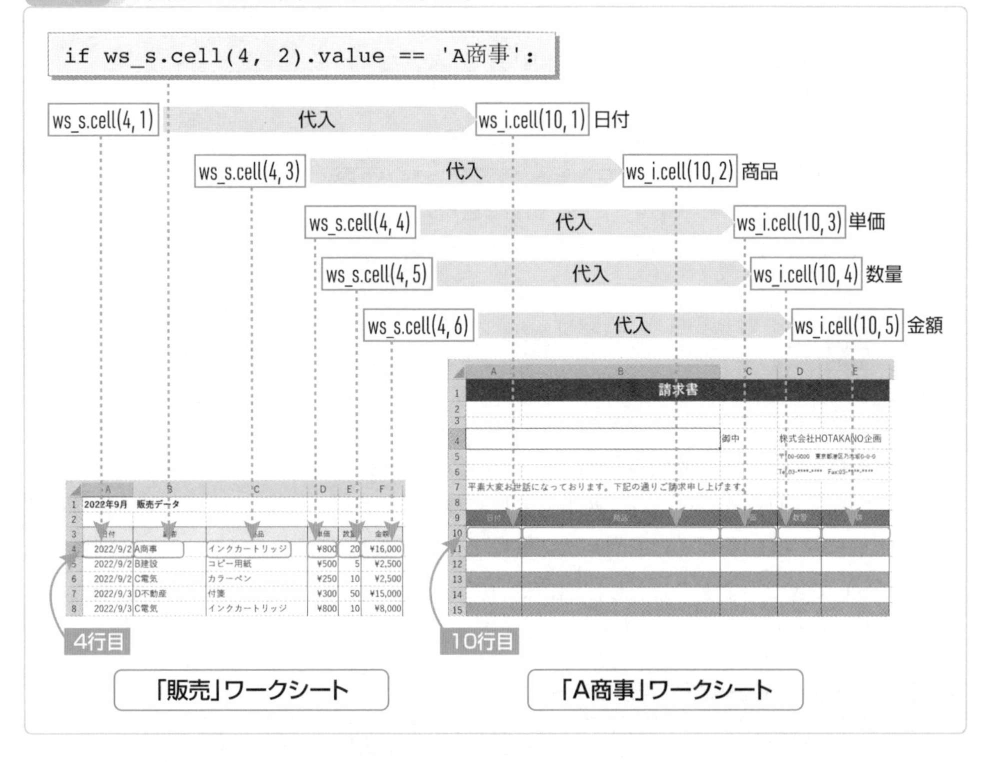

それでは、上記コードを追加しましょう。転記の処理は前節で述べたとおり、if文のブロック内に記述すればよいのでした。現時点では暫定的な処理のコード「print('発見')」だけを記述していたのでした。その「print('発見')」を削除し、上記の5行のコードに置き換えてください。5行ともif文のブロック内に入れるため、1段インデントすることを忘れないよう注意してください。

▼変更前

```
        :
        :
if ws_s.cell(4, 2).value == 'A商事':
    print('発見')
```

```
wb.save('pyxlml¥¥販売管理.xlsx')
wb.close()
```

▼変更後

```
      :
      :
if ws_s.cell(4, 2).value == 'A商事':
    ws_i.cell(10, 1).value = ws_s.cell(4, 1).value
    ws_i.cell(10, 2).value = ws_s.cell(4, 3).value
    ws_i.cell(10, 3).value = ws_s.cell(4, 4).value
    ws_i.cell(10, 4).value = ws_s.cell(4, 5).value
    ws_i.cell(10, 5).value = ws_s.cell(4, 6).value

wb.save('pyxlml¥¥販売管理.xlsx')
wb.close()
```

変更できたら、実行して動作確認しましょう。実行し終えたら、ブック「販売管理.xlsx」をExcelで開き、ワークシート「A商事」に切り替えてください。転記先である10行目を確認していくと……A10セルの「日付」からE10セルの「数量」までは、データを意図通り転記（コピー）できています。しかし、E10セルの「金額」は「#VALUE!」エラーになってしまいました（画面1）。

▼画面1　E10セルのみ転記結果がエラーになった

E10　=D4*E4　<A>数式が入力された

	A	B	C	D	E
1	請求書				
2					2022年10月20日
3					
4	A商事		御中	株式会社HOTAKANO企画	
5				〒100-0000　東京都港区乃木坂0-0-0	
6				Tel:03-****-****　Fax:03-****-****	
7	平素大変お世話になっております。下記の通りご請求申し上げます。				
8					
9	日付	商品	単価	数量	金額
10	2022/9/2	インクカートリッジ	¥800	2(	#VALUE!
11					

#VALUE!エラー

なぜこのようなエラーになってしまったのでしょうか？　このあとすぐに原因の説明と修正方法を解説します。この時点では、まだワークシート「A商事」は削除せず、ブック「販売管理.xlsx」を上書き保存して閉じないでください。

数式の計算結果を転記するには

#VALUE!エラーはザックリ言えば、値が不適切という意味のExcelのエラーです。なぜこのエラーになったのでしょうか？　取り急ぎワークシート「A商事」のE4セルを選択し、どのような値が入力されたのかをチェックしましょう。すると、「=D4*E4」という数式が入力されたことがわかります（画面1の<A>）。

数式に使われているD4セルとE4セルを確認してみましょう。このワークシート「A商事」のD4セルには「株式会社HOTAKANO企画」という文字列が入力されており、E4セルは空です。文字列と空の値を掛け算する数式「=D4*E4」なので、#VALUE!エラーとなったのです。原因がわかったところで、ワークシート「A 商事」を削除し、ブック「販売管理 .xlsx」を上書き保存して閉じてください。

この原因は残念ながら、OpenPyXLにおけるセルのオブジェクトのvalue属性などのルールに起因します。ここで、転記元セルであるワークシート「販売」のF4セルを改めて確認すると、「=D4*E4」という数式が入力してあることがわかります（画面2）。

▼画面2　ワークシート「販売」のＦ４セルには数式が入力

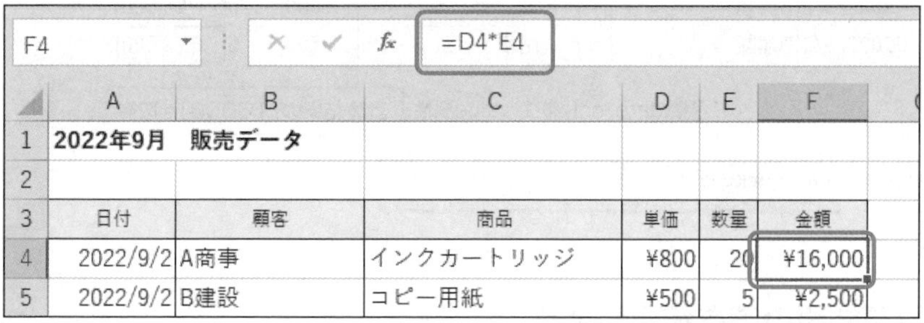

F4　=D4*E4

	A	B	C	D	E	F
1	2022年9月　販売データ					
2						
3	日付	顧客	商品	単価	数量	金額
4	2022/9/2	A商事	インクカートリッジ	¥800	20	¥16,000
5	2022/9/2	B建設	コピー用紙	¥500	5	¥2,500

実はvalue属性を使うと、この数式がワークシート「A商事」のE10セルにそのまま転記されるようにOpenPyXLでは決められているのです。

本来転記したいのは、ワークシート「販売」のF4セルで表示されている金額「¥16,000」です。表示形式で通貨に設定しており、データ自体は16000という数値です。この16000は、F4セルの数式「=D4*E4」の計算結果です。本来はこの計算結果を転記する必要があります。しかし、value属性では計算結果ではなく、数式が転記されてしまいます。

OpenPyXLではそういった計算結果を転記する方法はいくつか考えられますが、もっとも単純で確実な方法をこれから紹介します。少々手間かもしれませんが、シンプルでわかりやすい方法です。

ワークシート「販売」のF4セルの数式の計算結果を転記するには、その計算結果の値を取得する必要があります。その計算結果の値を、ワークシート「A商事」のE10セルのvalue属性に代入すれば、意図通り転記できます。

セルの数式の計算結果の値を取得するには、ブックを“データのみ”のモードで読み込むよう、OpenPyXLでは決められています。そのようにブックを読み込むには、openpyxl.load_workbook関数にて、「data_only」という引数に、Trueを設定するよう決められています。

この引数data_onlyは省略可能なオプショナル引数であり、Trueを設定すると、データのみの状態でブックを開きます。言い換えると、数式が入ったセルなら、その計算結果をそのセルの値として開きます。そのため、セルのオブジェクトのvalue属性で取得できるのは、その計算結果の値になります（図3）。

図3　引数data_onlyで、計算結果を取得できる

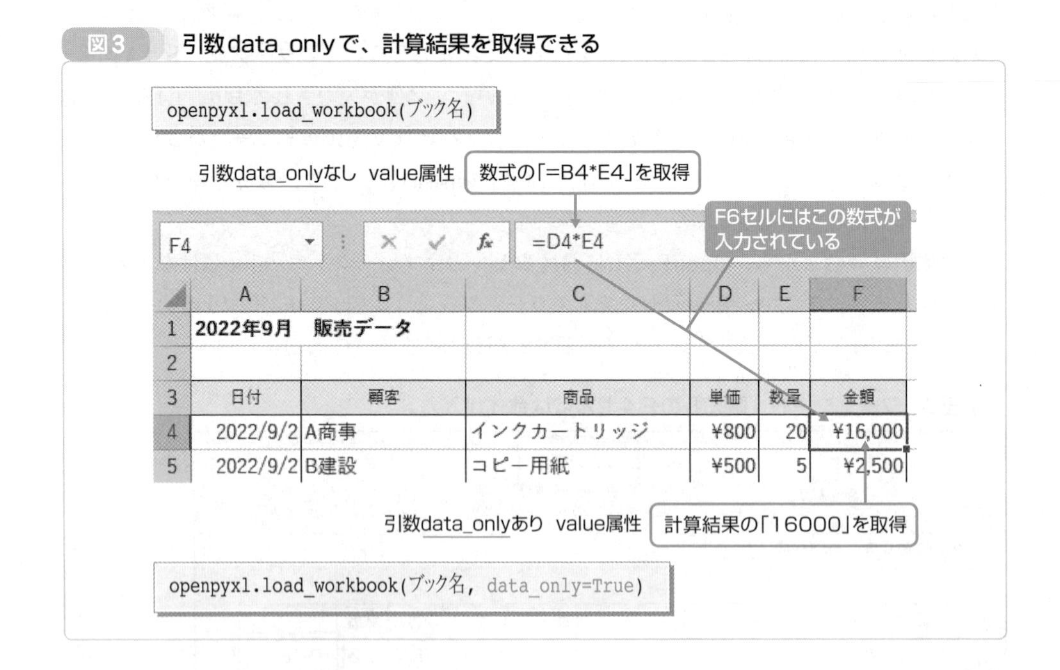

「金額」の計算結果の値を転記しよう

以上が数式の計算結果を取得する方法です。では、ワークシート「販売」のF4セルの「金額」の計算結果の値を、ワークシート「A商事」のE10セルに転記するコードを考えて記述していきましょう。

まずはブック「販売管理.xlsx」を“データのみ”のモードで読み込みます。openpyxl.load_workbook関数の引数data_onlyにTrueを設定するため、「data_only=True」を第1引数（ブック名）の後ろに追加します。するとコードは以下になります。

```
openpyxl.load_workbook('pyxlml¥¥販売管理.xlsx', data_only=True)
```

ポイントは、このコードを既存のopenpyxl.load_workbook関数のコードに置き換えるので

はなく、新たに加えることです。すると、openpyxl.load_workbook関数でブック「販売管理.xlsx」を読み込むコードが2つある状態になります。一体どういうことでしょうか？

現時点のコードにて、ブック「販売管理.xlsx」を開いて読み込むコードは、3行目の以下です。

```
wb = openpyxl.load_workbook('pyxlml¥¥販売管理.xlsx')
```

単純に考えると、このコードに、引数data_onlyにTrueを設定する「data_only=True」をそのまま追加すればよさそうに思えます。しかし、それでは都合が悪いことが起きてしまいます。テンプレートのワークシート「請求書雛形」では3-1節（54ページ）で紹介したように、E27～E29セルには小計や消費税や合計を求める数式があらかじめ入力してあるのでした。

「data_only=True」をそのまま追加すると、それらの数式ではなく、計算結果の値が得られるようになります。ブックを読み込んだ時点では、ワークシート「請求書雛形」の10～26行目には何のデータも転記されていない状態なので、E27～E29セルの計算結果は0です。そのワークシート「請求書雛形」をコピーして使おうとしても、E27～E29セルは数式ではなく、数値の0になってしまっているので、あとから10～26行目にデータを転記しても、小計や消費税や合計は求められません（図4）。この問題は「ご請求額」のB31セルでも同様に生じます。

図4　既存のコードに「data_only=True」を追加すると起きる問題

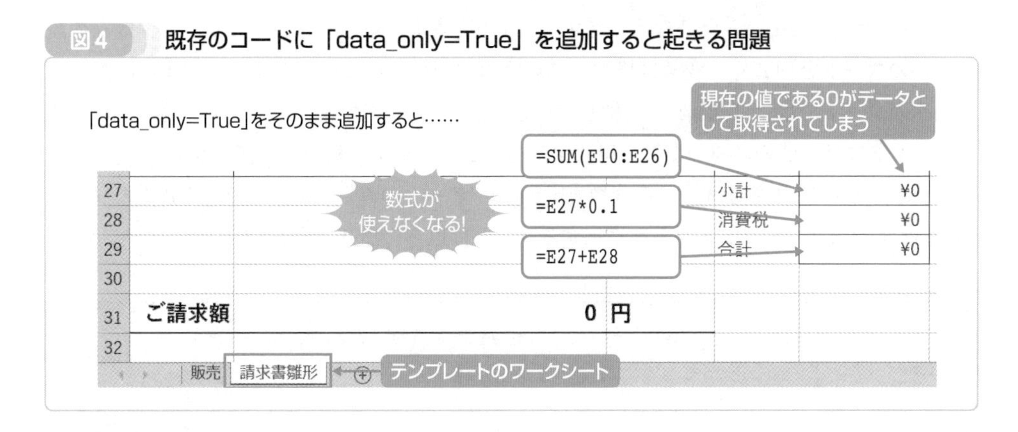

このように、既存のopenpyxl.load_workbook関数のコードへ、単純に「data_only=True」を追加するだけでは、都合が悪い結果になってしまうのです。そのような事態を避けるため、openpyxl.load_workbook関数でブック「販売管理.xlsx」を読み込むコードを新たに加え、読み込むコードが2つある状態にするのです。1つ目は既存のコード「wb = openpyxl.load_workbook('pyxlml¥¥販売管理.xlsx')」そのままです。

2つ目は、“データのみ”のモードで読み込むコードです。このコードは先ほど紹介した「openpyxl.load_workbook('pyxlml¥¥販売管理.xlsx', data_only=True)」です。この2つ目のコードで読み込んだブック「販売管理.xlsx」のオブジェクトを使い、「金額」の計算結果の値の転記処理を行います。言い換えると、「金額」の計算結果の値の転記処理だけのために、“データのみ”のモードでブック「販売管理.xlsx」を読み込み、そのオブジェクトを使うのです（図5）。

図5 “データのみ”で読み込み、「金額」の転記に使う

“データのみ”のモードで読み込んだブック「販売管理.xlsx」のオブジェクトも、既存の読み込みのコードと同じく、変数に格納して以降の処理に用いるのがセオリーです。既存の読み込みのコードでは、変数wbに格納していました。“データのみ”のモードで読み込んだオブジェクトには、別の名前の変数を用意する必要があります。変数名は何でもよいのですが、ここでは「wb_d」とします。この変数wb_dに、“データのみ”のモードで読み込んだブック「販売管理.xlsx」のオブジェクトを格納するコードは以下になります。

```
wb_d = openpyxl.load_workbook('pyxlml¥¥販売管理.xlsx',
                              data_only=True)
```

なお、1行のコードが長くなったので、途中で改行しています。Pythonでは、カッコ内ならば、「,」など区切りのよい場所で改行できます。

変数wb_dに入っているブック「販売管理.xlsx」のオブジェクトから、ワークシート「販売」のF4セル「金額」の計算結果の値を取得するには、F4セルのオブジェクトが必要であり、そのためにはワークシート「販売」のオブジェクトが必要です。取得するには、ブックのオブジェクトである変数wb_dを使い、以下のように記述すればOKです。

```
wb_d['販売']
```

ブックのオブジェクトとして、変数wbではなく、“データのみ”のモードで読み込んだ変数wb_dを使う点が重要なポイントです。

このように“データのみ”のモードで取得したワークシート「販売」のオブジェクトも、変数に格納して以降の処理に用います。変数名は何でもよいのですが、ここでは「ws_sd」とします。すると、格納するコードは以下になります。

```
ws_sd = wb_d['販売']
```

あとはこの変数ws_sdを使い、F4セルのオブジェクトを取得し、そのvalue属性を取得すれば、「金額」の数式の計算結果の値が得られます。そのコードは以下になります。

```
ws_sd.cell(4, 6).value
```

ワークシート「販売」のオブジェクトとして、変数ws_sではなく、変数ws_sdを使っている点が重要です。「金額」を転記する処理にて、転記元のセルの値を上記コード「ws_sd.cell(4, 6).value」に書き換えれば、意図通り「金額」の計算結果の値を、ワークシート「A商事」のE10セルに転記できるようになります。

以上を踏まえ、コードを追加・変更しましょう。まずは、先ほど考えたブック「販売管理.xlsx」を“データのみ”のモードで読み込むコード、そのブックのワークシート「販売」のオブジェクトを変数ws_sdに格納するコードを追加します。追加する場所は、既存の読み込む処理のすぐ下とします。

そして、「金額」を転記する処理のコードにて、転記元のセルの値を「ws_s.cell(4, 6).value」から、「ws_sd.cell(4, 6).value」に書き換えます。実質の書き換え作業は、ワークシート「販売」のオブジェクトが変数ws_sから変数ws_sdに変更するだけです。

さらには、“データのみ”のモードで読み込んだブック「販売管理.xlsx」を閉じるコード「wb_d.close()」を最後に加えます。

▼追加・変更前

```
import openpyxl
import datetime

wb = openpyxl.load_workbook('pyxlml¥¥販売管理.xlsx')
ws_s = wb['販売']

ws_i = wb.copy_worksheet(wb['請求書雛形'])
ws_i.title = 'A商事'
```

```
ws_i['A4'].value = 'A商事'
ws_i['E2'].value = datetime.date.today()

if ws_s.cell(4, 2).value == 'A商事':
    ws_i.cell(10, 1).value = ws_s.cell(4, 1).value
    ws_i.cell(10, 2).value = ws_s.cell(4, 3).value
    ws_i.cell(10, 3).value = ws_s.cell(4, 4).value
    ws_i.cell(10, 4).value = ws_s.cell(4, 5).value
    ws_i.cell(10, 5).value = ws_s.cell(4, 6).value

wb.save('pyxlml¥¥販売管理.xlsx')
wb.close()
```

▼追加・変更後

```
import openpyxl
import datetime

wb = openpyxl.load_workbook('pyxlml¥¥販売管理.xlsx')
ws_s = wb['販売']
wb_d = openpyxl.load_workbook('pyxlml¥¥販売管理.xlsx',
                              data_only=True)
ws_sd = wb_d['販売']

ws_i = wb.copy_worksheet(wb['請求書雛形'])
ws_i.title = 'A商事'
ws_i['A4'].value = 'A商事'
ws_i['E2'].value = datetime.date.today()

if ws_s.cell(4, 2).value == 'A商事':
    ws_i.cell(10, 1).value = ws_s.cell(4, 1).value
    ws_i.cell(10, 2).value = ws_s.cell(4, 3).value
    ws_i.cell(10, 3).value = ws_s.cell(4, 4).value
    ws_i.cell(10, 4).value = ws_s.cell(4, 5).value
    ws_i.cell(10, 5).value = ws_sd.cell(4, 6).value

wb.save(path)
wb.close()
wb_d.close()
```

追加・変更できたら、動作確認しましょう。ブック「販売管理.xlsx」が閉じてあるのを再確認したら、プログラムを実行してください。実行し終えたら、ブック「販売管理.xlsx」を開いて、ワークシート「A商事」に切り替えてください。E10セルを見ると、今度は無事「¥16,000」と表示されています。意図通り「金額」の数式の計算結果である数値の16000を転記できたのです（画面3）。

▼画面3　E10セルに「金額」の計算結果を転記できた

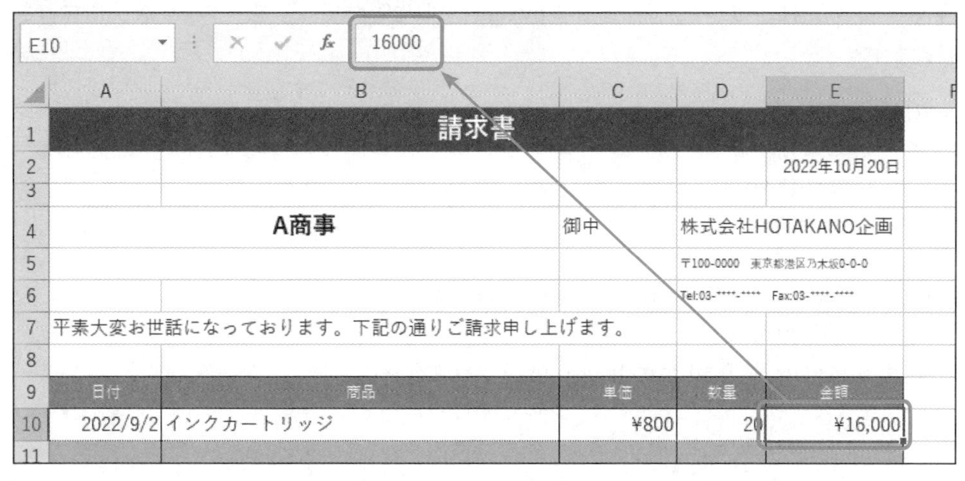

ここで、ワークシート「A商事」のE10セルには何が入力されているのか、確認してみましょう。同セルをクリックするなどして選択して数式バーを見ると、16000という数値であることがわかります。この16000はまさに、ワークシート「販売」のF4セルの数式「=D4*E4」の計算結果です。

少しだけコードを整理

本節でコードを追加・変更した結果、「'pyxlml¥¥販売管理.xlsx'」という記述が3箇所（読み込む処理2箇所と上書き保存する処理）に登場しています。ブック「販売管理.xlsx」のパス付きブック名の文字列です。

ここで、これら3箇所で重複している同じ記述「'pyxlml¥¥販売管理.xlsx'」を整理しましょう。変数を利用して、1つにまとめます。変数名は何でもよいのですが、ここでは「path」とします。この変数pathに「'pyxlml¥¥販売管理.xlsx'」を格納し、以降の処理に用います。格納するコードは以下です。

```
path = 'pyxlml¥¥販売管理.xlsx'
```

このコードを追加します。そして、今まで「'pyxlml¥¥販売管理.xlsx'」を記述していた3箇所を変数pathに置き換えます。

「path = 'pyxlml¥¥販売管理.xlsx'」を追加する場所は、openpyxl.load_workbook関数で読み込む処理の前です。変数pathに格納している「販売管理.xlsx」のパス付きブック名の文字列を、目的のブックを読み込む処理に使うので、その処理の前に変数pathへ格納しておく必要があります。あたりまえかもしれませんが、うっかり追加場所を誤ることは多いので注意しましょう。

以上を踏まえ、次のようにコードを追加・変更してください。「path = 'pyxlml¥¥販売管理.xlsx'」を追加し、かつ、3箇所ある「'pyxlml¥¥販売管理.xlsx'」をすべて変数pathに置き換えます。

▼追加・変更前

```
import openpyxl
import datetime

wb = openpyxl.load_workbook('pyxlml¥¥販売管理.xlsx')
ws_s = wb['販売']
wb_d = openpyxl.load_workbook('pyxlml¥¥販売管理.xlsx',
                              data_only=True)
ws_sd = wb_d['販売']

ws_i = wb.copy_worksheet(wb['請求書雛形'])
ws_i.title = 'A商事'
ws_i['A4'].value = 'A商事'
ws_i['E2'].value = datetime.date.today()

if ws_s.cell(4, 2).value == 'A商事':
    ws_i.cell(10, 1).value = ws_s.cell(4, 1).value
    ws_i.cell(10, 2).value = ws_s.cell(4, 3).value
    ws_i.cell(10, 3).value = ws_s.cell(4, 4).value
    ws_i.cell(10, 4).value = ws_s.cell(4, 5).value
    ws_i.cell(10, 5).value = ws_sd.cell(4, 6).value

wb.save('pyxlml¥¥販売管理.xlsx')
wb.close()
wb_d.close()
```

▼追加・変更後

```
import openpyxl
import datetime
```

```
path = 'pyxlml¥¥販売管理.xlsx'
wb = openpyxl.load_workbook(path)
ws_s = wb['販売']
wb_d = openpyxl.load_workbook(path,data_only=True)
ws_sd = wb_d['販売']

ws_i = wb.copy_worksheet(wb['請求書雛形'])
ws_i.title = 'A商事'
ws_i['A4'].value = 'A商事'
ws_i['E2'].value = datetime.date.today()

if ws_s.cell(4, 2).value == 'A商事':
    ws_i.cell(10, 1).value = ws_s.cell(4, 1).value
    ws_i.cell(10, 2).value = ws_s.cell(4, 3).value
    ws_i.cell(10, 3).value = ws_s.cell(4, 4).value
    ws_i.cell(10, 4).value = ws_s.cell(4, 5).value
    ws_i.cell(10, 5).value = ws_sd.cell(4, 6).value

wb.save(path)
wb.close()
wb_d.close()
```

なお、ブックを“データのみ”のモードで読み込むコードの「data_only=True」の部分は、追加・変更前はコードを途中で改行していましたが、変数pathでまとめた結果、コードが短くなったので、改行しないよう変更しています（改行したままでも構いません）。

追加・変更できたら、実行して動作確認しましょう。ブック「販売管理.xlsxを開き、コード整理前と同じ実行結果が得られることを確かめておいてください。確認後はワークシート「A商事」を削除し、ブック「販売管理.xlsx」を忘れずに閉じてください。

コードの整理は以上です。この時点でのコードでも、2箇所で重複している「'販売'」など、整理すべき箇所は他にもありますが、以上とします。他にどう整理すべきかは3-8節で改めて解説します。

なお、3箇所ある「'A商事'」はこのあと次々節にて変数でまとめます。そもそも本来は4社すべての顧客の請求書を作成するのですが、まずは「A商事」のみに固定していたのでした。それを変数化し、4社すべてで請求書を作成できるよう、プログラムを発展させます。

3-5 目的の顧客の販売データを請求書に転記しよう ～その3

指定した顧客のデータをすべて抽出・転記

本書サンプル「販売管理」は前節までに、顧客は「A商事」の1社に限定した状態にて、請求書作成のプログラムを作ってきました。現時点では、ワークシート「販売」にある「A商事」の販売データを、請求書であるワークシート「A商事」に転記する処理にて、販売データの表の先頭のデータの1件のみを転記するところまでを作成しました。本節では、73ページの3-3節の（3-3）の処理として、先頭の1件のみならず、すべての「A商事」の販売データを転記できるようプログラムを発展させます。

そのような処理には、どのようなコードを書けばよいでしょうか？　今までは販売データの表の先頭行のセルだけが対象でしたが、表のすべての行のデータを順に処理していく必要があります。そのためのコードを書く方法はいくつかありますが、for文によるループを用いる方法が最も手堅いでしょう。while文の方法も考えられますが、今回はfor文を使うとします。

ワークシート「販売」の販売データの表は、現時点では先頭である4行目のみが処理の対象です。これをfor文によるループで、販売データの末尾である32行目まで処理できるようにします。

販売データの表のセルのコードは現在、たとえばif文の条件式の中に「ws_s.cell(4, 2).value」が登場しています。

```
if ws_s.cell(4, 2).value == 'A商事':
```

4行目・2列目であるB4セルに該当します。販売データの表ではB列は「顧客」のデータが入っており、このif文の条件式では、先頭の4行目に限定しているため、B4セルに入っている顧客が「A商事」かどうか見ているのでした。

これを表の先頭のB4セルだけでなく、末尾のB32セルまでfor文で処理できるようにします。そのためには、現在はcellメソッドの第1引数に、処理対象の行数として4を固定で指定しているのを、4から32まで順に増やしていけばよいでしょう。

具体的なコードとしては、cellメソッドの第1引数を4で固定するのではなく、for文のカウンタ変数を用います。ループによって繰り返し度に、4から32までカウンタ変数が順に増えれば、B4セルからB32まで順にセルを処理できるようになります。

カウンタ変数の名前は何でもよいのですが、ここでは「i」とします。すると、目的のfor文は以下のようになります。

```
for i in range(4, 33):
```

range関数で「range(4, 33)」とすることで、4から32の数値を順に生成します。range関数は第2引数に指定した値から1少ない数値（整数）までを生成するのでした。ここでは32まで必要なので、それより1大きい33を第2引数に指定しています。これでループで繰り返す度に、4からスタートし、32までの数値がカウンタ変数iに格納されることになります。

そして、先ほど挙げたif文のコードなら、cellメソッドの第1引数の行を4からカウンタ変数に書き換えます。

```
if ws_s.cell(i, 2).value == 'A商事':
```

これで、繰り返しの度に、第1引数には4から32が順に指定されることになり、B4セルからB32セルまで処理できます（図1）。

図1　行にカウンタ変数iを指定することでループに対応

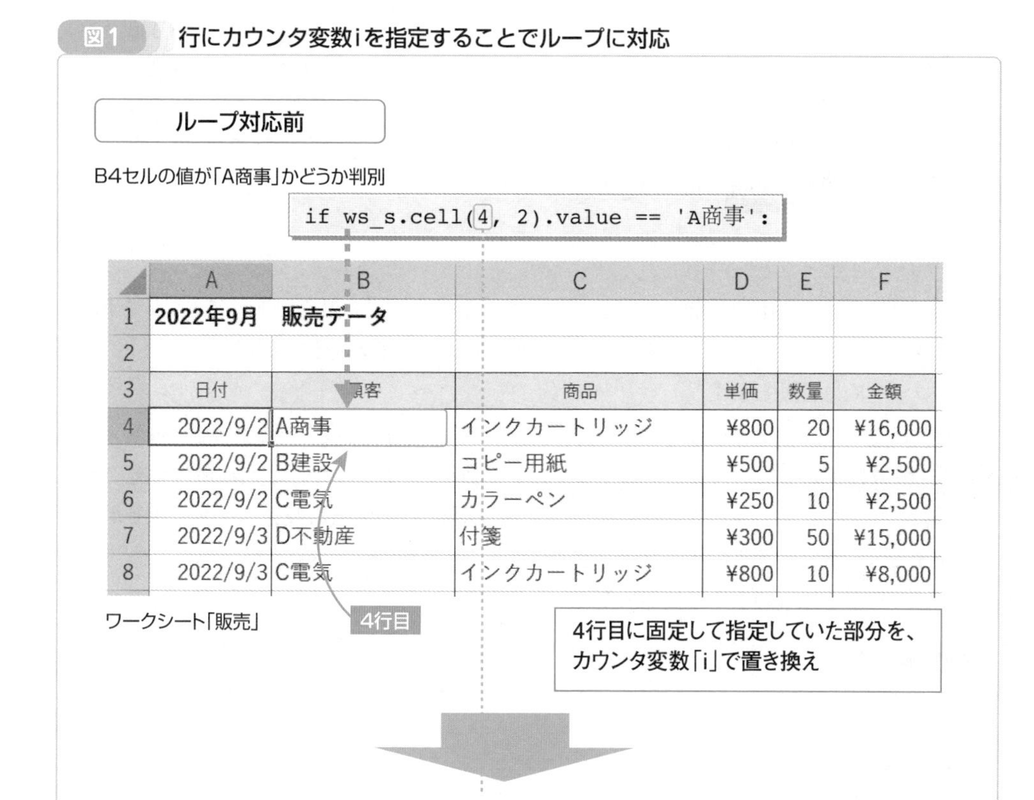

	A	B	C	D	E	F
1	2022年9月　販売データ					
2						
3	日付	顧客	商品	単価	数量	金額
4	2022/9/2	A商事	インクカートリッジ	¥800	20	¥16,000
5	2022/9/2	B建設	コピー用紙	¥500	5	¥2,500
6	2022/9/2	C電気	カラーペン	¥250	10	¥2,500
7	2022/9/3	D不動産	付箋	¥300	50	¥15,000
8	2022/9/3	C電気	インクカートリッジ	¥800	10	¥8,000

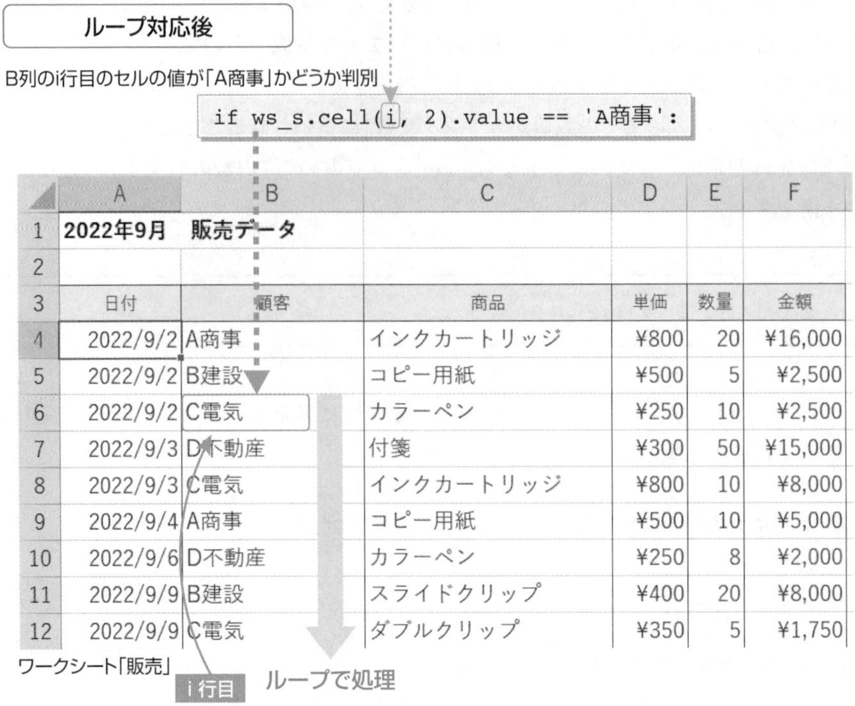

ループ対応後

B列のi行目のセルの値が「A商事」かどうか判別

```
if ws_s.cell(i, 2).value == 'A商事':
```

	A	B	C	D	E	F
1	2022年9月　販売データ					
2						
3	日付	顧客	商品	単価	数量	金額
4	2022/9/2	A商事	インクカートリッジ	¥800	20	¥16,000
5	2022/9/2	B建設	コピー用紙	¥500	5	¥2,500
6	2022/9/2	C電気	カラーペン	¥250	10	¥2,500
7	2022/9/3	D不動産	付箋	¥300	50	¥15,000
8	2022/9/3	C電気	インクカートリッジ	¥800	10	¥8,000
9	2022/9/4	A商事	コピー用紙	¥500	10	¥5,000
10	2022/9/6	D不動産	カラーペン	¥250	8	¥2,000
11	2022/9/9	B建設	スライドクリップ	¥400	20	¥8,000
12	2022/9/9	C電気	ダブルクリップ	¥350	5	¥1,750

ワークシート「販売」　i行目　ループで処理

以上を踏まえ、コードを追加・変更しましょう。まずは転記の処理であるif文全体をfor文で繰り返すよう、「for i in range(4, 33):」を追加したのち、if文全体を1段インデントしてfor文のブロック内に移動します。

そして、ワークシート「販売」のセルで、今まで4行目で固定していた箇所――cellメソッドの第1引数に指定していた4をすべてカウンタ変数iに変更します。該当箇所はif文の条件式以外に、if文のブロック内に5箇所あります。その場所は、実際に販売データの各セルの値を転記するコードで、代入の=演算子の右辺に記述した転記元セルの行です。

では、コードを以下のように追加・変更してください。

▼追加・変更前

```
import openpyxl
import datetime

path = 'pyxlml¥¥販売管理.xlsx'
wb = openpyxl.load_workbook(path)
ws_s = wb['販売']
wb_d = openpyxl.load_workbook(path, data_only=True)
ws_sd = wb_d['販売']
```

```
ws_i = wb.copy_worksheet(wb['請求書雛形'])
ws_i.title = 'A商事'
ws_i['A4'].value = 'A商事'
ws_i['E2'].value = datetime.date.today()

if ws_s.cell(4, 2).value == 'A商事':
    ws_i.cell(10, 1).value = ws_s.cell(4, 1).value
    ws_i.cell(10, 2).value = ws_s.cell(4, 3).value
    ws_i.cell(10, 3).value = ws_s.cell(4, 4).value
    ws_i.cell(10, 4).value = ws_s.cell(4, 5).value
    ws_i.cell(10, 5).value = ws_sd.cell(4, 6).value

wb.save(path)
wb.close()
wb_d.close()
```

▼追加・変更後

```
import openpyxl
import datetime

path = 'pyxlml¥¥販売管理.xlsx'
wb = openpyxl.load_workbook(path)
ws_s = wb['販売']
wb_d = openpyxl.load_workbook(path, data_only=True)
ws_sd = wb_d['販売']

ws_i = wb.copy_worksheet(wb['請求書雛形'])
ws_i.title = 'A商事'
ws_i['A4'].value = 'A商事'
ws_i['E2'].value = datetime.date.today()

for i in range(4, 33):
    if ws_s.cell(i, 2).value == 'A商事':
        ws_i.cell(10, 1).value = ws_s.cell(i, 1).value
        ws_i.cell(10, 2).value = ws_s.cell(i, 3).value
        ws_i.cell(10, 3).value = ws_s.cell(i, 4).value
        ws_i.cell(10, 4).value = ws_s.cell(i, 5).value
        ws_i.cell(10, 5).value = ws_sd.cell(i, 6).value

wb.save(path)
```

if文全体を一段インデント

```
wb.close()
wb_d.close()
```

これでワークシート「販売」の表については、先頭の4行目から末尾の32行目まで、販売データを処理可能になりました。さっそく動作確認したくなるところですが、実はこのコードでは、すべての「A商事」の販売データを意図通り転記できません。

試しに実行してみると（画面1）、ワークシート「請求書」では、相変わらず表のデータの先頭である10行目にしか転記されていません（もし、お手元のコードを実行したなら、結果の確認後、ワークシート「A商事」を削除し、上書き保存してブックを閉じておいてください）。

▼**画面1　ループ対応したはずなのに1件しか転記されず**

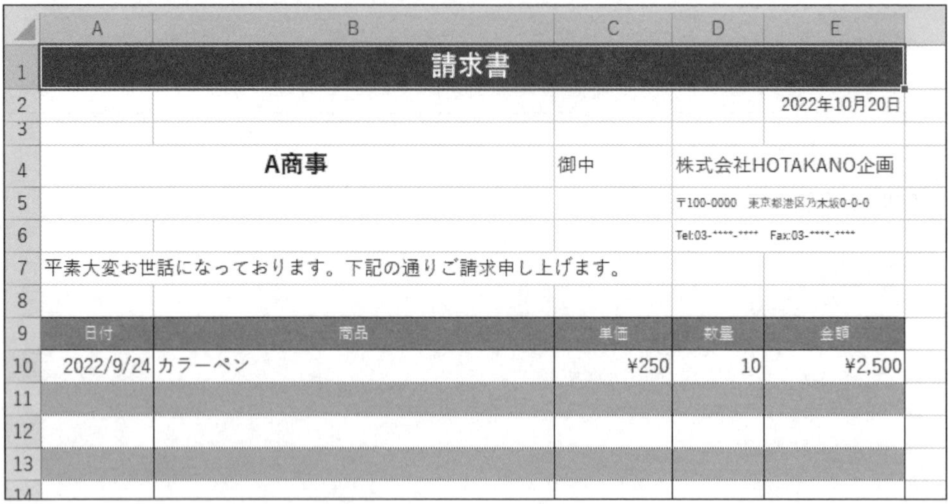

	A	B	C	D	E
1	請求書				
2					2022年10月20日
3					
4	A商事		御中	株式会社HOTAKANO企画	
5				〒100-0000　東京都港区乃木坂0-0-0	
6				Tel:03-****-****　Fax:03-****-****	
7	平素大変お世話になっております。下記の通りご請求申し上げます。				
8					
9	日付	商品	単価	数量	金額
10	2022/9/24	カラーペン	¥250	10	¥2,500
11					
12					
13					
14					

なぜこのような結果になってしまったのか、その理由は転記先のセルの行の処理がまだ不適切なままだからです。転記元であるワークシート「販売」の表については、先ほどfor文のカウンタ変数iを使い、4行目から32行目まで順に処理できるようになりました。

一方、転記先であるワークシート「請求書」の表については、コードをよく見直すと、cellメソッドの第1引数に指定している行は10で固定したままです。たとえば、if文のブロック内の最初の処理で、列「日付」を転記するコード「ws_i.cell(10, 1).value = ws_s.cell(i, 1).value」の中の以下の箇所です。代入の＝演算子の左辺です。

```
ws_i.cell(10, 1).value
```

他にも、ワークシート「A商事」の表のセルのオブジェクトで、cellメソッドの第1引数に10を指定している箇所は、同じくif文のブロックの中に4つあります。

これでは、「A商事」の販売データをいくつ見つけようと、常に10行目に転記され、何度も上書きされてしまいます。以上が意図通り転記できない原因です。

転記先の行も進める処理を加えて解決

常に10行目に転記されてしまう原因がわかったところで、解決するにはコードをどうすればよいか考えていきましょう。

この問題を解決するには、転記先の行を10で固定したままにするのではなく、11行目以降に行を進められるようにすれば、10行目、11行目、12行目……と順に転記できるでしょう。

そのような処理を可能とするには、具体的にコードをどのように修正したらよいでしょうか？　先ほど挙げた該当箇所の「ws_i.cell(10, 1).value」なら、cellメソッドの第1引数に指定している10をそうなるよう変更しなければなりません。

この10をカウンタ変数iに変更したくなるところですが、それでは意図通りに転記できません。カウンタ変数iはあくまでも、転記元であるワークシート「販売」の表の行を順に処理するための役割です。そのカウンタ変数iを転記先であるワークシート「A商事」のセルの行にも使うと、転記先の行がおかしなことになってしまいます。

たとえば、ワークシート「販売」の表を見ると、「A商事」のデータは先頭の4行目にあります。その際のカウンタ変数iの値は4です。カウンタ変数iを転記先の行にも使うと、ワークシート「A商事」の4行目に転記されることになります。ワークシート「A商事」は10行目からデータを入力したいのに、まったく違う4行目に転記されてしまいます。

さらには、ワークシート「販売」の表で「A商事」の2件目の販売データを探すと、9行目にあることがわかります。その際のカウンタ変数iの値は9であり、カウンタ変数iを転記先の行にも使うと、ワークシート「A商事」の9行目（表の見出しの行）に転記され、また意図通りではない場所に転記されてしまいます。

このように転記先の行にカウンタ変数iを使うのは不適切です。どうすればよいでしょうか？

この解決策は何通りか考えられますが、今回は転記先の行を管理する変数を、カウンタ変数iとは別に用意する方法を採用するとします。その変数を使い、転記先のセルの行を制御するのです。ワークシート「A商事」では、10行目から順に転記していきたいのでした。よって、その別の変数を10、11、12……と転記の度に増やしていけば、意図通りに転記できるでしょう。

その別の変数の名前は何でもよいのですが、ここでは「row_dst」とします。この変数row_dstを転記先のセルでcellメソッドの第1引数に指定します。そして変数row_dstには、最初に10を入れておき、10、11、12……と転記の度に増やしていけば、意図通りに転記できます（図2）。

図2 転記先セルの行を変数row_dstで管理

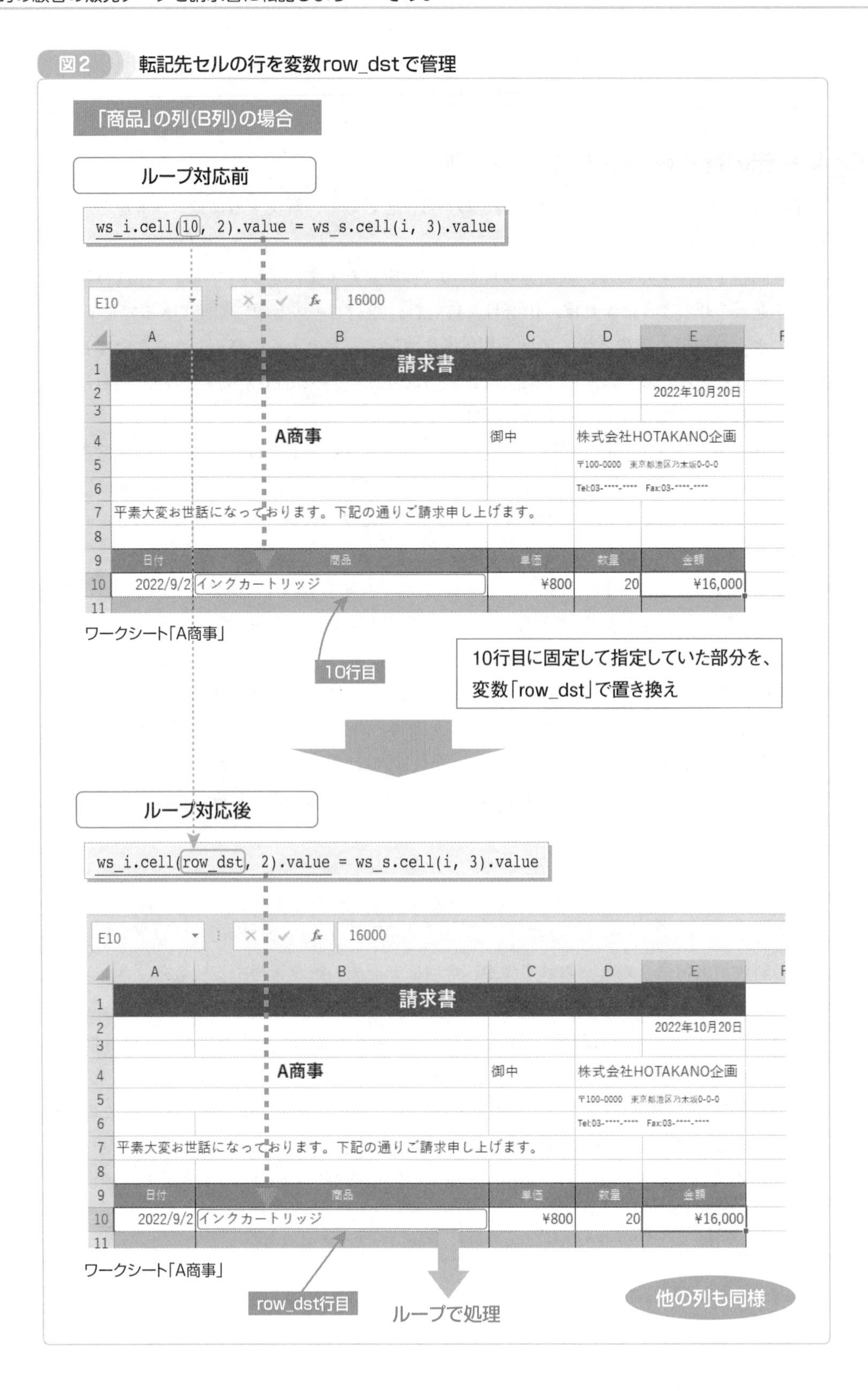

転記先のセルでcellメソッドの第1引数に10を指定している箇所は、if文のブロックの中に5つあるのでした（すべて代入演算子＝の左辺）。それらをすべて変数row_dstに置き換えます。

コードの修正はこれだけでは不十分です。カウンタ変数iはfor文によって自動的に初期値の4が設定され、繰り返しの度に1ずつ増やされます。一方、変数row_dstはカウンタ変数ではないので、そのように初期値を設定したり、値を順に増やしたりする処理は自動では行われないので、そのためのコードを自分で書く必要があります。

変数row_dstの初期値ですが、販売データはワークシート「A商事」の10行目から転記したいので、変数row_dstには最初に10を代入します。そのコードは以下です。

```
row_dst = 10
```

次は変数row_dstを1ずつ増やす処理です。そのコードには、「+=」演算子を使うのがオススメです。+=演算子は左辺に指定した変数の値を、右辺の指定した値のぶんだけ増やしてくれます。変数を現在の値から、指定した値のぶんだけ増やしたい場合に便利な演算子です。今回は変数row_dstを1ずつ増やしたいので、+=演算子の右辺には1を指定します。

```
row_dst += 1
```

これで、上記コードが実行される度に、変数row_dstの値が1ずつ増えていきます。

以上を踏まえ、コードを次のように追加・変更してください。まずはif文のブロックの中に5つあるcellメソッドの第1引数の10を変数row_dstに置き換えます。そして、for文の手前にコード「row_dst = 10」を追加します。さらに、if文のブロックの最後に「row_dst += 1」を追加します。あわせて、コードを読みやすくするよう、空白行も適宜挿入しています。

▼追加・変更前

```
import openpyxl
import datetime

path = 'pyxlml¥¥販売管理.xlsx'
wb = openpyxl.load_workbook(path)
ws_s = wb['販売']
wb_d = openpyxl.load_workbook(path, data_only=True)
ws_sd = wb_d['販売']

ws_i = wb.copy_worksheet(wb['請求書雛形'])
```

```
ws_i.title = 'A商事'
ws_i['A4'].value = 'A商事'
ws_i['E2'].value = datetime.date.today()

for i in range(4, 33):
    if ws_s.cell(i, 2).value == 'A商事':
        ws_i.cell(10, 1).value = ws_s.cell(i, 1).value
        ws_i.cell(10, 2).value = ws_s.cell(i, 3).value
        ws_i.cell(10, 3).value = ws_s.cell(i, 4).value
        ws_i.cell(10, 4).value = ws_s.cell(i, 5).value
        ws_i.cell(10, 5).value = ws_sd.cell(i, 6).value

wb.save(path)
wb.close()
wb_d.close()
```

▼追加・変更後

```
import openpyxl
import datetime

path = 'pyxlml¥¥販売管理.xlsx'
wb = openpyxl.load_workbook(path)
ws_s = wb['販売']
wb_d = openpyxl.load_workbook(path, data_only=True)
ws_sd = wb_d['販売']

ws_i = wb.copy_worksheet(wb['請求書雛形'])
ws_i.title = 'A商事'
ws_i['A4'].value = 'A商事'
ws_i['E2'].value = datetime.date.today()

row_dst = 10

for i in range(4, 33):
    if ws_s.cell(i, 2).value == 'A商事':
        ws_i.cell(row_dst, 1).value = ws_s.cell(i, 1).value
        ws_i.cell(row_dst, 2).value = ws_s.cell(i, 3).value
        ws_i.cell(row_dst, 3).value = ws_s.cell(i, 4).value
```

```
        ws_i.cell(row_dst, 4).value = ws_s.cell(i, 5).value
        ws_i.cell(row_dst, 5).value = ws_sd.cell(i, 6).value

        row_dst += 1

wb.save(path)
wb.close()
wb_d.close()
```

追加･変更できたら、動作確認しましょう。実行後、「販売管理.xlsx」をExcelで開き、ワークシート「A商事」に切り替えてください。すると、次の画面2のように、「A商事」の販売データが10行目以降に順に転記されたことが確認できます。

▼画面2　請求書の表の10行目以降にも意図通り転記された

	A	B	C	D	E
1	請求書				
2					2022年10月20日
3					
4	A商事		御中	株式会社HOTAKANO企画	
5				〒100-0000　東京都港区乃木坂0-0-0	
6				Tel:03-****-****　Fax:03-****-****	
7	平素大変お世話になっております。下記の通りご請求申し上げます。				
8					
9	日付	商品	単価	数量	金額
10	2022/9/2	インクカートリッジ	¥800	20	¥16,000
11	2022/9/4	コピー用紙	¥500	10	¥5,000
12	2022/9/11	付箋	¥300	40	¥12,000
13	2022/9/13	ダブルクリップ	¥350	50	¥17,500
14	2022/9/17	スライドクリップ	¥400	50	¥20,000
15	2022/9/23	付箋	¥300	20	¥6,000
16	2022/9/24	カラーペン	¥250	10	¥2,500
17					
18					

これで、すべての「A商事」の販売データを転記できるようになりました。

さて、先ほどコード「row_dst = 10」とコード「row_dst += 1」を追加しましたが、その場所も重要です。

コード「row_dst = 10」は、もしfor文のブロック内に追加してしまうと、繰り返しの度に変数row_dstへ10が代入されることになります。そのあとのコード「row_dst += 1」で1増やしても、再び10に戻るので、常に10行目に転記される結果になってしまいます。

また、コード「row_dst += 1」をif文のブロックの外に追加しても、意図通り転記できなくなります。本来は「A商事」の販売データを1件転記したら、転記先の行を1つ進めるべく、変数row_dstの値を1増やしたいのでした。「A商事」の販売データを転記するのは、if文の条件式が成立した場合であり、その処理はif文のブロック内のコードで行われます。

それなのに、コード「row_dst += 1」をif文の外に追加したら、if文の条件式が成立しようがしまいが、繰り返しの度に毎回必ず実行され、変数row_dstの値が1増えてしまいます。言い換えると、「A商事」の販売データではない場合でも、変数row_dstの値が1増えます。そのため、「A商事」の販売データの転記先の行がおかしくなってしまうのです。

このように、追加するコードそのものは正しくても、追加する場所によっては、意図通りに動作しないケースが多々あるので注意しましょう。

テンプレートのどこをあらかじめ設定・入力しておく？

これで、「A商事」の請求書を自動作成できるようになりました。次節では、すべての顧客の請求書を自動作成できるようプログラムを発展させます。その前に本節の最後で、3-1節で予告したとおり、請求書のテンプレートのワークシート「請求書雛形」で、どのセルをあらかじめ設定・入力するとよいのか、そのコツを簡単に解説します。

テンプレートにあらかじめ設定・入力していた箇所で、まず挙げられるのが定型の部分です。たとえば、1行目のタイトルの部分です。タイトルの文言である文字列「請求書」を、A1セルにあらかじめ入力してあります。加えて、E1セルまで連結し、書式は青色で塗りつぶし、文字を白色に設定し、かつ、中央揃えにしています。他にも、「平素大変お世話に～」など固定の文言、罫線などの書式もあらかじめ設定・入力しています。

これらの箇所は、どの顧客宛でも、該当する販売データが何であっても毎回変わりません。そのため、あらかじめ設定・入力しておくのです。さらには、E27～E29セルの小計と消費税と合計の部分も、表示される値は販売データによって変わりますが、使う数式は毎回同じです。そのため、こちらもあらかじめ入力しておきます。

もちろん、それらの箇所の設定・入力をPythonで都度行うことも可能です。しかし、毎回変わらない箇所をいちいちPythonで設定・入力するのは、そのぶんたくさんのコードを書かなければならないなど非効率的でしょう。処理速度にも、わずかですが悪影響を与えます。

それゆえ、毎回変わらない箇所はExcelの方で事前に設定・入力しておくのが効率的です。Pythonに任せなくても問題ない箇所――言い換えると、Excelに任せられる箇所は、Excelに任せるのです。Pythonでプログラミングして自動化する箇所は、宛先の顧客名や日付、転記する販売データといった毎回変わる箇所だけに絞るのが効率的でしょう（図3）。

図3　毎回変わらない箇所はExcelであらかじめ入力・設定

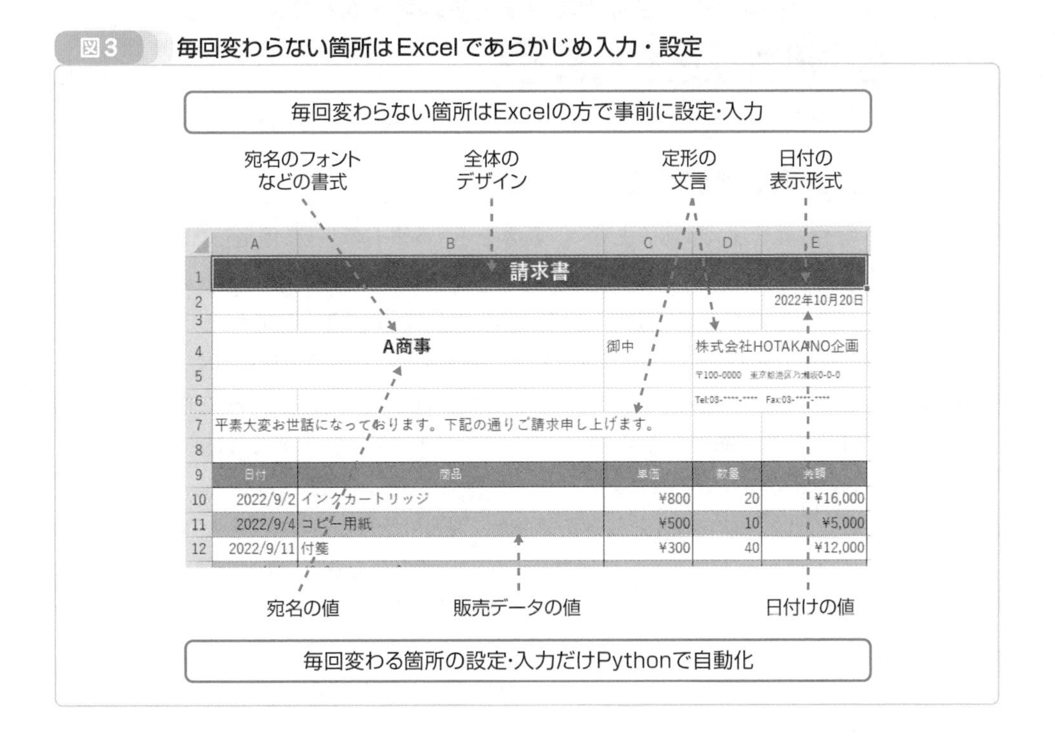

重要なのは、「指定した顧客の請求書を効率よく正確にExcelで作成する」という目的です。Pythonはその手段のひとつにすぎません。数式や書式の設定などExcelの各種機能も手段のひとつです。各手段を適材適所で使い分けることこそが大切なコツなのです。

3-6 すべての顧客の請求書を自動作成しよう

準備として、顧客名を変数にまとめる

本書サンプル「販売管理」は前節までに、顧客を「A商事」の1社に固定したかたちで、請求書を自動作成する機能を作りました。本節では、すべての顧客の請求書を自動作成する機能を作ります。3-1節で仕様として紹介したように、顧客は「A商事」に加え、「B建設」と「C電気」と「D不動産」もあわせた計4社でした。これら4社の請求書を自動作成します。大きな段階分けとして、3-2節の冒頭で提示したように、まずは「【1】顧客1社のみで請求書を作成」を行った後、「【2】複数の顧客の請求書を作成」を行うのでした。前節で【1】が終わり、これから【2】に取り掛かることになります。

また、顧客の一覧は「顧客.xlsx」というブックに別途用意しているのでした。「顧客.xlsx」は3-1節ですでに「pyxlml」フォルダーにコピーし、一度中身を確認しています。ワークシートは「Sheet1」の1枚のみであり、A2～A5セルに顧客名として「A商事」「B建設」「C電気」「D不動産」が入力してあるのでした（これらの仕様を忘れていたら、3-1節の56ページを見直しておいてください）。本節で作るすべての顧客の請求書を自動作成する機能は、このブック「顧客.xlsx」のA列の顧客一覧を用いるとします。

それでは、4社の顧客の請求書を自動作成するには、プログラムをどう発展させればよいか考えていきましょう。繰り返しになりますが、現時点のコードは「A商事」の1社のみに固定したかたちでした。その関係で、コード内に文字列「A商事」を直接記述している「'A商事'」が3箇所あります。具体的には、以下の処理のコードです。

・請求書のワークシート名を「A商事」に設定
・宛名を「A商事」に設定
・「A商事」の販売データを判別するif文の条件式

これら3箇所の文字列「A商事」を「B建設」など他の顧客名に変更可能にすれば、その顧客の請求書を自動作成できるでしょう。

そのようにコードを発展させる作業をよりスムーズに行うため、まずは準備として、顧客の文字列を変数に格納して使うようコードを変更するとします。

具体的には、変数を1つ用意し、「A商事」という顧客名の文字列を格納します。あとは現時点で文字列「A商事」を直接記述している箇所をすべてその変数に置き換えます。その変数名は何でもよいのですが、ここでは「client」とします。ひとまずは「A商事」を格納しておくとします。

```
client = 'A商事'
```

このコードを追加した上で、3箇所ある「'A商事'」をすべて変数clientに置き換えます。以上を踏まえ、コードを次のように追加・変更してください。

「client = 'A商事'」を追加する場所は、少なくとも請求書のワークシート名を顧客名に設定する処理の前です。この処理に顧客名を使うからです。ここでは、請求書のテンプレートのワークシート「請求書雛形」をコピーする処理の手前とします。空白行も適宜挿入しています。

▼追加・変更前

```
import openpyxl
import datetime

path = 'pyxlml¥¥販売管理.xlsx'
wb = openpyxl.load_workbook(path)
ws_s = wb['販売']
wb_d = openpyxl.load_workbook(path, data_only=True)
ws_sd = wb_d['販売']

ws_i = wb.copy_worksheet(wb['請求書雛形'])
ws_i.title = 'A商事'
ws_i['A4'].value = 'A商事'
ws_i['E2'].value = datetime.date.today()

row_dst = 10

for i in range(4, 33):
    if ws_s.cell(i, 2).value == 'A商事':
        ws_i.cell(row_dst, 1).value = ws_s.cell(i, 1).value
        ws_i.cell(row_dst, 2).value = ws_s.cell(i, 3).value
        ws_i.cell(row_dst, 3).value = ws_s.cell(i, 4).value
        ws_i.cell(row_dst, 4).value = ws_s.cell(i, 5).value
        ws_i.cell(row_dst, 5).value = ws_sd.cell(i, 6).value

        row_dst += 1

wb.save(path)
wb.close()
wb_d.close()
```

▼追加・変更後

```
import openpyxl
import datetime

path = 'pyxlml¥¥販売管理.xlsx'
wb = openpyxl.load_workbook(path)
ws_s = wb['販売']
wb_d = openpyxl.load_workbook(path, data_only=True)
ws_sd = wb_d['販売']

client = 'A商事'

ws_i = wb.copy_worksheet(wb['請求書雛形'])
ws_i.title = client
ws_i['A4'].value = client
ws_i['E2'].value = datetime.date.today()

row_dst = 10

for i in range(4, 33):
    if ws_s.cell(i, 2).value == client:
        ws_i.cell(row_dst, 1).value = ws_s.cell(i, 1).value
        ws_i.cell(row_dst, 2).value = ws_s.cell(i, 3).value
        ws_i.cell(row_dst, 3).value = ws_s.cell(i, 4).value
        ws_i.cell(row_dst, 4).value = ws_s.cell(i, 5).value
        ws_i.cell(row_dst, 5).value = ws_sd.cell(i, 6).value

        row_dst += 1

wb.save(path)
wb.close()
wb_d.close()
```

この追加・変更は、3箇所あった「'A商事'」を変数clientでまとめただけです。そのため、実行しても結果は変わりませんが、追加・変更がちゃんと行えたか確認するために実行してみましょう。実行後にブック「販売管理.xlsx」を開くと、前節と同様に「A商事」の請求書が作成されたことがわかります（画面1）。

▼画面1　コード追加・変更前と同じ実行結果が得られた

	A	B	C	D	E
1	請求書				
2					2022年10月20日
3					
4	A商事		御中	株式会社HOTAKANO企画	
5				〒100-0000　東京都港区乃木坂0-0-0	
6				Tel:03-****-****　Fax:03-****-****	
7	平素大変お世話になっております。下記の通りご請求申し上げます。				
8					
9	日付	商品	単価	数量	金額
10	2022/9/2	インクカートリッジ	¥800	20	¥16,000
11	2022/9/4	コピー用紙	¥500	10	¥5,000
12	2022/9/11	付箋	¥300	40	¥12,000
13	2022/9/13	ダブルクリップ	¥350	50	¥17,500
14	2022/9/17	スライドクリップ	¥400	50	¥20,000
15	2022/9/23	付箋	¥300	20	¥6,000
16	2022/9/24	カラーペン	¥250	10	¥2,500
17					
18					
19					
20					
21					

販売　請求書雛形　A商事

ここで試しに、残り3社の請求書も自動作成してみましょう。その機能を実装するようプログラムを発展させる前に、まずは“お試し”として、下記のように変数clientに代入する文字列を手動で「B建設」、「C電気」、「D不動産」に変更し、プログラムを実行してください。社名のアルファベットはすべて半角で入力してください。それぞれ実行する前は実行結果がよりわかりやすくなるよう、ブック「販売管理.xlsx」で前回実行時に作成した請求書のワークシートを削除し、上書き保存したうえで閉じておいてください（削除しなくても、正しい実行結果が得られます）。自動作成された請求書の画面も載せておきます（画面2～4）。

▼B建設

```
client = 'B建設'
```

▼画面2　顧客「B建設」の請求書を作成

	A	B	C	D	E
1	請求書				
2					2022年10月20日
3					
4		B建設	御中	株式会社HOTAKANO企画	
5				〒100-0000　東京都港区乃木坂0-0-0	
6				Tel:03-****-****　Fax:03-****-****	
7	平素大変お世話になっております。下記の通りご請求申し上げます。				
8					
9	日付	商品	単価	数量	金額
10	2022/9/2	コピー用紙	¥500	5	¥2,500
11	2022/9/9	スライドクリップ	¥400	20	¥8,000
12	2022/9/10	インクカートリッジ	¥800	6	¥4,800
13	2022/9/11	コピー用紙	¥500	15	¥7,500
14	2022/9/13	カラーペン	¥250	10	¥2,500
15	2022/9/18	付箋	¥300	30	¥9,000
16	2022/9/20	ダブルクリップ	¥350	20	¥7,000
17	2022/9/25	コピー用紙	¥500	30	¥15,000
18	2022/9/30	スライドクリップ	¥400	14	¥5,600
19					
20					
21					

販売 | 請求書雛形 | B建設

▼C電気

```
client = 'C電気'
```

▼画面3　顧客「C電気」の請求書を作成

	A	B	C	D	E
1	請求書				
2					2022年10月20日
3					
4		C電気	御中	株式会社HOTAKANO企画	
5				〒100-0000　東京都港区乃木坂0-0-0	
6				Tel:03-****-****　Fax:03-****-****	
7	平素大変お世話になっております。下記の通りご請求申し上げます。				
8					
9	日付	商品	単価	数量	金額
10	2022/9/2	カラーペン	¥250	10	¥2,500
11	2022/9/3	インクカートリッジ	¥800	10	¥8,000
12	2022/9/9	ダブルクリップ	¥350	5	¥1,750
13	2022/9/18	スライドクリップ	¥400	20	¥8,000
14	2022/9/19	コピー用紙	¥500	10	¥5,000
15	2022/9/23	カラーペン	¥250	15	¥3,750
16	2022/9/25	付箋	¥300	50	¥15,000
17					
18					
19					
20					
21					

販売 | 請求書雛形 | C電気

▼D不動産

```
client = 'D不動産'
```

▼画面4　顧客「D不動産」の請求書を作成

	A	B	C	D	E
1	請求書				
2					2022年10月20日
3					
4	D不動産		御中	株式会社HOTAKANO企画	
5				〒100-0000　東京都港区乃木坂0-0-0	
6				Tel:03-****-****　Fax:03-****-****	
7	平素大変お世話になっております。下記の通りご請求申し上げます。				
8					
9	日付	商品	単価	数量	金額
10	2022/9/3	付箋	¥300	50	¥15,000
11	2022/9/6	カラーペン	¥250	8	¥2,000
12	2022/9/11	スライドクリップ	¥400	10	¥4,000
13	2022/9/17	コピー用紙	¥500	15	¥7,500
14	2022/9/23	インクカートリッジ	¥800	20	¥16,000
15	2022/9/27	付箋	¥300	50	¥15,000
16					
17					
18					
19					
20					
21					

販売　請求書雛形　D不動産

なお、変数clientに顧客名を格納する処理の他の例として、input関数を使って、ユーザーがキーボードから顧客名を直接入力するパターンなども考えられます。

また、動作確認の際のツボとして、「B建設」の請求書に注目してください。ワークシート「販売」の表にある販売データは、末尾は32行目であり、そのB列であるB32セルには「B建設」が入力されています。つまり、末尾の販売データは「B建設」のデータになります。動作確認の際、この末尾の販売データがちゃんと抽出・転記されているかチェックすることがツボです。

その理由ですが、for文によるループでの処理では、range関数の引数の設定ミスなどで、対象の表の末尾のデータが漏れるというバグがありがちです。そういったバグがないか、表の先頭から末尾まで、もれなく処理できていることを必ずチェックします。本サンプルでは、「B建設」の場合でのみ、表の末尾のデータを扱うので、特に「B建設」での動作確認が重要になるのです。

本節のここまでのコード追加・変更によって、変数clientに格納する顧客名を変えれば、その顧客の請求書を自動作成できるようになりました。あとは「顧客.xlsx」の顧客一覧から、顧客名を1社ずつ変数clientに格納して、請求書のテンプレートのコピーから始まる請求書作成の処理を実行するようコードを追加・変更すれば、4社の請求書を自動作成できるようになるでしょう。

顧客一覧から４社の請求書を連続作成

顧客名を変数clientにまとめられたところで、いよいよ4社すべての顧客の請求書を連続して自動作成できるようコードを発展させましょう。

そのために必要な処理として、最初にブック「顧客.xlsx」を読み込む必要があります。ブックのオブジェクトを格納する変数名は、ここでは「wb_c」とします。そして、顧客一覧はワークシート「Sheet1」に入力されているので、そのオブジェクトも必要です。格納する変数名は「ws_c」とします。

これらの処理のコードは以下になります。

```
wb_c = openpyxl.load_workbook('pyxlml¥¥顧客.xlsx')
ws_c = wb_c.worksheets[0]
```

1つ目のコードがブック「顧客.xlsx」を読み込み、そのオブジェクトを変数wb_cに格納する処理です。同ブックはカレントディレクトリの「pyxlml」フォルダー以下に置いたのでした。よって、openpyxl.load_workbook関数の引数に指定するのは、「pyxlml¥¥顧客.xlsx」というパス付ブック名の文字列になります。

また、オプショナル引数data_onlyを使っても決して誤りではありませんが、数式の計算結果の値を読み込むわけではないので、使わない方がコードが短くなり効率的です。

2つ目のコードがワークシート「Sheet1」のオブジェクトを変数ws_cに格納する処理です。ここではworksheetsメソッドを使い、「[]」の中に0を指定することで、1番目のワークシートを取得する方法を用いています。もちろん、ワークシート名を使った方法でも構いません。

4社の顧客名はワークシート「Sheet1」のA2～A5セルに入力してあるのでした。同ワークシートのオブジェクトである変数ws_cを使えば、それらのセルの値を取得できます。あとは、A2～A5セルから顧客名を順に取得して、先ほどの変数clientに格納し、請求書作成の処理を実行していけば、4社の請求書を連続して自動作成できそうです。

その処理手順は何通りか考えられますが、ここではfor文を使い、ブック「顧客.xlsx」のワークシート「Sheet1」のA2～A5セルから顧客名を順番に取得していくとします。取得した顧客名はそのまま変数clientに格納し、請求書作成の処理を実行するとします。

顧客名を順番に取得する処理のコードはどう書けばよいでしょうか？　A2～A5セルの値を順に取得したいので、A2～A5セルのオブジェクトを順に取得するため、for文とワークシートのオブジェクトのcellメソッドの組み合わせがよいでしょう。

for文のカウンタ変数は、ここでは「j」とします。2～5行目のセルを順に取得していきたいので、カウンタ変数jが繰り返しの度に
2、3、4、5と増えていけるよう、for文は次のように記述します。

```
for j in range(2, 6):
```

range関数は第2引数に指定した数値より1小さい数まで生成するのでした。5まで欲しいので、それより1大きい6を指定します。

A2～A5セルのオブジェクトを取得するには、ブック「顧客.xlsx」のワークシート「Sheet1」のオブジェクトが格納されている変数ws_cを使い、cellメソッドの第1引数である行にカウンタ変数jを指定します。第2引数の列は、A列を意味する1を指定します。あとはvalue属性を付ければ、そのセルの値を取得できます。

```
ws_c.cell(j, 1).value
```

この「ws_c.cell(j, 1).value」を先ほどのfor文「for j in range(2, 6):」で繰り返せば、カウンタ変数jが2から5まで増えて、「ws_c.cell(2, 1).value」、「ws_c.cell(3, 1).value」、「ws_c.cell(4, 1).value」、「ws_c.cell(5, 1).value」となり、A2～A5セルの値を順に取得できます。

ここまで考えた処理手順と、それに基づくコードのおおまかな構造を次の図1にまとめておきます。

図1 A2～A5セルの顧客名を順に取得する仕組み

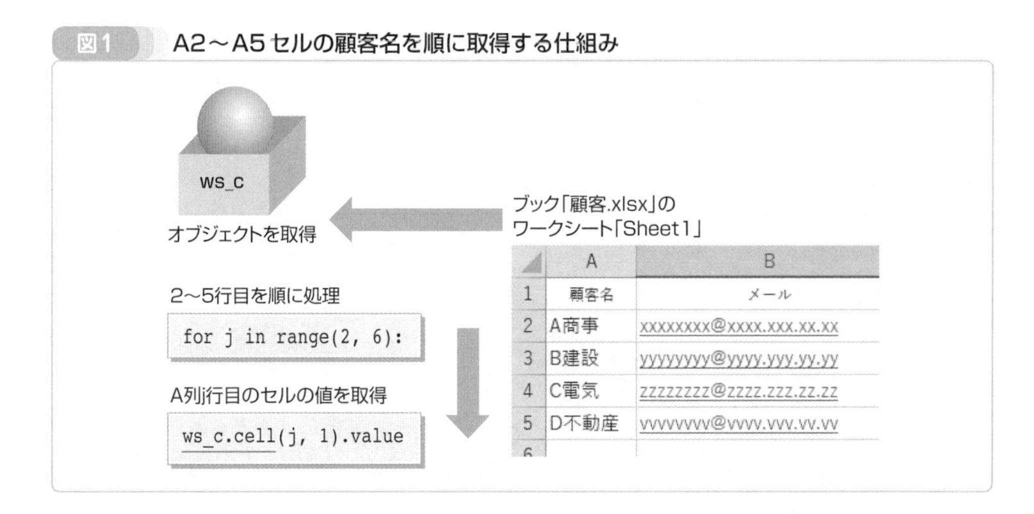

コードを追加・変更しよう

それでは、コードを追加·変更しましょう。少々大がかりな追加·変更になるので、順を追って進めていきます。

まずはブック「顧客.xlsx」を変数wb_cに読み込み、ワークシート「Sheet1」のオブジェクトを変数ws_cに格納する以下のコードを追加します。

```
wb_c = openpyxl.load_workbook('pyxlml¥¥顧客.xlsx')
ws_c = wb_c.worksheets[0]
```

追加する場所は、ブック「販売管理.xlsx」を"データのみ"のモードで読み込み、ワークシート「販売」のオブジェクトを変数ws_sdに格納するコードの下です。必要なブックおよびワークシートのオブジェクト取得関連の処理はここにまとめましょう。

あわせて、ブック「顧客.xlsx」を閉じるコード「wb_c.close()」も最後に追加します。

▼追加・変更前

```
import openpyxl
import datetime

path = 'pyxlml¥¥販売管理.xlsx'
wb = openpyxl.load_workbook(path)
ws_s = wb['販売']
wb_d = openpyxl.load_workbook(path, data_only=True)
ws_sd = wb_d['販売']

client = 'A商事'
      :
      :
```

▼追加・変更後

```
import openpyxl
import datetime

path = 'pyxlml¥¥販売管理.xlsx'
wb = openpyxl.load_workbook(path)
ws_s = wb['販売']
wb_d = openpyxl.load_workbook(path, data_only=True)
ws_sd = wb_d['販売']
wb_c = openpyxl.load_workbook('pyxlml¥¥顧客.xlsx')
ws_c = wb_c.worksheets[0]

client = 'A商事'
      :
      :
wb_c.close()
```

次は、先ほど考えたfor文「for j in range(2, 6):」を組み込みます。このfor文は、ブック「顧客.xlsx」のワークシート「Sheet1」のA2～A5セルを順に取得するためのループでした。

そのfor文によって、請求書のテンプレートのコピーから始まる請求書作成の処理を繰り返し処理するため、該当コード全体を一段インデントし、そのfor文のブロックに入れます。

具体的には、コード「ws_c = wb_c.worksheets[0]」の下にfor文「for j in range(2, 6):」を追加します。そして、コード「client = 'A商事'」からコード「row_dst += 1」までを丸ごと一段インデントします。該当範囲をドラッグして選択し、Tabキーを1回押せば、丸ごと一段インデントできます。

▼追加・変更前

```
import openpyxl
import datetime

path = 'pyxlml¥¥販売管理.xlsx'
wb = openpyxl.load_workbook(path)
ws_s = wb['販売']
wb_d = openpyxl.load_workbook(path, data_only=True)
ws_sd = wb_d['販売']
wb_c = openpyxl.load_workbook('pyxlml¥¥顧客.xlsx')
ws_c = wb_c.worksheets[0]

client = 'A商事'

ws_i = wb.copy_worksheet(wb['請求書雛形'])
ws_i.title = client
ws_i['A4'].value = client
ws_i['E2'].value = datetime.date.today()

row_dst = 10

for i in range(4, 33):
    if ws_s.cell(i, 2).value == client:
        ws_i.cell(row_dst, 1).value = ws_s.cell(i, 1).value
        ws_i.cell(row_dst, 2).value = ws_s.cell(i, 3).value
        ws_i.cell(row_dst, 3).value = ws_s.cell(i, 4).value
        ws_i.cell(row_dst, 4).value = ws_s.cell(i, 5).value
        ws_i.cell(row_dst, 5).value = ws_sd.cell(i, 6).value

        row_dst += 1

wb.save(path)
wb.close()
```

```
wb_d.close()
wb_c.close()
```

▼追加・変更後

```
import openpyxl
import datetime

path = 'pyxlml¥¥販売管理.xlsx'
wb = openpyxl.load_workbook(path)
ws_s = wb['販売']
wb_d = openpyxl.load_workbook(path, data_only=True)
ws_sd = wb_d['販売']
wb_c = openpyxl.load_workbook('pyxlml¥¥顧客.xlsx')
ws_c = wb_c.worksheets[0]


for j in range(2, 6):
    client = 'A商事'
    一段インデント
    ws_i = wb.copy_worksheet(wb['請求書雛形'])
    ws_i.title = client
    ws_i['A4'].value = client
    ws_i['E2'].value = datetime.date.today()

    row_dst = 10

    for i in range(4, 33):
        if ws_s.cell(i, 2).value == client:
            ws_i.cell(row_dst, 1).value = ws_s.cell(i, 1).value
            ws_i.cell(row_dst, 2).value = ws_s.cell(i, 3).value
            ws_i.cell(row_dst, 3).value = ws_s.cell(i, 4).value
            ws_i.cell(row_dst, 4).value = ws_s.cell(i, 5).value
            ws_i.cell(row_dst, 5).value = ws_sd.cell(i, 6).value

            row_dst += 1

wb.save(path)
wb.close()
```

```
wb_d.close()
wb_c.close()
```

最後に、現時点では変数clientに「'A商事'」などの顧客名の文字列を代入しているコードを、先ほど考えたブック「顧客.xlsx」のA2～A5セルの値を取得するコード「ws_c.cell(j, 1).value」を代入するよう変更します。

▼追加・変更前

```
    :
    :
for j in range(2, 6):
        client = 'A商事'

        ws_i = wb.copy_worksheet(wb['請求書雛形'])
    :
    :
```

▼追加・変更後

```
    :
    :
for j in range(2, 6):
        client = ws_c.cell(j, 1).value

        ws_i = wb.copy_worksheet(wb['請求書雛形'])
    :
    :
```

追加・変更は以上です。念のため、ここで順に行った追加・変更を1つにまとめた追加・変更前／後のコードも提示しておきます。

▼追加・変更前

```
import openpyxl
import datetime

path = 'pyxlml¥¥販売管理.xlsx'
wb = openpyxl.load_workbook(path)
```

```
ws_s = wb['販売']
wb_d = openpyxl.load_workbook(path, data_only=True)
ws_sd = wb_d['販売']

client = 'A商事'

ws_i = wb.copy_worksheet(wb['請求書雛形'])
ws_i.title = client
ws_i['A4'].value = client
ws_i['E2'].value = datetime.date.today()

row_dst = 10

for i in range(4, 33):
    if ws_s.cell(i, 2).value == client:
        ws_i.cell(row_dst, 1).value = ws_s.cell(i, 1).value
        ws_i.cell(row_dst, 2).value = ws_s.cell(i, 3).value
        ws_i.cell(row_dst, 3).value = ws_s.cell(i, 4).value
        ws_i.cell(row_dst, 4).value = ws_s.cell(i, 5).value
        ws_i.cell(row_dst, 5).value = ws_sd.cell(i, 6).value

        row_dst += 1

wb.save(path)
wb.close()
wb_d.close()
```

▼追加・変更後

```
import openpyxl
import datetime

path = 'pyxlml¥¥販売管理.xlsx'
wb = openpyxl.load_workbook(path)
ws_s = wb['販売']
wb_d = openpyxl.load_workbook(path, data_only=True)
ws_sd = wb_d['販売']
wb_c = openpyxl.load_workbook('pyxlml¥¥顧客.xlsx')
ws_c = wb_c.worksheets[0]
```

```
for j in range(2, 6):
    client = ws_c.cell(j, 1).value
    一段インデント
    ws_i = wb.copy_worksheet(wb['請求書雛形'])
    ws_i.title = client
    ws_i['A4'].value = client
    ws_i['E2'].value = datetime.date.today()

    row_dst = 10

    for i in range(4, 33):
        if ws_s.cell(i, 2).value == client:
            ws_i.cell(row_dst, 1).value = ws_s.cell(i, 1).value
            ws_i.cell(row_dst, 2).value = ws_s.cell(i, 3).value
            ws_i.cell(row_dst, 3).value = ws_s.cell(i, 4).value
            ws_i.cell(row_dst, 4).value = ws_s.cell(i, 5).value
            ws_i.cell(row_dst, 5).value = ws_sd.cell(i, 6).value

            row_dst += 1

wb.save(path)
wb.close()
wb_d.close()
wb_c.close()
```

お手元のコードが上記のように追加・変更できているのか、確かめておくとよいでしょう。

コードを追加・変更できたら、実行して動作確認しましょう。実行後にブック「販売管理.xlsx」を開くと、4社の顧客「A商事」「B建設」「C電気」「D不動産」の請求書が作成されたことが確認できます（画面5）。

▼**画面5　顧客４社の請求書が自動作成された**

	A	B	C	D	E
1	請求書				
2					2022年10月20日
3					
4		D不動産	御中	株式会社HOTAKANO企画	
5				〒100-0000　東京都港区乃木坂0-0-0	
6				Tel:03-****-****　Fax:03-****-****	
7	平素大変お世話になっております。下記の通りご請求申し上げます。				
8					
9	日付	商品	単価	数量	金額
10	2022/9/3	付箋	¥300	50	¥15,000
11	2022/9/6	カラーペン	¥250	8	¥2,000
12	2022/9/11	スライドクリップ	¥400	10	¥4,000
13	2022/9/17	コピー用紙	¥500	15	¥7,500
14	2022/9/23	インクカートリッジ	¥800	20	¥16,000
15	2022/9/27	付箋	¥300	50	¥15,000
16					
17					
18					
19					
20					
21					

販売 | 請求書雛形 | A商事 | B建設 | C電気 | D不動産

ワークシート名のタブを見ると、4社の顧客名のワークシートが作成されたことがわかります。それぞれの請求書のワークシートも表示し、宛名と日付の設定、販売データの抽出・転記が正しく行われているかも確認しておくとよいでしょう。

確認後は4社の請求書のワークシートをすべて削除し、ブックを上書き保存したのち閉じてください。

本章の冒頭からスタートしたサンプル「販売管理」で、Excelの請求書作成をPythonで自動化するコードは、これで機能としては完成です。最後に次節にて、コードのカイゼンについて概略と一例を簡単に紹介します。

コードのカイゼンを少しだけ体験しよう

販売データの増減に自動対応したい！

本書サンプル「販売管理」のプログラムは前節までに、Excelの請求書作成までの必要な機能の処理を完成させました。本節では、機能はそのままに、コードを少しだけカイゼンします。

前節で書いたコードは機能としては十分ですが、実はカイゼンする余地がいくつかあります。その一例を簡単に紹介しますので、コードのカイゼンを少しだけ体験しましょう。

本節で行うコードのカイゼンの一例は、販売データの増減に自動で対応可能とすることです。

現在のコードでは、ワークシート「販売」で販売データの表の先頭である4行目から末尾の32行目まで、for文で順に処理しているのでした。for文は2つが入れ子になっていますが、該当するfor文は内側の方です。

```
for i in range(4, 33):
```

range関数の第2引数に指定している33は、販売データの表の末尾である32行目まで処理したいため指定している数値でした。

もし、販売データが1件増えたらどうなるでしょうか？　販売データの表の末尾は32行目から1行増えて33行目に変更となります。その変更に対応するには、for文のrange関数の第2引数を33から1だけ増やし、34に書き換えればOKです。

とはいえ、販売データの表の末尾の行が増えたり減ったりする度に、その行にあわせてrange関数の第2引数を書き換えるのは非効率的すぎるでしょう。

そこで、自動対応できるようコードをカイゼンします。末尾の行が増えても減っても、いちいちrange関数の第2引数を書き換えずに済むようにカイゼンするのです。

そのようにカイゼンする方法は何通りか考えられます。ここでは、「max_row」という属性を使った方法を紹介します。

「max_row」はワークシートのオブジェクトの属性であり、ワークシートで値が入っている最後のセルの行番号を数値として取得できます。書式は以下です。

書式

```
ワークシートのオブジェクト.max_row
```

なお、「値が入っている最後のセル」は厳密には正しくないのですが、本節の時点ではこのような理解で構いません。のちほど解説します。

ここで、max_row属性を試してみましょう。前節までに作成したコードとは別のJupyter

Notebookのセルに、以下のコードを入力してください。

```
ws_s.max_row
```

ワークシートのオブジェクトとして、変数ws_sを指定しています。この変数ws_sには、ワークシート「販売」のオブジェクトが格納されているのでした。よって、ワークシート「販売」で値が入っている最後のセルの行番号の数値を取得できます。

コード「ws_s.max_row」を実行すると、次の画面1のように32が出力されます。まさに販売データの表の末尾の行番号です。

▼画面1　表の末尾のデータの行番号を取得

```
In [7]:  1 ws_s.max_row
Out[7]: 32
```

なお、前節の時点でJupyter Notebookを一度終了していたら、上記コードを実行してもエラーになります。変数ws_sの中身が空に戻っているからです。その場合は、前節のプログラムを一度実行して、変数ws_sにワークシート「販売」のオブジェクトが格納された状態にしておいてください。

コードを書き換えてカイゼンしよう

このようにコード「ws_s.max_row」を使えば、販売データが増えたり減ったりしても、表の末尾の行番号を取得できます。これを先ほどのfor文のrange関数の第2引数に利用します。今まで32という数値を直接記述していたのを、「ws_s.max_row + 1」に変更します。

```
for i in range(4, ws_s.max_row + 1):
```

「ws_s.max_row」に1を足しているのは、range関数は第2引数に指定した値から1だけ少ない数まで生成するからです。たとえば表の末尾が32行目なら、range関数の第2引数にはそれより1だけ多い33を指定すれば、32まで生成できます。このように第2引数を指定できるよう、「ws_s.max_row」に1を足すのです。

このようにfor文のrange関数の第2引数を変更することで、販売データの増減に自動で対応可能となります（図1）。

図1 max_row属性で販売データ増減に自動対応

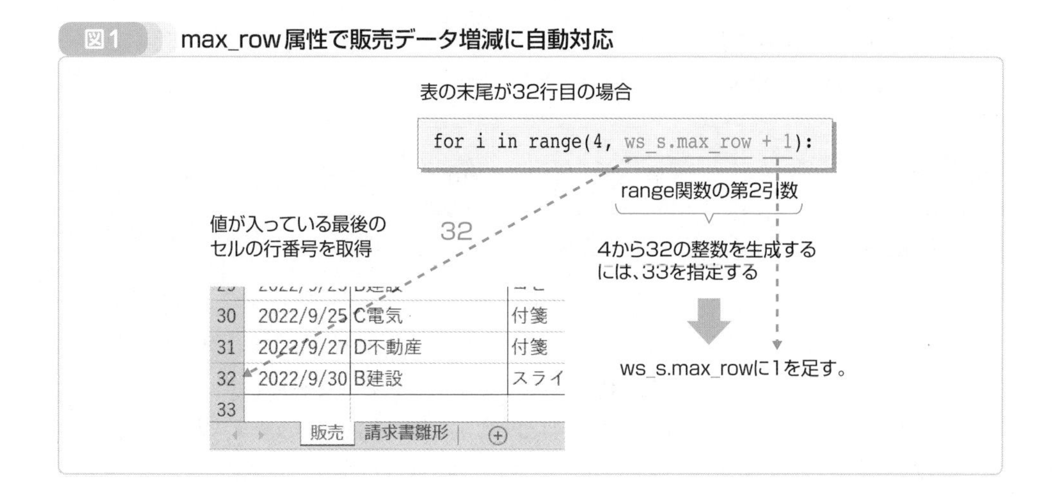

それでは、お手元のコードを次のように変更してください。

▼変更前

```
    :
    :
row_dst = 10

for i in range(4, 33):
    if ws_s.cell(i, 2).value == client:
        ws_i.cell(row_dst, 1).value = ws_s.cell(i, 1).value
    :
    :
```

▼変更後

```
row_dst = 10

for i in range(4, ws_s.max_row + 1):
    if ws_s.cell(i, 2).value == client:
        ws_i.cell(row_dst, 1).value = ws_s.cell(i, 1).value
    :
```

コードを変更できたら、さっそく動作確認したいのですが、まだプログラムを実行しないでください。実行する前に、ブック「販売管理.xlsx」の販売データを増やす、または減らしてしておく必要があります。なぜなら、そうしないと販売データの増減の自動対応可能になったのか、わからないからです。

ここでは以下の1件の販売データを増やすとします。

```
日付         顧客    商品名      単価    数量
---------------------------------------------
2022/9/30   A商事   コピー用紙   ¥500    10
```

ブック「販売管理.xlsx」を開き、ワークシート「販売」の33行目にて、A列「日付」からE列「数量」までの各セルに、上記の販売データを新たに入力して追加してください。残りのF列「金額」のF33セルには、D列「単価」とE列「数量」を掛ける数式を入れてください。すぐ上のF32セルの数式をオートフィルなどでコピーすればOKです（画面2）。

▼画面2　33行目に販売データを追加

30	2022/9/25	C電気	付箋	¥300	50	¥15,000
31	2022/9/27	D不動産	付箋	¥300	50	¥15,000
32	2022/9/30	B建設	スライドクリップ	¥400	14	¥5,600
33	2022/9/30	A商事	コピー用紙	¥500	10	¥5,000

販売　請求書雛形

販売データを追加できたら、ブック「販売管理.xlsx」を上書き保存して閉じてください。これで動作確認の準備ができました。プログラムを実行してください。

実行し終えたら、ブック「販売管理.xlsx」を開いてください。「A商事」の販売データを増やしたので、「A商事」の請求書で漏れなく抽出・転記できているかを確認しないと意味がありません。ワークシート「A商事」に切り替えてください。すると次の画面3のように、先ほど追加した販売データが意図通り抽出・転記されたことが確認できます。

▼画面3　追加したデータが漏れなく抽出・転記できた

	A	B	C	D	E
1	請求書				
2					2022年10月20日
3					
4	A商事		御中	株式会社HOTAKANO企画	
5				〒100-0000　東京都港区乃木坂0-0-0	
6				Tel:03-****-****　Fax:03-****-****	
7	平素大変お世話になっております。下記の通りご請求申し上げます。				
8					
9	日付	商品	単価	数量	金額
10	2022/9/2	インクカートリッジ	¥800	20	¥16,000
11	2022/9/4	コピー用紙	¥500	10	¥5,000
12	2022/9/11	付箋	¥300	40	¥12,000
13	2022/9/13	ダブルクリップ	¥350	50	¥17,500
14	2022/9/17	スライドクリップ	¥400	50	¥20,000
15	2022/9/23	付箋	¥300	20	¥6,000
16	2022/9/24	カラーペン	¥250	10	¥2,500
17	2022/9/30	コピー用紙	¥500	10	¥5,000
18					
19					
20					
21					

販売 | 請求書雛形 | A商事 | B建設 | C電気 | D不動産

これで、販売データの増減の自動対応可能になるようコードをカイゼンできました。もし、販売データを2件以上増やしたり、逆に減らしたりしても、ちゃんとその増減にあわせて販売データの抽出・転記ができます。

確認後は4社の請求書のワークシートは、次章でのプログラムで使うため削除せず、ブックをそのまま閉じてください。

なお、本節で使ったmax_row属性は、実は注意すべき“クセ”があります。行番号を取得する最後のセルは、厳密には「最後に値が入っている」セルではなく、「最後に使用された」セルなのです。一体どういうことなのかは、第6章6-6節で改めて解説します。

他にこんな方針でカイゼンや整理するとベター

先ほどカイゼンした販売データの増減への自動対応の方法は、他にも考えられます。たとえば、while文を使った方法です。販売データの表を上から順に処理するループをfor文ではなく、while文に変えます。そして、先頭行から順にセルの値を取得していき、セルの値が空になった時点でループをストップするのです。セルが空かどうかはif文で簡単に判定できます。このような方法でも、販売データの増減に自動対応できます。他にも方法はいくつか考えられます。

そして、販売データの増減への自動対応の他にも、コードのカイゼンは何通りが考えられるでしょう。

もっとも必要なのはエラー処理です。現時点のコードはたとえば、誤ってブックのパスに不適切な文字列を指定してしまい、ブックの読み込みに失敗すると、エラーで止まってしまいます。そのような事態を防ぐべく、たとえば読み込もうとしているブックが存在しているのかを事前にチェックする機能の追加などが考えられます。

もちろん、try文を使って、エラーが発生したらプログラムを止めるのではなく、指定したエラー処理を実行するようカイゼンするアプローチも考えられます。

そして、カイゼンまではいきませんが、コードをもっと読みやすくしたり、仕様の追加・変更に対応しやすくしたりするなど、コードを整理する余地もいくつかあります。

たとえば、ブックを読み込むコードで、パス付きブック名の文字列は「販売管理.xslx」なら文字列「'pyxlml¥¥販売管理.xlsx'」、「顧客.xlsx」なら「'pyxlml¥¥顧客.xlsx' 」と、「pyxlml」フォルダーも含めて記述しています。コードがゴチャゴチャして読みづらいだけでなく、もしフォルダー名が変わった場合、文字列内の「pyxlml」をすべて書き換えなければならず面倒です。そこで、フォルダー名「pyxlml」の文字列を変数にまとめ、ブック名の文字列と連結するようコードを整理した方がベターでしょう。

加えて、たとえば、「'販売'」という同じ文字列の記述が2箇所で重複しているので、それも変数にまとめて重複を解消したいところです。

さらには、使っていくうちに、たとえば「請求書の日付は現在の日付ではなく、指定した日付にしたいなぁ」などの要望が出たら、それにあわせてコードを追加・変更するなど、仕様変更にも適宜対応していくことも視野に入れて、コードの整理をしておくとよいでしょう。

本節におけるコードのカイゼンは以上です。次章ではPDF化を行います。まず、本章で作成した請求書を自動でPDF化するプログラムをPythonで作ります。Excelのワークシートとして作成した請求書をPDFファイルに変換します。そして、そのPDFファイルを添付したメールの作成と送信を自動化するプログラムもPythonで作ります。

第4章

Excelの請求書を自動でPDF化しよう

本章では、前章で自動作成したExcelの請求書をPDFに変換する機能を作成します。ExcelのPDF化は仕事の現場でも多いシチュエーションなので、ぜひマスターしましょう。

4-1 Excelの請求書をPDFに変換しよう

自動PDF化プログラムの概要

前章では、本書サンプル「販売管理」にて、Excelの請求書を自動作成するプログラムを作りました。本章では、Excelの請求書を自動でPDF化するプログラムを作成します。

3-1節で紹介した仕様の繰り返しになりますが、Excelで自動作成した顧客4社の請求書のワークシートを個別にPDFファイル化します。ファイル名は「**顧客名**様請求書.pdf」の形式で、「pyxlml」フォルダー以下にある「請求書」フォルダーに保存します。

そして、本書では、PDF化するプログラムは、請求書を自動作成するプログラムとは分けるとします。

同じ1つのプログラムにまとめてもよいのですが、ここでは分けるとします。請求書作成とPDF化で2回実行する手間がありますが、分けることによって、一度作成した請求書をExcelベースで微調整してからPDF化したいなどの要望やシチュエーションにも柔軟に対応可能とする方を優先するとします。

もちろん、あとで1つのプログラムにコードをまとめることも比較的容易にできます。

まずは顧客1社の請求書をPDF化しよう

請求書をPDF化するプログラム作成も段階的に進めます。まずは顧客1社のみに限定したかたちでPDF化する処理を作るとします。そのなかで、ExcelをPDF化する方法の基礎を解説します。次に、4社ぶん連続してPDF化するようプログラムを発展させるとします。

それでは、顧客1社の請求書をPDF化するプログラムの作成を始めます。どの顧客でもよいのですが、ここでは「A商事」の請求書をPDF化するとします。

ExcelをPDF化する方法はいくつかありますが、本書では最もシンプルな方法として、Excelの「エクスポート」機能を利用した方法を採用します。同機能はブックをPDFまたはXPS形式のファイルに変換する機能です。次の画面1のように、Excelの画面の［ファイル］タブの［エクスポート］から実行します。

▼画面1　Excelのエクスポート機能の画面

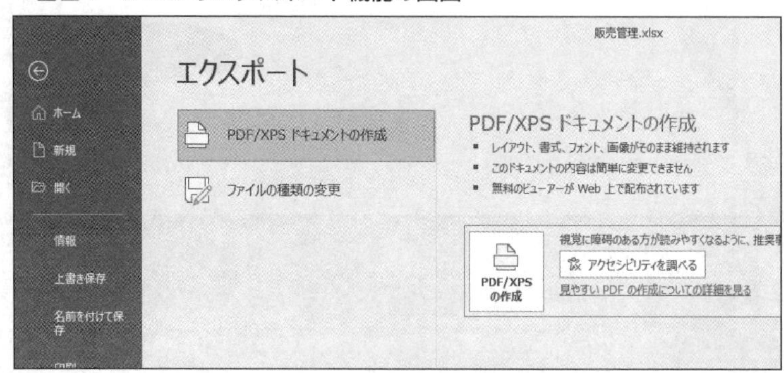

以降の手順の紹介は割愛しますが、ファイルの種類をPDFに設定するなど、画面の指示に従って操作すれば、現在表示されているアクティブなワークシートがPDFファイル化されます。

このExcelのエクスポート機能をPythonで制御することで、Excelの請求書をPDF化します。残念ながらOpenPyXLでは、Excelのエクスポート機能を制御できないので、別のライブラリを用います。「pywin32」という外部ライブラリです。Excelを含めたWindows全般をPythonで制御できる万能型のライブラリです。Anacondaに最初から含まれています。

pywin32にはサブモジュールがいくつかあり、今回使うもののモジュール名は「win32com.client」です。インポートするコードは次のようになります。

```
import win32com.client
```

pywin32でExcelを制御するには、最初に"Excelのオブジェクト"を生成する決まりとなっています。生成には「win32com.client.Dispatch」という関数（厳密にはコンストラクタ）を使います。引数には文字列「Excel.Application」を必ず指定します。

書式

```
win32com.client.Dispatch('Excel.Application')
```

これでExcelのオブジェクトが戻り値として得られます。Excelのオブジェクトが何なのかなど、細かい点は気にせず、上記のように決められたとおりコードを書けばOKです。

得られたExcelのオブジェクトは通常、変数に格納して以降の処理に用います。変数名は何でもよいのですが、ここでは「excel」とします。

```
excel = win32com.client.Dispatch('Excel.Application')
```

必要な処理を終えたら、最後にExcelのアプリ自体を終了します。その処理には、Excelのオブジェクトの「quit」というメソッドを使います。

書式

```
Excelのオブジェクト.quit()
```

引数はありません。たとえば、Excelのオブジェクトが変数excelに格納されているなら、次のように記述します。

```
excel.quit()
```

pywin32でブックを開く／閉じるには

pywin32もOpenPyXLと同じく、処理対象のブックを開いて、そのオブジェクトを取得し、以降の処理に用います。ブックを開くには、Excelのオブジェクトの「Workbooks.Open」というメソッドを使います。基本的な書式は以下です。

書 式

```
Excelのオブジェクト.Workbooks.Open(ブック名)
```

引数には、目的のブック名を文字列として指定します。ブック名には拡張子（.xlsx）も必ず含めます。

指定するブック名は、OpenPyXLのopenpyxl.load_workbook関数と同じく、カレントディレクトリを基準とした相対パスで指定することも可能ですが、Pythonのカレントディレクトリとは異なるExcelのカレントディレクトリになります。つい混同してしまい、バグの原因にならないよう、本書では絶対パスで指定するとします。絶対パスとは、ファイルの場所をドライブ名から表した文字列です。絶対パスなら、いかなる場合でも必ず同じパスになるので、そのような混同は防げます。

目的のブックである「販売管理.xlsx」は、Pythonのカレントディレクトリ以下の「pyxlml」フォルダーに置いてあるのでした。Pythonのカレントディレクトリを絶対パスで表すと、次のようになります。

```
C:¥¥Users¥¥ユーザー名
```

最初の「C:」はドライブ名です。あとはパス区切り文字「¥」で、フォルダーの区切ってきいきます。2-1節で解説したとおり、「¥」を重ねてエスケープする必要があります。

「ユーザー名」の部分はユーザー名であり、ユーザーの環境ごとに異なります。たとえば、筆者の環境の場合、ユーザー名は「tatey」なので、Pythonのカレントディレクトリのパスは「C:¥¥Users¥¥tatey」となります。この部分はお手元の環境にあわせて、ご自分のユーザー名を指定してください。以下同様です。

Pythonのカレントディレクトリ以下の「pyxlml」フォルダーなら、絶対パスは次のようになります。

```
C:¥¥Users¥¥ユーザー名¥¥pyxlml
```

ブック「販売管理.xlsx」は「pyxlml」フォルダー以下にあるので、その絶対パスは次のようになります。

```
C:¥¥Users¥¥ユーザー名¥¥pyxlml¥¥販売管理.xlsx
```

上記の絶対パスを文字列として、ExcelのオブジェクトのWorkbooks.Openメソッドの引数に指定します。すると、ブック「販売管理.xlsx」のオブジェクトが戻り値として得られます。OpenPyXLのブックのオブジェクトではなく、pywin32のブックのオブジェクトです。両者は全くの別モノなので、混同しないよう注意してください。

pywin32では通常、開いたブックのオブジェクトを変数に格納し、以降の処理に用います。ここでは変数名を「wb_w32」とします。以上をまとめると、コードは次のようになります。

```
wb_w32 = excel.Workbooks.Open('C:¥¥Users¥¥ユーザー名¥¥pyxlml¥¥販売管理.xlsx')
```

これで、ブックのオブジェクトが変数wb_w32に格納されました。以降はこの変数wb_w32を使い、各種メソッドなどを使ってブックを制御していきます。

たとえば、開いたブックは最後に閉じる必要がありますが、ブックを閉じるには、ブックのオブジェクトの「Close」というメソッドを使います。書式は次のようになります。引数はありません。メソッド名の最初は大文字の「C」である点に注意しましょう。

書式

```
ブックのオブジェクト.Close()
```

たとえば、先ほどの例でブック「販売管理.xlsx」を開き、変数wb_w32にそのオブジェクトが格納されているとします。その場合、同ブックを閉じるには次のように記述します。

```
wb_w32.Close()
```

pywin32でワークシートを取得

ブックのオブジェクトを取得したら、それを使って、処理対象のワークシートのオブジェクトを取得します。この処理の流れもOpenPyXLと同じです。

pywin32でワークシートのオブジェクトを取得するには、ブックのオブジェクトの「Worksheets」というメソッドを使い、次の書式で記述します。

書式

```
ブックのオブジェクト.Worksheets(ワークシート名)
```

引数には、目的のワークシート名を文字列として指定します。たとえば、ブックのオブジェクトが変数wb_w32に格納されているなら、ワークシート「A商事」のオブジェクトは次のコードで取得できます。

```
wb_w32.Worksheets('A商事')
```

なお、引数にはワークシート名だけでなく、先頭を1とする連番で指定することも可能です。OpenPyXLのworksheetsメソッドでは、先頭が0だったので、混同しないよう注意してください。また、Worksheetsは厳密にはメソッドではありませんが、本書では便宜上メソッド扱いするとします。

通常、取得したワークシートのオブジェクトは、変数に格納して以降の処理に用います。ここでは変数名は「ws_target」とします。するとコードは次のようになります。

```
ws_target = wb_w32.Worksheets('A商事')
```

ここまでに、pywin32によって、ブック「販売管理.xlsx」を開き、ワークシート「A商事」のオブジェクトを変数ws_targetに格納するまでの方法とコードを解説しました。ひとまずまとめておきます。「<ここにPDF化のコードを追加>」の部分はダミーです。

```
import win32com.client

excel = win32com.client.Dispatch('Excel.Application')
wb_w32 = excel.Workbooks.Open('C:¥¥Users¥¥ユーザー名¥¥pyxlml¥¥販売管理.xlsx')
ws_target = wb_w32.Worksheets('A商事')
<ここにPDF化のコードを追加>
wb_w32.Close()
excel.quit()
```

ワークシート「A商事」のオブジェクトを変数ws_targetに取得したのち、上記コードで「<ここにPDF化のコードを追加>」とダミーにしている箇所に、PDF化する処理のコードを追加します。これで、ワークシート「A商事」をPDF化するプログラムができあがります。その処理にあとには、ブックを閉じる処理とExcelを終了する処理を記述します。

4-2 ExcelのワークシートをPDF化しよう

ワークシートをPDF化するには

指定したワークシートをPDF化するには、前節最初で述べたように、Excelの「エクスポート」機能で、ファイルの種類をPDFに指定してエクスポートします。その処理をpywin32で行うには、ワークシートのオブジェクトの「ExportAsFixedFormat」というメソッドを用います。基本的な書式は次のようになります。

書式

```
ワークシートのオブジェクト.ExportAsFixedFormat(種類, ファイル名)
```

上記書式の「ワークシートのオブジェクト」の部分には、PDF化したいワークシートのオブジェクトを指定します。第1引数には、エクスポートする際のファイルの種類を数値で指定します。PDFなら0を指定します。

第2引数には、保存したいPDFファイル名を文字列として指定します。Excelのカレントディレクトリ以外の場所に保存したければ、パスも付けます。こちらのパスも絶対パスで指定するのが確実です。

ここでのPDFファイル名、「顧客名様請求書.pdf」の形式であり、顧客名は「A商事」なので、「A商事様請求書.pdf」になります。保存場所は本来、「請求書」フォルダーなのですが、わかりやすさを優先するとともに、次節で行うコード整理の関係で、ひとまず「pyxlml」フォルダー直下とします。すると、第2引数に指定するパス付きファイル名は次のようになります。

C:¥¥Users¥¥ユーザー名¥¥pyxlml¥¥A商事様請求書.pdf

ワークシート「A商事」のオブジェクトは、変数ws_targetに格納されているのでした。以上を踏まえると、ワークシート「A商事」を「pyxlml」フォルダー以下に、ファイル名「A商事様請求書.pdf」でPDF化するコードは次のようになります。

```
ws_target.ExportAsFixedFormat(0, 'C:¥¥Users¥¥ユーザー名¥¥pyxlml¥¥A商事様請求書.pdf')
```

上記コードをさきほどいったんまとめたコードに組み込むと次のようになります。

```
import win32com.client
```

```
excel = win32com.client.Dispatch('Excel.Application')
wb_w32 = excel.Workbooks.Open('C:¥¥Users¥¥ユーザー名¥¥pyxlml¥¥販売管理.xlsx')
ws_target = wb_w32.Worksheets('A商事')
ws_target.ExportAsFixedFormat(0, 'C:¥¥Users¥¥ユーザー名¥¥pyxlml¥¥A商事様請求書.pdf')
wb_w32.Close()
excel.quit()
```

ここに組み込む

では、このコードをJupyter Notebookの新しいセルに入力してください（画面1）。請求書作成とはプログラムを分けるため、別のセルに入力するのでした。

▼画面1　ここまでのコードを新しいセルに入力

```
In [2]:  1 import win32com.client
         2
         3 excel = win32com.client.Dispatch('Excel.Application')
         4 wb_w32 = excel.Workbooks.Open('C:¥¥Users¥¥tatey¥¥pyxlml¥¥販売管理.xlsx')
         5 ws_target = wb_w32.Worksheets('A商事')
         6 ws_target.ExportAsFixedFormat(0, 'C:¥¥Users¥¥tatey¥¥pyxlml¥¥A商事様請求書.pdf')
         7 wb_w32.Close()
```

入力できたら実行してください。pywin32はExcel自体を開いて処理するため、画面上にExcelの画面が表示され、PDF化したのち、自動で閉じられます。もっとも、処理がスムーズに行われると、目で見て確認できないほど一瞬で開いて閉じます。

実行し終えたら、「pyxlml」フォルダーを見ると、PDFファイル「A商事様請求書.pdf」が作成されたことが確認できます（画面2）。なお、Jupyter Notebook上には何も出力されません。

▼画面2　PDFファイル「A商事様請求書.pdf」が作成された

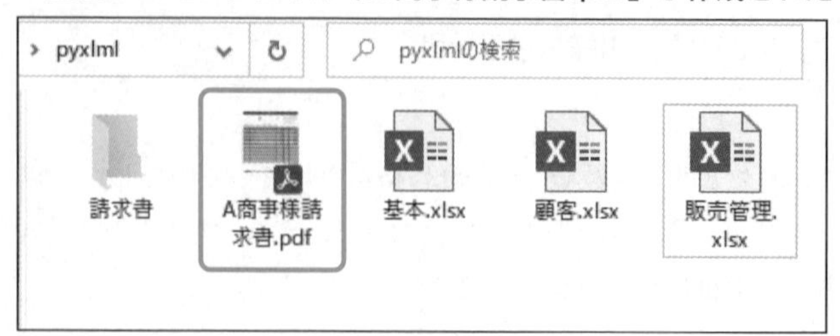

もしエラーになったら、コードにミスタイプがないか、そもそもブック「販売管理.xslx」にワークシート「A商事」があるのかを確認しましょう。もし、ワークシート「A商事」がなければ、作成してから再度実行してください。

このPDFファイル「A商事様請求書.pdf」の中身を見てみましょう。ダブルクリックして、既定のPDF閲覧ソフト（Adobe Acrobat DCなど）で開いてください。すると、ワークシート「A商事」の請求書がPDF化できたことが確認できます（画面3）。

▼画面3　作成したPDFファイル「A商事様請求書.pdf」を閲覧ソフトで表示

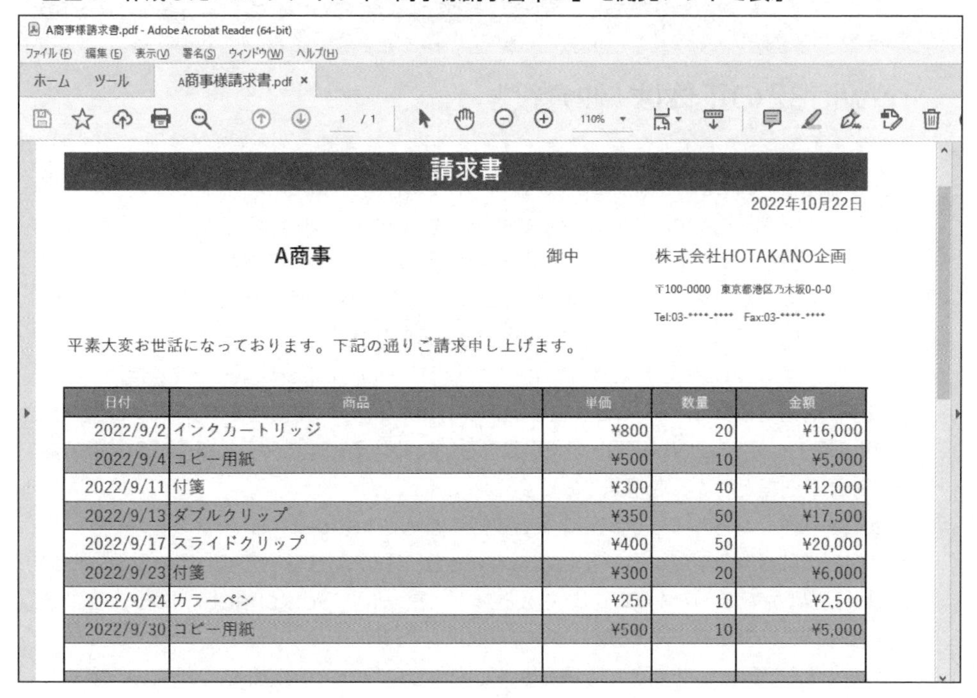

請求書

2022年10月22日

A商事　御中　株式会社HOTAKANO企画

〒100-0000　東京都港区乃木坂0-0-0

Tel:03-****-****　Fax:03-****-****

平素大変お世話になっております。下記の通りご請求申し上げます。

日付	商品	単価	数量	金額
2022/9/2	インクカートリッジ	¥800	20	¥16,000
2022/9/4	コピー用紙	¥500	10	¥5,000
2022/9/11	付箋	¥300	40	¥12,000
2022/9/13	ダブルクリップ	¥350	50	¥17,500
2022/9/17	スライドクリップ	¥400	50	¥20,000
2022/9/23	付箋	¥300	20	¥6,000
2022/9/24	カラーペン	¥250	10	¥2,500
2022/9/30	コピー用紙	¥500	10	¥5,000

これで「A商事」の1社のみに限定したかたちで、かつ、保存先は「請求書」フォルダーではなく「pyxlml」フォルダーですが、Excelの請求書のワークシートをPDF化するプログラムができました。PDFファイル「A商事様請求書.pdf」を閉じたのち、次回以降の動作確認の準備として、削除しておいてください。なお、ブック「販売管理.xlsx」は削除や上書き保存などの操作は一切不要です。

コラム

実行してもエラーばかりになったら？

pywin32はその仕組み上、一度実行した際にエラーで中断したあと、コードを修正して再度実行しても、エラーばかり出てしまうことがまれにあります。もしそうなったら、Jupyter Notebookを再起動してください。いちいち終了して立ち上げなおさなくても、メニューバーの［Kernel］→［Restart］をクリックで再起動できます。

コラム

pywin32の正体は“仲介役”

先述の通り、pywin32はExcelを含めたWindowsを制御するライブラリですが、実はその正体はAPI（Application Programming Interface）であり、ザックリ言えば、単なる“仲介役”です。Excelなら、VBA（15ページ、1-1節参照）とのやりとりを担うだけです。たとえば、本節で利用したExportAsFixedFormatメソッドは、実はVBAのメソッドです。pywin32はPythonとVBAの橋渡しをする役割です。

余談ですが、ExportAsFixedFormatメソッドでPDFにエクスポートするため、第1引数に0を指定しましたが、VBAなら定数xlTypePDFが利用できます。言い換えると、pywin32では定数xlTypePDFが利用できないため、その定数xlTypePDFの実際の数値である0を指定せざるを得ないのです。

また、ワークシートのオブジェクトを取得するWorksheetsもVBAのものです。なお、厳密にはメソッドではなく、「Worksheetsコレクション」です。ワークシートのオブジェクトが集まったものです（もっと厳密に言えば、Worksheetsコレクションを取得するためのプロパティです）。

pywin32でExcelを制御する場合は、このようにPythonに加え、VBAの知識も必要です。そのぶん大変ですが、VBAならOpenPyXLではできないこともできます。基本的に、Excelの制御でできないことはありません。

また、PDF化する方法は他にExcelの「別名で保存」機能もあり、その制御もpywin32で可能です。

コードを整理し、保存先を「請求書」フォルダーに変更

「pyxlml」フォルダーのパスを分離する

このあと、「A商事」だけでなく、4社の顧客すべての請求書をPDF化するようプログラムを発展させるのですが、その前にここで、保存先を本来の「請求書」フォルダーに変更します。あわせて、コードを整理します。

先にコード整理から行います。その方が保存先を「請求書」フォルダーに変更するためのコードの追加・変更がラクになるからです。

整理する箇所は今回、ファイルのパスの文字列とします。現時点のコードにパスは次の2つがあります。

▼ブック「販売管理.xlsx」のブック名（ファイル名）と場所

```
C:¥¥Users¥¥ユーザー名¥¥pyxlml¥¥販売管理.xlsx
```

▼PDFファイル「A商事様請求書.pdf」のファイル名と場所

```
C:¥¥Users¥¥ユーザー名¥¥pyxlml¥¥A商事様請求書.pdf
```

これら2のパスには、「C:¥¥Users¥¥ユーザー名¥¥pyxlml¥¥」が共通しています。「pyxlml」フォルダーの場所の絶対パスです。異なるのはその後ろの「販売管理.xlsx」と「A商事様請求書.pdf」というファイル名の部分だけです。そこで、共通する「C:¥¥Users¥¥ユーザー名¥¥pyxlml¥¥」を変数で1つにまとめ、「販売管理.xlsx」と「A商事様請求書.pdf」を連結するようコードを整理します。

文字列「C:¥¥Users¥¥ユーザー名¥¥pyxlml¥¥」を格納する変数名は、何でもよいのですが、ここでは「dir」とします。そして、文字列「C:¥¥Users¥¥ユーザー名¥¥pyxlml¥¥」は末尾のパス区切り文字「¥¥」だけを取り除いた「C:¥¥Users¥¥ユーザー名¥¥pyxlml」を変数dirに格納するとします。なぜ末尾の「¥¥」だけを取り除くのかは、このあとすぐ解説します。

文字列「C:¥¥Users¥¥ユーザー名¥¥pyxlml」を変数dirに格納するコードは次のようになります。

```
dir = 'C:¥¥Users¥¥ユーザー名¥¥pyxlml'
```

この変数dirに文字列「販売管理.xlsx」を連結し、元のパスの文字列「C:¥¥Users¥¥ユーザー名¥¥pyxlml¥¥販売管理.xlsx」を組み立てます。同じく文字列「A商事様請求書.pdf」を連結し、元のパスの文字列「C:¥¥Users¥¥ユーザー名¥¥pyxlml¥¥A商事様請求書.pdf」を組み立てます。

パスの文字列の連結は+演算子で行ってもよいのですが、「os.path.join」という関数を使うのが得策です。標準ライブラリのosの関数です。書式は以下です。

書式

```
os.path.join( パス1, パス2……)
```

連結したいパスの文字列を引数に指定すると、各文字列をパス区切り文字「¥」で順に連結した文字列が返されます。さらに「¥」を重ね、エスケープ処理も行ってくれます。また、OSの種類に応じてパス区切り文字を自動で選定する機能も備えています。Windowsなら「¥」であり、プログラマーがいちいち指定する必要はありません。MacOSやLinuxなら「/」を自動で選定します。

os.path.join関数の簡単な例を紹介します。たとえば、2つの文字列「boo」と「foo.txt」を引数にそれぞれ指定したとします。

```
os.path.join('boo', 'foo.txt')
```

実行すると、2つの文字列は「¥¥」で連結され、文字列「boo¥¥foo.txt」が返されます。余裕があれば、Jupyter Notebookの別のセルで試してみるとよいでしょう。

このようにパス区切り文字を付け、さらにエスケープ処理まで自動で行ってくれるのがos.path.join関数の便利なところです。

サンプル「販売管理」にて、変数dirと文字列「販売管理.xlsx」をos.path.join関数で連結するコードは次のようになります。前者を第1引数、後者を第2引数に指定しただけです。

```
os.path.join(dir, '販売管理.xlsx')
```

これで、変数dirに格納されている文字列「C:¥¥Users¥¥ユーザー名¥¥pyxlml」と文字列「販売管理.xlsx」を連結します。その際、パス区切り文字「¥」をエスケープした「¥¥」を間に自動で付けて、文字列「C:¥¥Users¥¥ユーザー名¥¥pyxlml¥¥販売管理.xlsx」を返します。

変数dirと文字列「A商事様請求書.pdf」を連結するコードは次のようになります。

```
os.path.join(dir, 'A商事様請求書.pdf')
```

上記コードによって、文字列「C:¥¥Users¥¥ユーザー名¥¥pyxlml¥¥A商事様請求書.pdf」

を返します。

以上を踏まえ、コードを整理します。まずは文字列「C:¥¥Users¥¥ユーザー名¥¥pyxlml」を変数dirに格納するコードを追加します。そして、今までファイル名と場所を文字列で直接指定していた2箇所を、先ほど考えたos.path.join関数のコードに置き換えてください。

▼追加・変更前

```
import win32com.client

excel = win32com.client.Dispatch('Excel.Application')
wb_w32 = excel.Workbooks.Open('C:¥¥Users¥¥ユーザー名¥¥pyxlml¥¥販売管理.xlsx')
ws_target = wb_w32.Worksheets('A商事')
ws_target.ExportAsFixedFormat(0, 'C:¥¥Users¥¥ユーザー名¥¥pyxlml¥¥A商事様請求書.pdf')
wb_w32.Close()
excel.quit()
```

▼追加・変更後

```
import win32com.client
import os

dir = 'C:¥¥Users¥¥ユーザー名¥¥pyxlml'
excel = win32com.client.Dispatch('Excel.Application')
wb_w32 = excel.Workbooks.Open(os.path.join(dir, '販売管理.xlsx'))
ws_target = wb_w32.Worksheets('A商事')
ws_target.ExportAsFixedFormat(0, os.path.join(dir, 'A商事様請求書.pdf'))
wb_w32.Close()
excel.quit()
```

なお、追加・変更後のコードは、「os.path.join(dir, '販売管理.xlsx')」をWorkbooks.Openメソッドの引数に丸ごと指定しています。同じく、「os.path.join(dir, 'A商事様請求書.pdf')」をExportAsFixedFormatメソッドの引数に丸ごと指定しています。もちろん、そうではなく、それぞれいったん変数に入れ、各メソッドの引数に指定するかたちのコードでも構いません。

保存先を「請求書」フォルダーに変更する

コードの整理は以上です。続けて、PDFファイル「A商事様請求書.pdf」の保存先を「請求書」フォルダーに変更しましょう。この「請求書」フォルダーは「pyxlml」フォルダー以下にあるのでした。

PDF化している処理はExportAsFixedFormatメソッドでした。現時点では、保存先は

「pyxlml」フォルダーであり、目的のパス付きファイル名の文字列は「C:¥¥Users¥¥ユーザー名¥¥pyxlml¥¥A商事様請求書.pdf」でした。os.path.join関数によって、文字列「C:¥¥Users¥¥ユーザー名¥¥pyxlml」が格納された変数dirと、文字列「A商事様請求書.pdf」を連結するコードで組み立てているのでした。

同PDFファイルの保存場所を「pyxlml」フォルダー以下にある「請求書」フォルダーとするには、目的のパス付きファイル名の文字列を以下にする必要があります。「pyxlml」と「A商事様請求書.pdf」の間に、パス区切り文字を挟み、フォルダー名の「請求書」を挿入した文字列です。

C:¥¥Users¥¥ユーザー名¥¥pyxlml¥¥請求書¥¥A商事様請求書.pdf

上記のパス付きファイル名の文字列を組み立てるのも、os.path.join関数なら簡単です。同関数は引数を3つ以上指定することもでき、3つの文字列をパス区切り文字で連結します。もちろん、エスケープ処理も自動です。

上記のパス付きファイル名の文字列をos.path.join関数で組み立てるには、文字列「C:¥¥Users¥¥ユーザー名¥¥pyxlml」が格納された変数dir、挿入したいフォルダー名の文字列「請求書」、文字列「A商事様請求書.pdf」の3つを引数に指定します。

以上を踏まえ、ExportAsFixedFormatメソッドの引数内のos.path.join関数にて、2つ目の引数に文字列「請求書」を追加することで、上記3つの文字列を連結するようコードを次のように追加します。なお、追加後のコードは少々長くなるので、途中（ExportAsFixedFormatメソッドの1つ目の引数の「0,」の後ろ）で改行しています。

▼追加前

```
        :
        :
ws_target.ExportAsFixedFormat(0, os.path.join(dir, 'A商事様請求書.pdf'))
wb_w32.Close()
excel.quit()
```

▼追加後

```
        :
        :
ws_target.ExportAsFixedFormat(0,
                os.path.join(dir, '請求書', 'A商事様請求書.pdf'))
wb_w32.Close()
excel.quit()
```

コードを追加できたら、実行して動作確認しましょう。実行後、「請求書」フォルダーを開くと、A商事様請求書.pdfが作成されたことが確認できます（画面1）。

▼画面1　PDFファイルの保存先を「請求書」フォルダーに変更できた

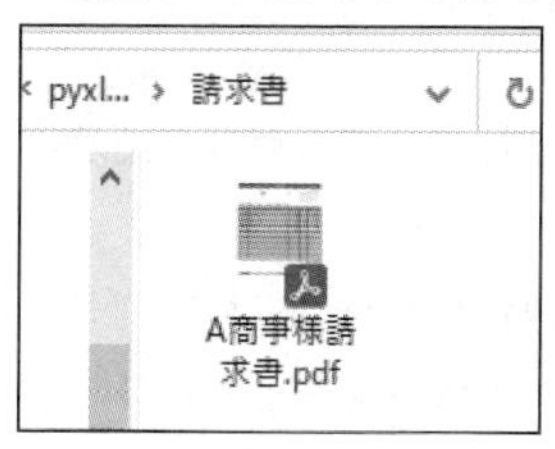

これで、PDFファイル「'A商事様請求書.pdf」の保存場所を、仕様どおりの「請求書」フォルダーに変更できました。連結するパスの文字列が増えるほど、+演算子で連結するコードは読みづらくわかりづらくなりますが、os.path.join関数ならそのようなデメリットはグッと抑えられるでしょう。

このようにPythonでExcelを制御する際、OpenPyXLやpywin32のようなExcelを制御するライブラリに加え、os.path.join関数を含むosをはじめ、Pythonの便利なライブラリの数々を適宜活用しましょう。

では、「請求書」フォルダー内のA商事様請求書.pdfを削除し、次節へ進んでください。

すべての顧客の請求書を自動でPDF化しよう

顧客４社の請求書をPDF化する処理手順

コードの整理と保存場所の変更が終わったところで、いよいよ、4社すべての顧客の請求書を連続してPDF化できるよう、コードを発展させる作業に取り掛かります。

その処理には、4社ぶんの顧客名の文字列が必要になります。現時点のコードは「A商事」の1社のみに限定したかたちであり、PDFファイル名の形式「**顧客名**様請求書.pdf」の「**顧客名**」の部分には、「A商事」をそのままあてはめてコードに記述していました。また、目的の請求書のワークシートのオブジェクトを取得する処理では、Worksheetsメソッドの引数に文字列「A商事」を直接指定していました。これら「A商事」の部分に、4社の顧客名を順に当てはめていけば、4社すべての顧客の請求書を連続してPDF化できるでしょう。

4社すべての顧客名は、すでにブック「顧客.xlsx」のワークシート「Sheet1」のA2～A5セルに用意されているので、それを利用するとします。本章のプログラムの中で、ブック「顧客.xlsx」を開いて、A2～A5セルの値を順に取得します。

その処理は、請求書作成のプログラムで、3-6節の（108ページ）の時点ですでに作成しているのでした。OpenPyXLを使い、ブック「顧客.xlsx」を変数wb_cに読み込み、ワークシート「Sheet1」のオブジェクトを変数ws_cに格納したのでした。そして、for文でカウンタ変数をjとして、2から5まで増やすようrange関数を指定し、それをセルの行に指定して、「ws_c.cell(j, 1).value」と記述することで、A2～A5セルの値を順に取得したのでした。

これらの処理をそのまま流用します。同様のfor文を用意し、同様に顧客名として、ブック「顧客.xlsx」のワークシート「Sheet1」のA2～A5セルの値を順に取得していきます（プログラムを分けた関係で、取得しなおすとします）。取得した各顧客名を使い、目的の請求書のワークシートのオブジェクト取得と、PDFファイル名の指定を行います。

その処理手順およびコードの構造の全体的なイメージは次の図1になります。もちろん、同じ機能をpywin32で作ってもよいのですが、ここではOpenPyXLで作るとします。

図1　本節で作成するプログラムの処理手順とコードの構造

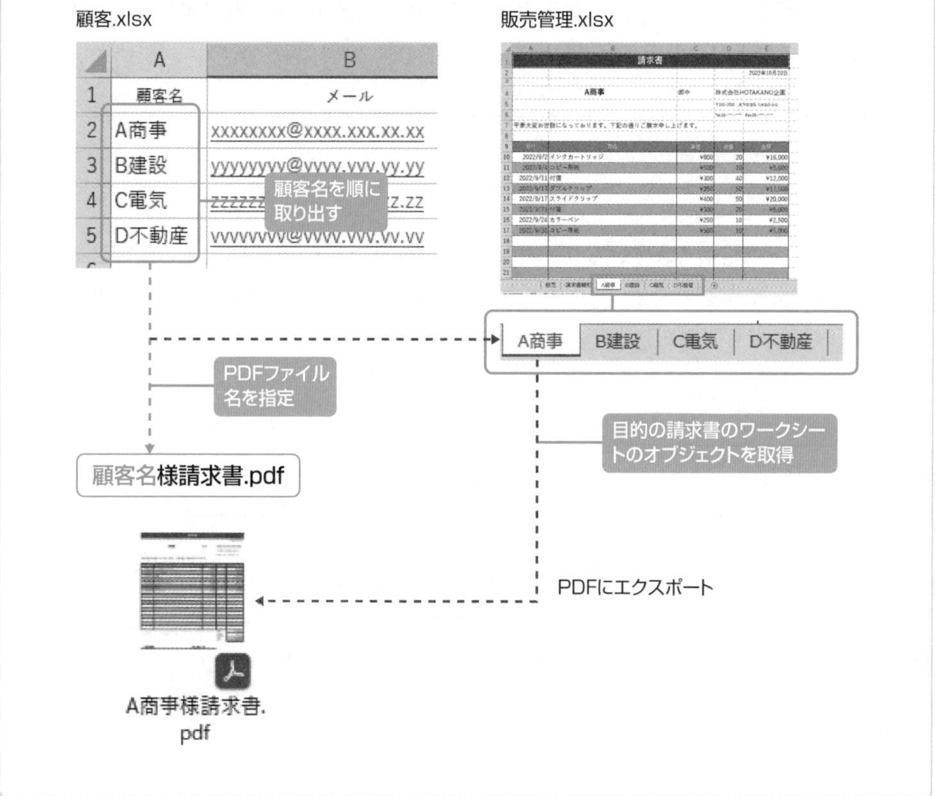

顧客.xlsx

	A	B
1	顧客名	メール
2	A商事	xxxxxxxx@xxxx.xxx.xx.xx
3	B建設	yyyyyyyy@yyyy.yyy.yy.yy
4	C電気	zzzzzz…z.zz
5	D不動産	vvvvvvvv@vvvv.vvv.vv.vv

顧客名を順に取り出す

販売管理.xlsx

A商事　B建設　C電気　D不動産

PDFファイル名を指定

目的の請求書のワークシートのオブジェクトを取得

顧客名様請求書.pdf

PDFにエクスポート

A商事様請求書.pdf

ブック「顧客.xlsx」から顧客名を順に取得

では、どのようにコードを追加・変更すればよいか考えていきましょう。

ブック「顧客.xlsx」を読み込み、ワークシート「Sheet1」のオブジェクトを取得する処理は、前章の請求書作成のコードをほぼ流用します。

まずはブック「顧客.xlsx」を読み込むコードです。OpenPyXLのopenpyxl.load_workbook関数の引数に指定するパス付きブック名には、請求書作成のコードでは、文字列「pyxlml¥¥顧客.xlsx」を指定しました。このままでも問題ありませんが、ここではos.path.join関数の練習を兼ねて、次のようなコードとします。

```
wb_c = openpyxl.load_workbook(os.path.join(dir, '顧客.xlsx'))
```

「pyxlml」フォルダーの絶対パスの文字列である変数dirと、ブック名の文字列「顧客.xlsx」をos.path.join関数で連結し、それを丸ごとopenpyxl.load_workbook関数の引数に指定したかたちのコードです。すでに「pyxlml」フォルダーの絶対パスがあるので、これを有効活用することで、コードの重複を避けたり、あとでコードを整理する手間をなくしたりしよう、という方針です。得られるブックのオブジェクトは変数wb_cに格納するとします。

ブック「顧客.xlsx」のワークシート「Sheet1」のオブジェクトを取得するコードは、請求書作成のプログラムをそのまま転用します。

```
ws_c = wb_c.worksheets[0]
```

この変数ws_cに格納されているワークシート「Sheet1」のA2～A5セルの顧客名を取得する処理には、for文が必要です。こちらも請求書作成のコードをほぼ流用します。カウンタ変数は「j」のままでも問題ありませんが、他にfor文は使わないこともあり、Pythonの慣例的に「i」にしておきましょう。

```
for i in range(2, 6):
```

第2引数に6を指定しているのは、A列の5行目まで繰り返したいからでした。

ひとまずここまで考えた内容をコードに反映させましょう。次のように追加・変更してください。どの部分をどう追加・変更したのか、このあとすぐ補足します。

▼追加・変更前

```
import win32com.client
import os

dir = 'C:¥¥Users¥¥ユーザー名¥¥pyxlml'
excel = win32com.client.Dispatch('Excel.Application')
wb_w32 = excel.Workbooks.Open(os.path.join(dir, '販売管理.xlsx'))
ws_target = wb_w32.Worksheets('A商事')
ws_target.ExportAsFixedFormat(0,
                    os.path.join(dir, '請求書', 'A商事様請求書.pdf'))
wb_w32.Close()
excel.quit()
```

▼追加・変更後

```
import win32com.client
import os
import openpyxl

dir = 'C:¥¥Users¥¥ユーザー名¥¥pyxlml'
```

```
excel = win32com.client.Dispatch('Excel.Application')
wb_w32 = excel.Workbooks.Open(os.path.join(dir, '販売管理.xlsx'))
wb_c = openpyxl.load_workbook(os.path.join(dir, '顧客.xlsx'))
ws_c = wb_c.worksheets[0]

for i in range(2, 6):
    ws_target = wb_w32.Worksheets('A商事')
    ws_target.ExportAsFixedFormat(0,
                os.path.join(dir, '請求書', 'A商事様請求書.pdf'))

wb_w32.Close()
wb_c.close()
excel.quit()
```

ブック「顧客.xlsx」を読み込み、ワークシート「Sheet1」のオブジェクトを取得する処理を、ブック「販売管理.xlsx」を読み込む処理の後ろに追加しています。openpyxl.load_workbook関数など、OpenPyXLも使うので、冒頭にインポートするコードを忘れずに追加します。ブックを閉じる処理も最後に追加します。

それとともに、for文を追加し、PDF化の処理を担う2行のコードを丸ごと一段インデントして、for文以下のブロックに組み入れます。空白行も適宜挿入します。

for文以下のブロックに組み入れた2行のコードの処理は、「A商事」の請求書のワークシートのオブジェクトの取得と、PDF化（エクスポート）です。

各顧客の請求書をPDFにエクスポート

続けて、for文のブロック内のコードを追加･変更します。実際にPDF化する処理を担うコードです。現時点では、次の2行のコードのみです。「A商事」の1社に限定したコードのままです。

```
ws_target = wb_w32.Worksheets('A商事')
ws_target.ExportAsFixedFormat(0,
            os.path.join(dir, '請求書', 'A商事様請求書.pdf'))
```

上記コードには、「A商事」で固定された箇所が2つあります。この「A商事」の部分を先ほど考えた図のように、ブック「顧客.xlsx」から順番に取得した顧客名をそれぞれ当てはめるようにします。これで、各顧客の請求書のワークシートのオブジェクトを取得し、なおかつ、「**顧客名**様請求書.pdf」のPDFファイル名でエクスポートできるようになるでしょう。

for文によってA2～A5セルから顧客名を順に取得するには、カウンタ変数iを使い、次のように記述すればOKです。請求書作成で記述したコードで、カウンタ変数のみをjからiに変更したコードになります。

```
ws_c.cell(i, 1).value
```

上記コードで取得した顧客名を使って、目的のPDFファイル名を組み立てます。その際、まずは「ws_c.cell(i, 1).value」を新たな変数に格納し、以降の処理に使うとします。その変数名は何でもよいのですが、ここでは「client」とします。代入のコードは次のようになります。

```
client = ws_c.cell(i, 1).value
```

PDFファイル名の形式は「**顧客名**様請求書.pdf」でした。顧客名は上記コードによって変数clientに格納されています。あとはPDFファイル名の残りで、定型部分である「様請求書.pdf」を連結すれば、目的の形式で各顧客のPDFファイル名を組み立てられます。文字列の連結は+演算子で行います。

```
client + '様請求書.pdf'
```

os.path.join関数を使うと、パス区切り文字が自動で挿入されてしまい、意図通りのPDFファイル名ではなくなってしまいます。os.path.join関数はあくまでも、パスの文字列の連携のみに使いましょう。

ここでは、組み立てた各顧客のPDFファイル名は、新たな変数に格納して以降の処理に用いるとします。変数名は何でもよいのですが、ここでは「fname」とします。以上をまとめたコードは次のようになります。

```
fname = client + '様請求書.pdf'
```

これで準備が整いました。次はfor文に組み入れた1つ目のコード「ws_target = wb_w32.Worksheets('A商事')」をどう追加・変更すればよいか考えます。

顧客名は変数clientに格納してあるのでした。そして、請求書のワークシート名は顧客名と同じでした。したがって、現在は「A商事」に固定したかたちで「'A商事'」と記述している箇所を変数clientに変更すればよいでしょう。

```
ws_target = wb_w32.Worksheets(client)
```

これで、変数ws_targetに、各顧客の請求書のワークシートのオブジェクトを順に格納できるようになりました。

実は仕様決めの段階で、請求書のワークシート名を顧客名と同じにしておいたのは、このような処理が必要になることを見越してのことです。同じであるがゆえに、このようなシンプルなコードで済んだのです。もちろん、請求書のワークシート名を顧客名が同じではない仕様でも、何らかの規則性があるネーミングにしてあれば、比較的シンプルなコードで目的の処理を実現できるでしょう。

最後に、for文に組み入れた2つ目のコード「ws_target.ExportAsFixedFormat(0,～」をどう追加・変更すればよいか考えます。

ExportAsFixedFormatメソッドの第2引数には、os.path.join関数によるコード「os.path.join(dir, '請求書', 'A商事様請求書.pdf')」を指定しています。このコードはPDFファイル名が「A商事様請求書.pdf」というA商事固定のものでした。

この部分を各顧客のPDFファイル名に置き換えれば、各顧客のPDFファイル名でエクスポートできるようになるでしょう。各顧客のPDFファイル名は変数fnameに格納してあるのでした。その変数fnameで「'A商事様請求書.pdf'」の部分を置き換えます。

```
ws_target.ExportAsFixedFormat(0,
                os.path.join(dir, '請求書', fname))
```

これで、4社すべての顧客について、請求書のワークシートから「顧客名様請求書.pdf」形式のPDFファイル名でエクスポートするには、現在のコードをどのように追加・変更すればよいかわかりました。以上を踏まえ、下記のように追加・変更してください。

▼追加・変更前

```
import win32com.client
import os
import openpyxl

dir = 'C:¥¥Users¥¥ユーザー名¥¥pyxlml'
excel = win32com.client.Dispatch('Excel.Application')
wb_w32 = excel.Workbooks.Open(os.path.join(dir, '販売管理.xlsx'))
wb_c = openpyxl.load_workbook(os.path.join(dir, '顧客.xlsx'))
ws_c = wb_c.worksheets[0]

for i in range(2, 6):
    ws_target = wb_w32.Worksheets('A商事')
    ws_target.ExportAsFixedFormat(0,
                os.path.join(dir, '請求書', 'A商事様請求書.pdf'))
```

```
wb_w32.Close()
wb_c.close()
excel.quit()
```

▼追加・変更後

```
import win32com.client
import os
import openpyxl

dir = 'C:¥¥Users¥¥ユーザー名¥¥pyxlml'
excel = win32com.client.Dispatch('Excel.Application')
wb_w32 = excel.Workbooks.Open(os.path.join(dir, '販売管理.xlsx'))
wb_c = openpyxl.load_workbook(os.path.join(dir, '顧客.xlsx'))
ws_c = wb_c.worksheets[0]

for i in range(2, 6):
    client = ws_c.cell(i, 1).value
    fname = client + '様請求書.pdf'
    ws_target = wb_w32.Worksheets(client)
    ws_target.ExportAsFixedFormat(0,
                    os.path.join(dir, '請求書', fname))

wb_w32.Close()
wb_c.close()
excel.quit()
```

追加・変更できたら実行してください。「請求書」フォルダーを見ると、4社の請求書がPDFファイルとして作成されたことが確認できます（画面1）。念のため、それぞれを既定のPDF閲覧アプリケーションで開き、中身を確認しておくとよいでしょう。

▼画面1　顧客4社の請求書をPDF化できた

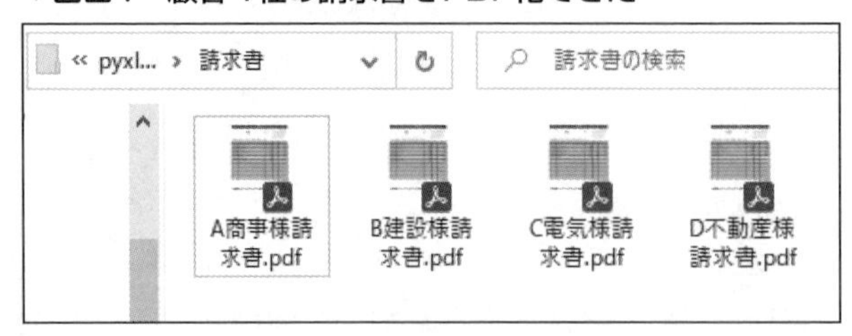

Excelのワークシートの請求書をPDF化するプログラムはこれで完成です。

このプログラムのコードにはもちろん、カイゼンの余地は多々あります。たとえば、顧客の増減への自動対応です。ブック「顧客.xlsx」には現在、4社の顧客名が入力されています。現状のコードでは、もし顧客数が増減したら、for文のrange関数のコード「range(2, 6)」の第2引数の6を増減にあわせて書き換えなければなりません。

これを請求書作成のプログラムと同じく、末尾のセルの行番号を自動で取得するようコードをカイゼンすれば、顧客数の増減に自動対応可能になります。

もちろん、ブックが開けなかった際の対処など、各種エラー処理の追加も必須です。他にもカイゼンできそうな箇所がいくつかあるので、余裕があれば自分でいろいろ試してみるとよいでしょう。

また、変数fnameを使わず、os.path.join関数の3つ目の引数に「 client + '様請求書.pdf'」を直接指定するかたちのコードでももちろん構いません。

次章から、顧客ごとにメールを作成し、PDFの請求書を添付して送信する操作を自動化するプログラムを作成します。

コラム

段階的に作り上げるもうひとつのメリット

本書ではPythonのプログラムを段階的に作り上げています。このアプローチのメリットは3-2節で触れたように、最初からいきなり完成形の機能をすべて作るよりも、比較的プログラミングが容易になることです。そして、さらなるメリットとして、コードの誤りの発見が容易になるというメリットもあります。

一般的に、目的の機能を実現する正しいプログラムは、一発ではなかなか記述できないものです。誤りの箇所を自力で見つけ、自力で修正できなければなりません。段階的に作り上げると、プログラムの誤りを発見しやすくなるのです。一体なぜなのか、3つの命令文で構成される簡単なプログラムを例に解説します。

段階的に作り上げるノウハウを使わないと、3つの命令文すべてをまとめて記述し、まとめて動作確認することになります。その場合、もし誤りがあるなら、誤りを探す範囲は3つの命令文すべてです。複数ある命令文から誤りを発見することは、特に初心者には難しい作業です。命令文の数が増えるほど難しさは指数関数的に増します。

一方、段階的に作り上げるノウハウを使うと、命令文を1つ書いたら、その場で動作確認します。複数の命令文をすべて書いてから、まとめて動作確認するのではなく、1つ書くたびに動作確認する点が大きなポイントです。意図通りの実行結果が得られたら、次の命令文を1つ追加で書き、同様に動作確認します。以降、それを繰り返していきます。

もし誤りがあったらどうなるでしょう？　次の図のケースでは、誤りを探すべき範囲は、最後に書いた3つ目の命令文の1つだけに絞り込めます。なぜなら、1つ目と2つ目の命令文は動作確認済みであり、誤りがないことは既にわかっているので、誤りがあるとしたら3つ目の命令文の中だけだとわかるからです。3つの命令文ではなく、1つの命令文の中だけなら、初心者でも誤りをより容易に発見できるでしょう。

このように段階的に作り上げると、誤りを探すべき範囲を絞り込めるため、容易に発見できるのです。本書のプログラムは図のように1つの命令文という単位では動作確認をしていませんが、同じ考え方に基づき、極力小さな単位でコードを追加・変更し、動作確認を行っています。もしみなさんが本書のコードを書いて、動作確認してエラーになったら、直前に追加・変更したコードを調べ、誤りを見つけましょう。

図 命令文を1つ書くたびに動作確認

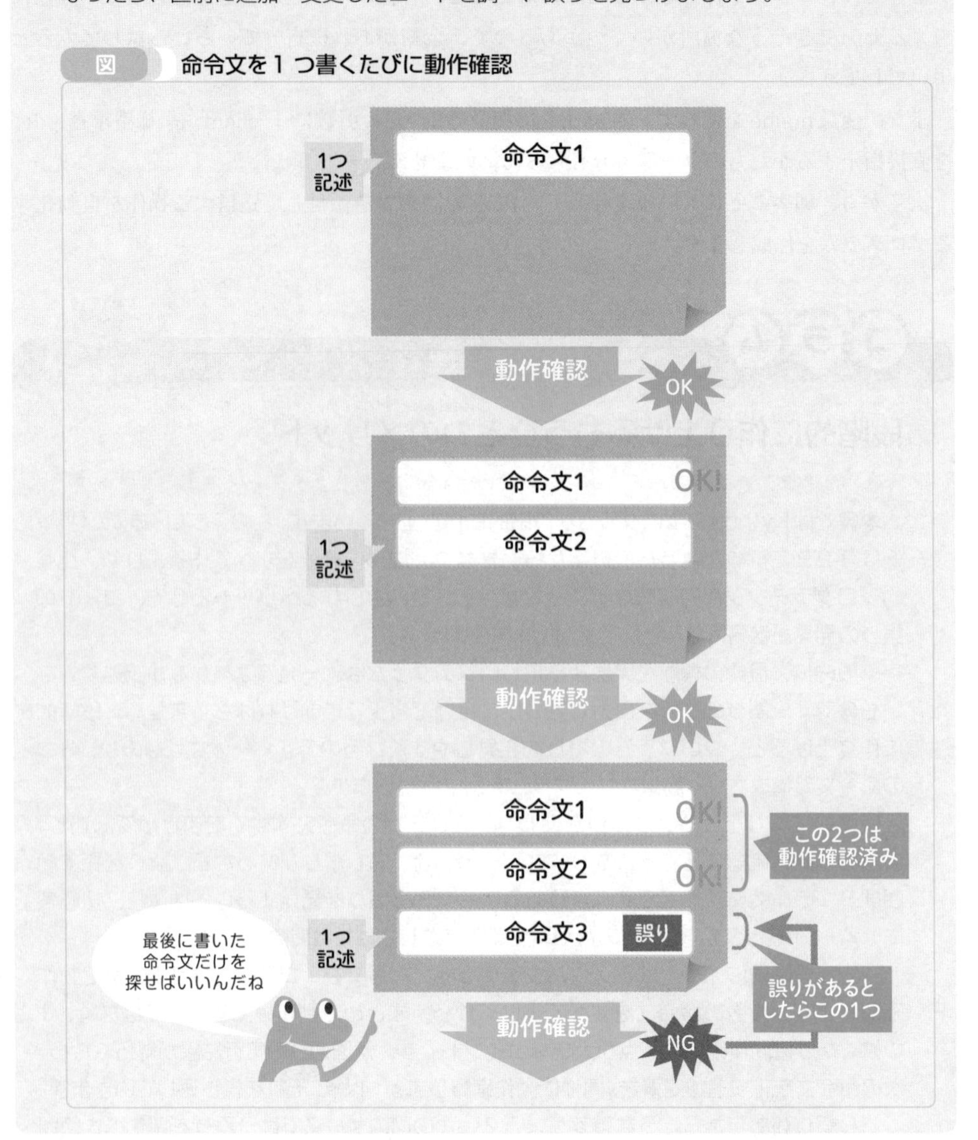

第5章

メール操作をPythonで自動化しよう

本章では、本書サンプル「販売管理」のメール作成・送信の自動化機能をPythonで作成します。そのなかでは「差し込み」など、メール以外でも応用範囲の広い処理も解説します。

メール送信自動化プログラムの仕様紹介と必要な準備

本文は「差し込み」でメールを自動で作成・送信

本章では、本書サンプル「販売管理」におけるメール送信を自動化する機能のプログラムをPythonで作ります。前章のPDF化と同じく、Excelの請求書作成とは別の独立したプログラムとして作るとします。

このメール送信自動化プログラムの大まかな仕様は3-1節で紹介したように、顧客4社に対して、前章で作成した請求書のPDFファイルをメール添付で送るというものです。本節では、その仕様を詳しく紹介します。これから紹介していきますが、最後に156ページの図1にまとめますので、次節以降のプログラム作成作業中は、その図で仕様を随時確認してください。

仕様の前提として、1通の同じメールを一斉送信するのではなく、顧客ごとにメールを作成して、個別に送信するとします。顧客は4社なので、4通の送信メールを作成することになります。

メールは送信するには、あたりまえですが、メールを作成します。その際、宛先となるメールアドレスが必要です。そのメールアドレスは、第3章から登場したブック「顧客.xlsx」のデータを使うとします。顧客4社のデータがワークシート「Sheet1」に2～5行目に入力されており、A列は顧客名、B列はメールアドレスでした。再度提示しておきます（画面1）。このB2～B5セルのメールアドレスを用います。

▼**画面1　送信先のメールアドレス一覧**

自動保存 オフ　顧客.xlsx

ファイル　ホーム　挿入　ページレイアウト　数式　データ　校閲

B9

	A	B	C	D
1	顧客名	メール		
2	A商事	xxxxxxxx@xxxx.xxx.xx.xx		
3	B建設	yyyyyyyy@yyyy.yyy.yy.yy		
4	C電気	zzzzzzzz@zzzz.zzz.zz.zz		
5	D不動産	vvvvvvvv@vvvv.vvv.vv.vv		
6				

メールを送信するには、宛先とともに件名も必要です。ここでは「請求書送付のご案内」とします。すべての顧客で共通の件名とします。顧客ごとに件名を変えることも可能ですが、ここではサンプルを極力シンプルにするため共通とします。

そして、「請求書」フォルダーに作成した請求書のPDFファイルを、顧客ごとにそれぞれ添付します。

メールの本文は基本的に、定型の文章のテンプレートをあらかじめ用意しておき、それを用いるとします。ただし、本文の冒頭に宛名として顧客名を「**顧客名**　様」の形式で記載するとします。その「**顧客名**」には、ブック「顧客.xlsx」のA2～A5セルの顧客名をそれぞれ当てはめるとします。このような処理は一般的に「差し込み」と呼ばれます。

メール本文のテンプレートは、別途テキストファイルとして用意するとします。ファイル名は「template_body.txt」とします。保存場所はブック「顧客.xlsx」などと同じく、「pyxlml」フォルダーとします。また、文字コードはUTF-8とします。

テキストファイル「template_body.txt」は本書ダウンロードファイルに含まれているので、お手元の「pyxlml」フォルダーにコピーしてください。そして、ダブルクリックし、既定のテキストエディタで開いてください。「メモ帳」で開いた例が次の画面2です。

▼画面2　メール本文のテンプレート

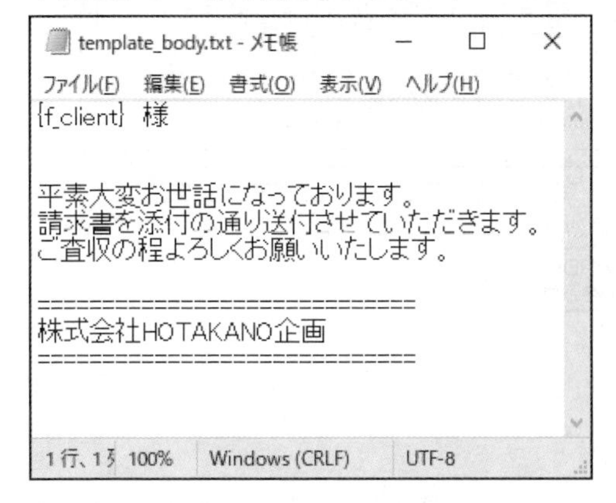

メール本文の文章は、この画面のとおりとします。この本文で注目してほしい箇所が冒頭にある「{f_client}　様」という文言です。先ほどメール本文に顧客名を差し込むと述べましたが、具体的にはこの中の「{f_client}」の部分に、顧客名を差し込みます。「{f_client}」の両側にある「{」と「}」も含み、意味と使い方は、差し込み処理を作成する5-5節で改めて解説します。

ここまで紹介した仕様を次の図1にまとめておきます。本節冒頭で述べたとおり、プログラム作成作業中は、この図1で仕様を随時確認してください。

図1 メール送信自動化プログラムの仕様

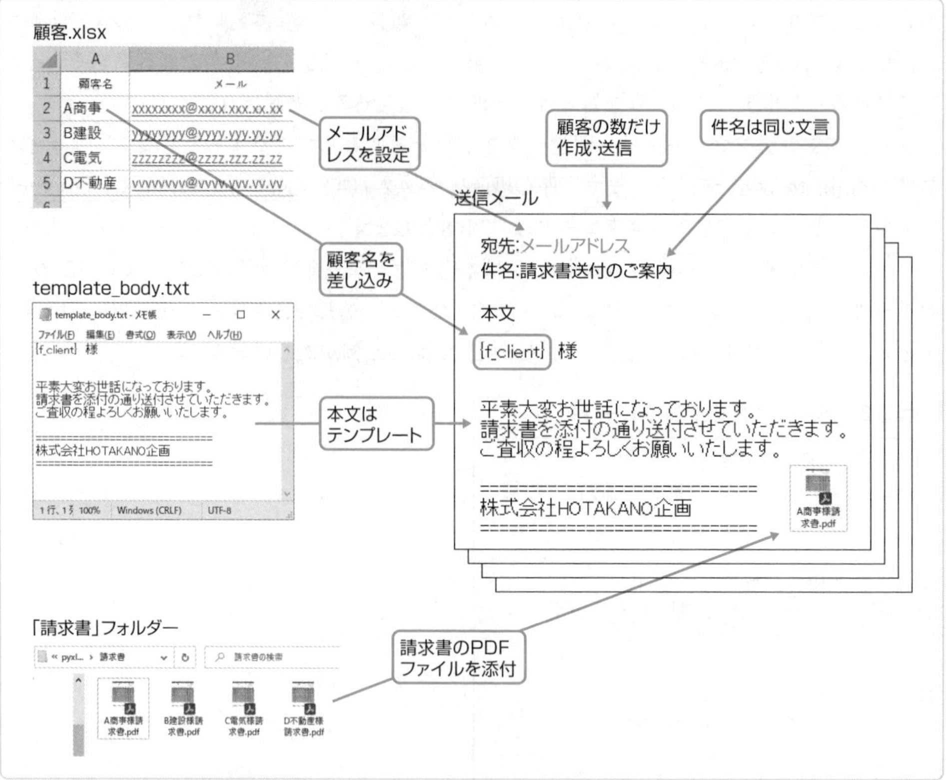

作成したメールを送信するには、メール送信サーバーが必要です。自分で構築できないこともないのですが、既存のメールサービスのサーバーを利用するのが手軽です。本プログラムで使うメールサービスはGoogleのGmailとします。Gmailのメール送信サーバーを利用して、メールを送信します。

GmailはGoogleアカウントさえあれば利用できます。Googleアカウントは誰でも無料で作成できます。もし持っていないなら、次の公式サイトから作成しておいてください。

https://accounts.google.com/signin

以上のようなメール作成と送信を自動で行う機能のプログラムをPythonで作成します。使用するライブラリで、中心となるのが次の2つです。

- smtplib
- email

Pythonでメール送信を行うには、標準ライブラリの「smtplib」を使います。smtplibはメール送信関係の処理に特化しており、メール作成には別にライブラリが必要です。それが同じく標準ライブラリの「email」です。ともにAnacondaには最初から含まれているので、追加で別途インストールする必要はありません。

他にもいくつかライブラリを使います。これまで本書で登場しなかったライブラリもあり、随時紹介します。

本プログラムの詳しい仕様は以上です。添付ファイルはもちろん、本文の差し込み処理も、普段の仕事でのメール操作に幅広く応用できるかと思います。加えて、メール作成・送信の方法もGmail以外の多くのメールサービスでも使え（一部サービスを除く）、汎用性が高いプログラムとなっています。また、差し込み処理はメール以外にも応用できます。

GmailをPythonで動かす準備は必須

次節からプログラムの作成に取り掛かりますが、その前にGmailでひとつだけ事前準備が必要です。Gmailはメール作成・送信などの各種操作を、Pythonなどで作成した外部のプログラムから行うには、Googleアカウントの「アプリパスワード」というものを新たに取得する必要があります。通常用いているGmailのパスワードとは別に取得しなければなりません。

Gmailを使う際は通常、Googleアカウント（Gmailアドレス）とパスワードでログインします。そのパスワードはGoogleアカウント取得時に自分で決めたものです。PythonでGmailを制御する際もプログラムの中でログイン処理が必要なのですが、その際のパスワードは通常のパスワードではなく、アプリパスワードを必ず使うというルールが定められているのです。アプリパスワードもGoogleアカウントさえあれば、無料で簡単に取得できます。

それでは、アプリパスワードを取得しましょう。WebブラウザーでGmailやGoogle検索（https://www.google.com/?hl=ja）など、GoogleのサービスのWebページを開いてください。ログインしていなければ、自分のGoogleアカウントでログインしておいてください。

そして、画面右上にある自分のユーザー名が表示された丸いアイコンをクリックし、ポップアップメニューの［Googleアカウントを管理］をクリックして、自分の「Googleアカウント」画面を開いてください（画面3）。

▼画面3　Googleアカウントの画面を開く

続けて、左側のメニューの［セキュリティ］をクリックし、「セキュリティ」画面に切り替えてください。

アプリパスワードを取得するには、前提として、2段階認証プロセスがオンになっている必要があります。「セキュリティ」画面を少しスクロールすると、「Googleへのログイン」があり、それ以下の「2段階認証プロセス」に「オン」と表示されていれば、2段階認証プロセスがオンになっています。画面4は「オフ」の状態です。

▼画面4 「セキュリティ」画面で、2段階認証プロセスを確認

もし、「オフ」と表示されていたら、オンにしましょう。［2段階認証プロセス］をクリックしてください。「2段階認証プロセス」画面が表示されるので、［使ってみる］をクリックしたら、あとは画面の指示に従ってオンにしてください（画面5）。

▼画面5 2段階認証プロセスをオンにする

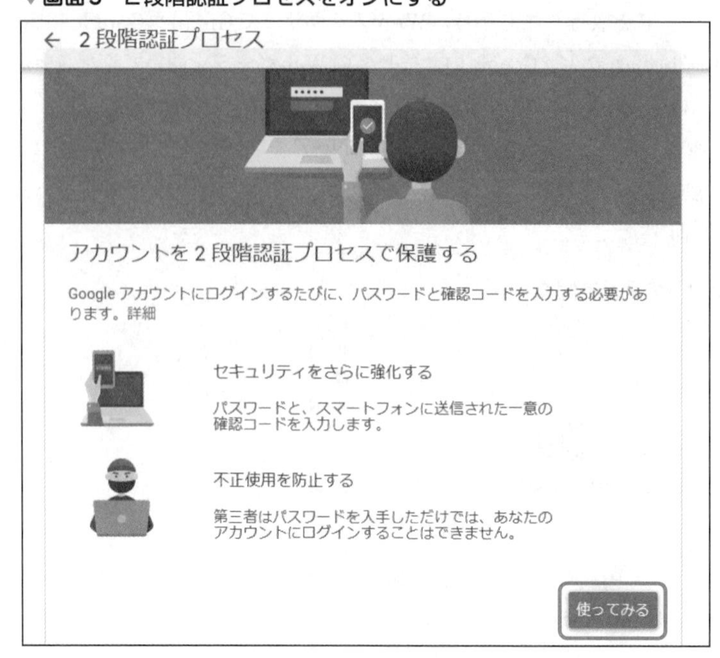

アプリパスワードを取得するには、2段階認証プロセスがオンの状態で、同じく「セキュリ

ティ」画面の「Googleへのログイン」にて、[アプリパスワード]をクリックしてください(画面6)。

▼画面6 [アプリパスワード]をクリック

再度パスワード入力を求められたら、通常のパスワードを入力して[次へ]をクリックしてください。

すると、「アプリパスワード」画面に切り替わります。[アプリを選択]→[その他(名前を入力)]をクリックしてください(画面7)。

▼画面7 [アプリを選択]→[その他(名前を入力)]をクリック

続けて、任意の名前を入力し、[生成]をクリックしてください。次の画面では例として、「MyAutoMail」という名前にしていますが、他の名前でも構いません(画面8)。

▼画面8 任意の名前を入力し、［生成］をクリック

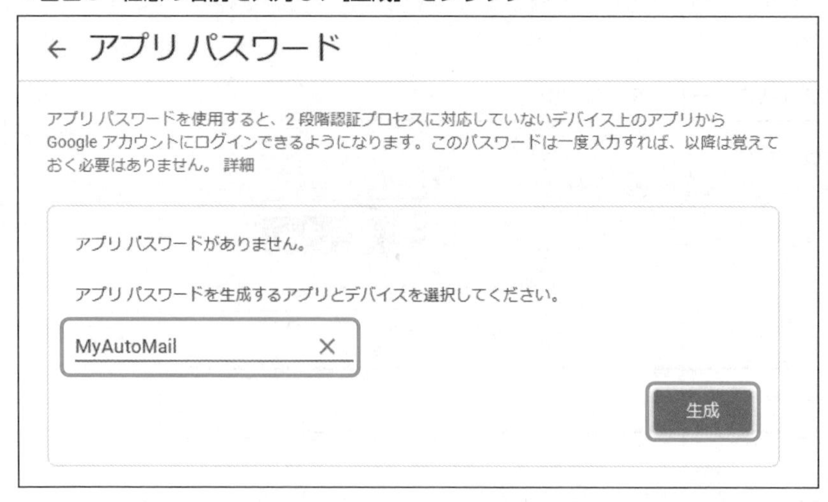

これで、アプリパスワードが生成され、画面に表示されます（画面9）。紙面上では黒く塗りつぶしています。

▼画面9 アプリパスワードが生成された

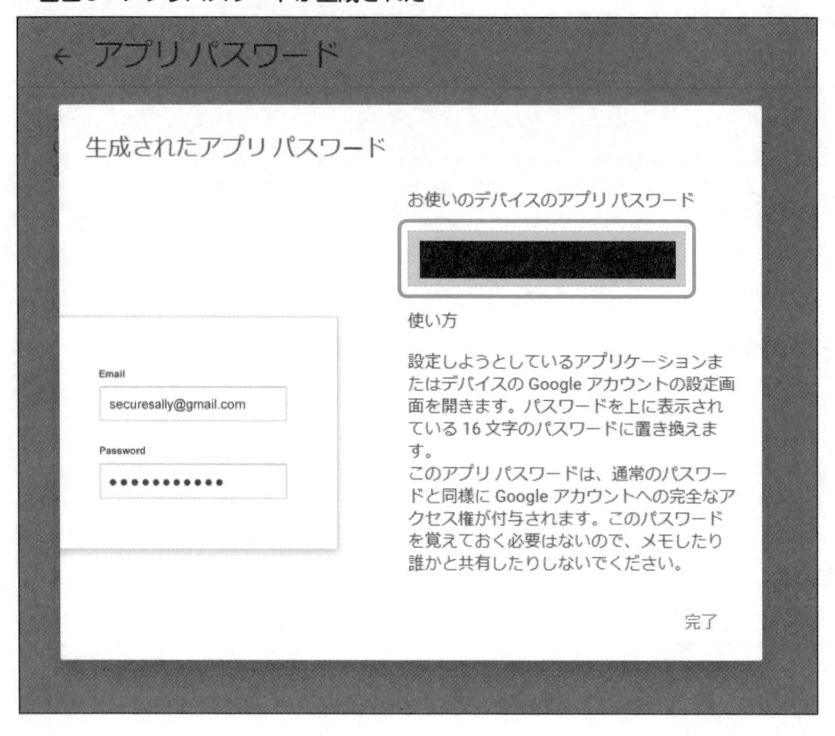

このアプリパスワードをこのあとPythonのプログラムに記述して使います。この時点で必ず、Jupyter Notebookのセル内などにコピー&貼り付けしたり、画面キャプチャを撮ったりするなどして、しっかりメモしておいてください。最後に上記画面の［完了］をクリックし

て画面を閉じるのですが、そのあとはアプリパスワードを見られなくなってしまいます（本書執筆時）。もしアプリパスワードがわからなくなったら、再度取得してください。

アプリパスワードの取得は以上です。Googleアカウントの管理画面を閉じておいてください。

なお、今まで使っていた通常のGmailのパスワードは、普段のメール送受信にそのまま使い続けられます。アプリパスワードをGoogleアカウントの新パスワードとして、設定変更する必要はありません。アプリパスワードはあくまでも、Pythonなど外部のプログラムからGoogleのサービスにアクセスするためだけに使う2つ目のパスワードという位置づけです。今回のプログラムの中でのみ使います。通常のパスワードに置き換わるものではありません。誤って通常のパスワードの代わりに、アプリパスワードを設定しないように注意してください。

送信先メールアドレスの準備

アプリパスワードとともに事前に用意したいのが送信先メールアドレスです。

これから本章で作っていくプログラムでは、メールを作成して実際に送信します。その動作確認を行うには、送信先メールアドレスが必要です。送信元メールアドレスは自分のGmailですが、送信先メールアドレスは別途必要になります。顧客4社へメールを作成・送信するので、理想は送信先メールアドレスが4つ欲しいところです。

もし、送信先メールアドレスを別途用意するのが困難なら、自分のGmailアドレスを送信先としても用いてください。送信元と送信先が同じメールアドレスでも、本プログラムの動作確認は可能です。

それでも4つ用意するのはなかなか厳しいと思いますので、4つともすべて自分のGmailアドレスでも、動作確認できないことはありません。その場合、ブック「顧客.xlsx」のB2～B5セルには、すべて同じ自分のGmailアドレスを入力することになります。

ただし、その場合、メールを無事送信できたかどうかの動作確認はできますが、4社のメールアドレスを正しく設定できたかどうかの確認はできません。

そこで、少々苦しいですが、4社のメールアドレスを正しく設定できたかどうかの確認のためだけに、ブック「顧客.xlsx」のB3～B5セルにダミーで架空のメールアドレスを入力します（B2セルは自分のGmailアドレス）。その状態で実行し、4社のメールアドレスを正しく設定できたかだけを確認します。2～4社目は架空のメールアドレスなので、送信するとエラーになりますが、4社のメールアドレスを正しく設定できたことだけは動作確認できます。

送信先メールアドレスが4つ用意できなければ、以上のような方法でメールアドレス設定の動作確認を行ってください。メール送信の動作確認では、同じで構わないので、4社とも実在するメールアドレスを使ってください。そして、メール送信の動作確認を行う前に、メールクライアントアプリにて、それら送信先メールアドレスを受信できるよう、あらかじめ設定しておいてください。メールクライアントアプリは何でも構いません。

5-2 PythonでGmailのメールを作成・送信するキホン

4段階のステップでプログラムを作っていこう

前節にてGmailのアプリパスワード取得など準備ができたところで、さっそく本節から、本書サンプル「販売管理」のメール送信自動化プログラムを作っていきます。

同プログラムは添付ファイルが1つであり、メール本文の差し込み処理も1箇所のみなど、それほど複雑な機能ではないとはいえ、Pythonでメールを制御するプログラムを作った経験がない人にとっては、いきなり完成の機能を目指して作るのは、少々ハードルが高いでしょう。

そこで次のように段階的に作っていくとします（図1）。

図1 メール送信自動化機能を４段階で作成

【STEP1】

ダミーの短い本文のみのメールを作成･送信

【STEP2】

ダミーの短い本文、添付ファイルを1つ付けたメールを作成･送信

【STEP3】

顧客は「A商事」の1社のみに限定し、仕様通りにメールを作成･送信

【STEP4】

4社すべての顧客で、仕様通りにメールを作成･送信

最初の【STEP1】～【STEP2】は、Pythonによるメール作成･送信の基礎を学ぶためだけに、本書サンプルとは別に、ごくシンプルな例を用います。そこで学んだ基礎を活かして、【STEP3】～【STEP4】で本書サンプルのプログラムを作成するという流れです。

メール送信の前提となる基礎知識を知ろう

プログラム作成に先立ち、一般的なメール送信の基礎知識をザッと解説しておきます。

一般的なメール送信で使われる通信プロトコルは「SMTP」(Simple Mail Transfer Protocol）です。通信プロトコルとは、自分と相手が通信するための決まり事や約束といった意味です。GmailもSMTPのプロトコルを使っています。メールを送信するには、送信メールサーバーを操作する必要があります。SMTPによる送信メールサーバーは、一般的に「SMTPサーバー」と呼ばれます。以降、この用語を解説に用いていきます。

GmailのSMTPサーバーを操作するには大きく分けて、直接アクセスする方法と、GmailのAPI（Application Programming Interface）経由でアクセスする方法があります。本書では、直接アクセスする方法を用いるとします。API経由だと多彩で細かい制御ができますが、プログラムがやや複雑化し、かつ、API利用手続きに手間がかかるので、ここでは用いません。

GmailのSMTPサーバーに直接アクセスする方法は、イメージとしては、Outlookなどといったメールクライアントソフトから Gmailを利用するのに似ています。経験した人も少なくないかと思いますが、メールクライアントソフトにGmailのメールアドレスやパスワード、送信／受信サーバーのアドレスやポート番号などを設定すれば、Gmailの送受信が可能になります。そして、新規メールを作成し、宛先に送信先メールアドレスを設定し、件名や本文を適宜入力したら、［送信］などをクリックして送信します。それらと同じことをPythonのプログラムで行うことで自動化するというイメージです。

そのようなPythonのプログラムは一般的なSMTPによるメール送信の方法に準拠しています。そのため、Gmail以外のメールサービスなどでも使えるケースが多く、汎用性が高いプログラムとなります。

本文のみのメール作成のキホン

それでは【STEP1】として、ダミーの短い本文のみのメールを作成・送信するプログラムを作ります。先述のとおり、そのなかでPythonによるメール作成・送信の基礎を身に付けます。

ここで作成するメールは次のようなメールとします。

- 送信元メールアドレス：自分のGmailメールアドレス
- 送信先メールアドレス：自分で別途用意したメールアドレス
- 件名　　　　　　　　：テストメール
- 本文　　　　　　　　：メール送信テストです。
- 本文の形式　　　　　：プレーンテキスト

送信先メールアドレスは、もし別途用意できなければ、送信元と同じ自分のGmailアドレスを使ってください。本文はHTML形式ではなく、テキスト形式（プレーンテキスト）とします。

上記のメールを作成・送信するために必要な処理は、まずは送信メールの作成です。Pythonでのメール作成は5-1節で述べたとおり、標準ライブラリのemailを用います。

最初に送信メール本体のオブジェクトを生成します。プレーンテキストの本文のみ（添付ファイルなし）のメールなら、「email.mime.text.MIMEText」という関数（厳密には同名クラスのコンストラクタ。以下同様）を使います。基本的な書式は次のようになります。

書式

```
email.mime.text.MIMEText(メール本文)
```

引数には、メール本文の文字列を指定します。これで実行すると、そのメール本文（形式はプレーンテキスト）を持った送信メールのオブジェクトが生成され、戻り値として得られます。通常は変数に格納し、以降の処理に用います。

email.mime.text.MIMEText関数は関数名が少々長いので、ここでは次のようにfrom～importでインポートすることで、「MIMEText」とだけ書けば済むようにします。

```
from email.mime.text import MIMEText
```

ここでは、メール本文はダミーの「メール送信テストです。」でした。この文字列を引数に指定します。関数名は先述のとおり「MIMEText」だけで済みます。

```
MIMEText('メール送信テストです。')
```

そして、送信メールのオブジェクトを格納する変数は「msg」とします。すると、プレーンテキストの本文が「メール送信テストです。」という送信メールのオブジェクトを生成し、変数msgに格納するコードは次のようになることがわかります。

```
from email.mime.text import MIMEText

msg = MIMEText('メール送信テストです。')
```

ひとまず上記のコードをJupyter Notebookの新しいセルに入力してください（画面1）。まだ実行しないでください。

▼画面1　上記コードを新しいセルに入力

```
In [ ]:  1 from email.mime.text import MIMEText
         2
         3 msg = MIMEText('メール送信テストです。')
```

送信メールのオブジェクトを生成したら、送信元メールアドレスと送信先メールアドレス（宛先）、件名といったメールの各要素を設定します。辞書の形式で、次の書式で設定します。

書式

```
送信メールのオブジェクト[キー] = 設定値
```

キーと要素の対応は次の表1のとおりです。

▼表1　メールの要素とキー

キー	要素
From	送信元メールアドレス
To	送信先メールアドレス
Subject	件名

送信先メールアドレスの設定なら、送信先メールのオブジェクトが格納された変数msgを使い、次のように記述します。

```
msg['From'] = '送信元メールアドレス'
```

キーには「From」を文字列として指定します。「送信元メールアドレス」の部分はダミーです。お手元のコードには必ず、自分のGmailメールアドレスを記述してください。

送信先メールアドレスはキーを「To」として、次のように記述します。

```
msg['To'] = '送信先メールアドレス'
```

「送信先メールアドレス」の部分はダミーなので、お手元のコードには必ず、自分で用意した送信先メールアドレスを指定してください。

件名はキーに「Subject」を文字列として指定します。ここでは「テストメール」とするのでした。よって、次のように記述します。

```
msg['Subject'] = 'テストメール'
```

それでは、ここまでに考えた3つのコードを追加してください。まだ実行しないでください。

▼追加前

```
from email.mime.text import MIMEText

msg = MIMEText('メール送信テストです。')
```

▼追加後

```
from email.mime.text import MIMEText

```

```
msg = MIMEText('メール送信テストです。')
msg['From'] = '送信元メールアドレス'
msg['To'] = '送信先メールアドレス'
msg['Subject'] = 'テストメール'
```

メール送信処理のキホン

これで目的の送信メールを作成しました。ここからはメール送信処理の方法を解説します。5-1節で紹介した標準ライブラリのsmtplibを使い、STMPサーバーを制御して、先ほど作成した送信メールを送信します。

Gmailでメールを送信するには、最初にGmailのSMTPサーバーに接続する必要があります。smtplibによってSMTPサーバーに接続するパターンには、通信を暗号化するSSL（Secure Sockets Layer）を使うパターンと使わないパターンの2種類があります。本書では、SSLを使うパターンを採用します。

SMTPサーバーにSSLで接続するには、SMTPサーバーのオブジェクトを生成します。その処理には、smtplibの「smtplib.SMTP_SSL」という関数を使います。基本的な書式は次のとおりです。これまでの書式と違い、同関数で決められている引数名を使っています。ここからは引数名を用いた形式の書式を随時交えていくとします。

書式

```
smtplib.SMTP_SSL(host, port, context)


引数
host      : SMTPサーバーのアドレス
port      : SSLのポート番号
context   : SSLのオブジェクト
```

引数hostには、SMTPサーバーのアドレスを文字列として指定します。GmailのSMTPサーバーのアドレスは「smtp.gmail.com」と決められているので、それを文字列として指定します。

引数portには、SSLのポート番号の数値を指定します。GmailのSSLのポート番号は「465」と決められているので、それを数値として指定します。

引数contextは少々わかりづらいのですが、「SSLコンテキスト」のオブジェクトを指定します。SSLコンテキストのオブジェクトは、SSL関連の標準ライブラリ「ssl」の「ssl.create_default_context」という関数で生成します。「ssl.create_default_context()」と引数なしで記述します。実行すると、デフォルトの設定でSSLコンテキストのオブジェクトが生成され、戻り値として得られます。

以上3つの引数をsmtplib.SMTP_SSL関数に指定します。引数contextはその前で他の引数を省略している関係で、「context=」のように引数名と「=」を付けて、キーワード引数として指定します。

以上をまとめると、GmailのSMTPサーバーのオブジェクトを生成するコードは次のようになります。コードが長くなったので、途中で改行しています。

```
smtplib.SMTP_SSL('smtp.gmail.com', 465,
    context=ssl.create_default_context())
```

これで、そのSMTPサーバーのオブジェクトが生成され、戻り値として得られます。通常は変数に格納し、以降の処理に用います。ここでは変数名を「server」とします。格納するコードは次のようになります。

```
server = smtplib.SMTP_SSL('smtp.gmail.com', 465,
    context=ssl.create_default_context())
```

なお、SMTPサーバーにSSLで接続しないパターンでは、接続後にTLS (Transport Layer Security) で暗号化します。TLSはSSLの進化版の暗号技術であり、よりセキュアなのですが、ここではプログラムがよりシンプルで済むSSLでの接続を採用しました。

GmailのSMTPサーバーに接続できたら、次は自分のGmailアカウントでログインします。SMTPサーバーへのログインは、SMTPサーバーのオブジェクトの「login」メソッドで行います。基本的な書式は次のとおりです。

書式

```
SMTPサーバーのオブジェクト.login(user, password)

引数
user      : ユーザー名
password  : パスワード
```

引数userには、ユーザー名を文字列として指定します。Gmailでは、自分のGmailメールアドレスを指定します。結果として、送信元メールアドレスを指定するのと同じことになります。

引数passwordには、Gmailの場合は必ずアプリパスワードを文字列として指定します。誤って通常のパスワードを指定しないよう注意しましょう。

SMTPサーバーのオブジェクトは変数serverに格納したのでした。それを使い、上記書式に従って2つの引数を指定します。引数userには、自分のGmailメールアドレスとして、送信元メールアドレスを指定します。引数passwordには、3-1節で取得した自分のアプリパスワードを指定します。いずれも文字列として指定します。

```
server.login('送信元メールアドレス', 'アプリパスワード')
```

お手元のコードでは、上記コードのダミーの部分には、自分のGmailメールアドレスと自分のアプリパスワードを指定してください。

STMPサーバーにログインできたら、いよいよメールを送信します。メール送信はSMTPサーバーのオブジェクトの「send_message」というメソッドで行います。基本的な書式は次のとおりです。

書 式

```
SMTPサーバーのオブジェクト.send_message(msg)

引数
msg  : 送信メールのオブジェクト
```

引数msgには、送信メールのオブジェクトを指定します。送信メールはここまでに変数msgに作成したのでした。この変数名と引数名が同じですが、そのようなかたちでコードを書くケースは、Pythonではよくあります。

SMTPサーバーのオブジェクトは変数serverでした。よって、メール送信するコードは次のようになることがわかります。

```
server.send_message(msg)
```

メールを送信したら、最後にSTMPサーバーとの接続を閉じます。SMTPサーバーのオブジェクトの「quit」というメソッドを引数なしで実行すれば、SMTPサーバーとの接続を閉じられます。

書 式

```
SMTPサーバーのオブジェクト.quit()
```

SMTPサーバーのオブジェクトは変数serverなので、次のように記述します。

```
server.quit()
```

以上、GmailのSMTPサーバーのオブジェクト生成による接続、ログイン、メール送信、接続を閉じるという4つのコードがメール送信に必要な処理です。では、お手元のコードに追加してください。その際、冒頭にsmtplibとsslをインポートするコードも忘れずに追加してください。

▼追加前

```
from email.mime.text import MIMEText

msg = MIMEText('メール送信テストです。')
msg['From'] = '送信元メールアドレス'
msg['To'] = '送信先メールアドレス'
msg['Subject'] = 'テストメール'
```

▼追加後

```
from email.mime.text import MIMEText
import smtplib
import ssl

msg = MIMEText('メール送信テストです。')
msg['From'] = '送信元メールアドレス'
msg['To'] = '送信先メールアドレス'
msg['Subject'] = 'テストメール'

server = smtplib.SMTP_SSL('smtp.gmail.com', 465,
    context=ssl.create_default_context())
server.login('送信元メールアドレス', 'アプリパスワード')
server.send_message(msg)
server.quit()
```

コードを追加できたら、動作確認するために実行してください。

Jupyter Notebook上には、「(221,～」などと出力されます。これは最後の処理であるquitメソッドの戻り値です。接続を無事閉じられたことを意味する内容なので、特に問題はありません。メールクライアントのアプリを立ち上げ、作成・送信したメールが送信先メールに届いているか、指定した件名と本文になっているかを確認してください。次の画面はパソコンのWebブラウザー版のGmailで受信した画面の例です（画面2）。メールアドレスの部分は黒塗りで隠しています。以降の画面も同様です。

▼画面2　作成・送信したメールが届いた

送信が終わったことをわかるようにする

先述のとおり、本プログラムを実行すると、Jupyter Notebook上に「(221,～」などと出力されます。もし、このように出力されることをなくしたいなら、「print('送信完了')」などと、任意の文字列をprint関数で出力する処理をプログラムの最後の最後に追加すればよいでしょう。

特に次節以降で添付ファイル付きメールにして、複数通を送信すると、送信処理に時間がかかってしまいます。そうなると、送信処理が終わったのか、それとも処理中なのかが非常に判別しづらくなります。そこで、最後に「print('送信完了')」などと出力することで、処理の終了をわかるようにするのです。

「(221,～」を出力させないことに加え、メール送信処理終了の確認も取れるので、一石二鳥です。

それでは、そのような処理の今のうちに追加しておきましょう。出力する文字列は何でもよいのですが、ここでは「送信完了」とします。では、プログラムの最後に「print('送信完了')」を追加してください。

▼追加前

```
          :
          :
server.send_message(msg)
server.quit()
```

▼追加後

```
          :
          :
server.send_message(msg)
server.quit()
print('送信完了')
```

追加できたら、念のため動作確認しておきましょう。メール送信が終わると、Jupyter Notebook上に「送信完了」と出力されることが確認できます。これで送信処理が終わったかどうかが明確にわかるようになりました（画面3）。

▼画面3　送信終了後に「送信完了」と出力された

```
10 server = smtplib.SMTP_SSL('smtp.gmail.com', 465,
11     context=ssl.create_default_context())
12 server.login('■■■■■■■■', '■■■■■■■■')
13 server.send_message(msg)
14 server.quit()
15 print('送信完了')

送信完了
```

本節では、【STEP1】として、ごくシンプルな本文のメールを用いて、Gmailでメールを作成・送信する方法のキホンを学びました。このコードを発展させると、添付ファイル付きメールを作成・送信できます。その方法は次節で解説します。

なお、本節で作ったプログラムでは本来、SMTPサーバーの接続やログインでの失敗におけるエラー処理も設けるべきですが割愛しています。

また、ここではメールの送信先メールアドレスのキーである「To」のみを用いましたが、CCなら「Cc」、BCCなら「Bcc」を送信メールのオブジェクトのキーに指定し、目的のメールアドレスを設定すれば、CCやBCCで送信できます。

参考までに、メール関連のPythonの標準ライブラリはほかにも、メール受信プロトコル「POP3」用の「poplib」、「IMAP4」用の「imaplib」があります。

添付ファイル付きのメール作成・送信のキホン

本節で作る添付ファイル付きメールの概要

本節では、5-2節の【STEP2】として、添付ファイル付きメール作成・送信のキホンを学びます。添付ファイルは1つのみとします。本文（メール本文）は【STEP1】と同じく、ダミーの短い本文とします。件名なども【STEP1】と同じとします。

ここで作成するメールは次のようなメールとします。【STEP1】から最後の2つの項目「添付ファイル名」と「添付ファイルの場所」が追加されただけです。

- 送信元メールアドレス：　自分のGmailメールアドレス
- 受信先メールアドレス：　自分で別途用意したメールアドレス
- 件名：　テストメール
- 本文：　メール送信テストです。
- 本文の形式：　プレーンテキスト
- 添付ファイル名：　A商事様請求書.pdf　追加項目
- 添付ファイルの場所：　「請求書」フォルダー　追加項目

本書サンプル用のPDFファイル「A商事様請求書.pdf」をここでの添付ファイルの学習に使うとします。このPDFファイルは、カレントディレクトリの「pyxlml」フォルダー以下の「請求書」フォルダー、第4章で作成したのでした。

添付ファイル付きメールの作成方法

それでは、添付ファイル付きメールを作成・送信方法を解説します。

前節にて、プレーンテキストの本文のみのメールを作成するには、最初にemail.mime.text.MIMEText関数で送信メールのオブジェクトを生成しました。添付ファイル付きメールを作成する際も、最初に送信メールのオブジェクトを生成するのですが、email.mime.text.MIMEText関数ではなく、「email.mime.multipart.MIMEMultipart」という関数で生成します。基本的な書式は次のようになります。

書式

```
email.mime.multipart.MIMEMultipart()
```

こちらは引数なしで実行します。前節のオブジェクトとの違いは、ファイルの添付などが扱える形式という点です。本文については、このあとすぐ解説します。

また、関数名が少々長いので、ここでは次のようにfrom～importでインポートすることで、

「MIMEMultipart」とだけ書けば済むようにします。

```
from email.mime.multipart import MIMEMultipart
```

email.mime.multipart.MIMEMultipart関数で生成した送信メールのオブジェクトも、変数に格納して以降の処理に用います。ここでは変数名は「msg」とします。添付ファイル付き送信メールのオブジェクトを生成し、変数msgに格納するコードは次のようになります。

```
msg = MIMEMultipart()
```

前節で登場したemail.mime.text.MIMETextは、引数にメール本文の文字列を指定しましたが、email.mime.multipart.MIMEMultipart関数は引数に何も指定しません。本文はどうするかというと、生成したメールのオブジェクトを使い、あとから設定します。ちょうど前節で送信元／送信先メールアドレスや件名を設定したように、本文を設定します。

email.mime.multipart.MIMEMultipart関数で生成した送信メールのオブジェクトに本文を設定するには、送信メールのオブジェクトの「attach」というメソッドを使います。書式は次のようになります。

書式

```
送信メールのオブジェクト.attach(payload)

引数
payload  ： メール本文などのオブジェクト
```

引数payloadには、メール本文などのオブジェクトを指定します。メール本文のオブジェクトは、実はemail.mime.text.MIMEText関数で生成できます。まさに前節に登場したコード「MIMEText('メール送信テストです。')」は、「メール送信テストです。」というメール本文のオブジェクトとしても使えるのです。

送信メールのオブジェクトは変数msgに格納したのでした。そのattachメソッドを使い、引数payloadにはメール本文のオブジェクトとして、「MIMEText('メール送信テストです。')」を丸ごと指定します。

以上を踏まえると、添付ファイル追記メールに、メール本文「メール送信テストです。」を設定するコードは次のようになることがわかります。

```
msg.attach(MIMEText('メール送信テストです。'))
```

もちろん、「MIMEText('メール送信テストです。')」をいったん他の変数に格納し、その変数を引数payloadに指定するかたちのコードでも構いませんが、本書では上記のかたちとします。

送信元メールアドレスと送信先メールアドレス、件名の設定方法は前節で学んだ方法と全く同じなので、そのまま流用できます。

とりあえずここまでのコードを反映させましょう。次のように追加・変更してください。まだ実行しないでください。

▼追加・変更前

```
from email.mime.text import MIMEText
import smtplib
import ssl

msg = MIMEText('メール送信テストです。')
msg['From'] = '送信元メールアドレス'
msg['To'] = '送信先メールアドレス'
msg['Subject'] = 'テストメール'

server = smtplib.SMTP_SSL('smtp.gmail.com', 465,
    context=ssl.create_default_context())
server.login('送信元メールアドレス', 'アプリパスワード')
server.send_message(msg)
server.quit()
print('送信完了')
```

▼追加・変更後

```
from email.mime.text import MIMEText
from email.mime.multipart import MIMEMultipart
import smtplib
import ssl

msg = MIMEMultipart()
msg['From'] = '送信元メールアドレス'
msg['To'] = '送信先メールアドレス'
msg['Subject'] = 'テストメール'
msg.attach(MIMEText('メール送信テストです。'))

server = smtplib.SMTP_SSL('smtp.gmail.com', 465,
    context=ssl.create_default_context())
```

```
server.login('送信元メールアドレス', 'アプリパスワード')
server.send_message(msg)
server.quit()
print('送信完了')
```

「from email.mime.multipart import MIMEMultipart」の追加場所は、ここではemail関係のインポート処理をまとめるため、「import smtplib」の前に挿入しました。

そして、送信メールのオブジェクトを生成するコードは、「MIMEText('メール送信テストです。')」であった部分を、添付ファイル付きメールの「MIMEMultipart()」に変更しています。さらに、本文を設定するコード「msg.attach(MIMEText('メール送信テストです。'))」を、件名を設定するコードの下に追加しています。

PDFファイルをメールに添付するには

次に、PDFファイルを送信メールに添付する方法を解説します。添付すること自体の処理は、メール本文と同じく、送信メールのオブジェクトのattachメソッドを使います。引数には、添付したいファイルのオブジェクトを指定します。PDFに限らず、どの種類のファイルを添付する場合でも同様です。

そして、attachメソッドで添付する前に処理が2つ必要になります。1つ目は、添付したいファイルのオブジェクトを取得する処理です。2つ目は、「拡張ヘッダー」を設定する処理です。

まずは1つ目の添付したいファイルのオブジェクトを取得する処理から解説します。この処理は実質2行のコードなのですが、新たに登場する関数など解説する内容が多数あるので、ジックリと読み進めていきましょう。

添付したいファイルのオブジェクトを取得するには、最初に目的のファイルを開きます。ファイルを開くには、組み込み関数の「open」関数を用います。メールの添付ファイル以外でも、テキストファイルなどにも使える汎用的な関数です。基本的な書式は次のようになります。

書式

```
open(file, mode)


引数
file  : ファイル名
mode  : モード
```

引数fileには、目的のファイル名を文字列として指定します。Pythonのカレントディレクトリ以外の場所にあるならば、パス付きで指定します。

ここでは、PDFファイル「A商事様請求書.pdf」を添付したいのでした。場所はカレントディレクトリの「pyxlml」フォルダー以下の「請求書」フォルダーでした。よって、引数fileには次のパス付ファイル名を文字列として指定すればよいことになります。

```
pyxlml¥¥請求書¥¥A商事様請求書.pdf
```

もちろん、絶対パスでもよいのですが、ここでは相対パスとします。

引数modeには、ファイルを開くモードを指定します。モードとは「読み込み用」や「書き込み用」など、ファイルの開き方のことです。目的のモードに応じて、次の表1の文字を指定します。

▼表1　引数modeに指定する主なモード

文字	モード
r	読み込み用（デフォルト）
w	書き込み用
a	追記用
b	バイナリモード
t	テキストモード（デフォルト）

少々ややこしいのですが、「r」または「w」または「a」と、「b」または「t」で、2つの方向性でモードを指定します。

「r」「w」「a」は読み書きの可否を指定します。「r」は読み込み専用であり、書き込むことはできません。「w」は書き込みOKです。「a」も書き込みOKなのですが、末尾に追加する追記専用のモードです。

「b」と「t」は開くファイルのデータの種類を指定します。テキストファイルなら「t」を指定します。PDFファイルなど、テキスト以外のファイルなら「b」を指定します。

さらに「r」「w」「a」と、「b」「t」は、組み合わせて指定できます。例えば「rb」と指定すると、読み込み用のバイナリモードで開きます。

また、引数modeは省略可能であり、省略するとデフォルトの「r」と「t」が指定されたと見なされます。

メールに添付したいファイルは、読み込み用のバイナリモードで開きます。そのため、引数modeには文字列「rb」を指定します。

ここまでをまとめると、目的のopen関数は次のコードになります。引数fileのPDFファイル「A商事様請求書.pd」のパス付ファイル名も、引数modeも文字列として指定するため、共に「'」で囲っています。

```
open('pyxlml¥¥請求書¥¥A商事様請求書.pdf', 'rb')
```

open関数は戻り値として、開いたファイルの「File」オブジェクトを返します。文字通りファイルのオブジェクトです。そのFileオブジェクトを変数に格納し、以降の処理で用います。ここでは変数名は「f」とします。なお、open関数はコンピュータの内部的にファイルを開くため、ファイルは画面上に表示されません。

さて、上記open関数のコードの戻り値であるFileオブジェクトを変数fに格納するのに、これまでなら=演算子で代入していましたが、ファイルを開く処理では大きく異なります。open関数は「with」文と組み合わせて使うのが効率的です。そして、戻り値のFileオブジェクトを変数fに格納する処理は、with文の中で一緒に行うのがセオリーです。

with文の書式は大まかに表すと次のようになります。

書式

```
with EXPR as VAR:
    BLOCK
```

EXPR　：open関数でファイルを開く処理
VAR　：変数
BLOCK　：ファイルの処理

「with」に続けて半角スペースを挟み、上記書式のEXPRの部分に、open関数でファイルを開く処理を記述します。そのうしろに半角スペースを挟んで「as」を書きます。さらにその後ろに半角スペースを挟み、上記書式のVARの部分に変数を記述します。その変数に、open関数の戻り値であるFILEオブジェクトが格納されます。=演算子で代入しなくとも、with文が格納してくれるのです。

open関数でファイルを開いたら、上記書式のBLOCKの部分の処理が実行されます。この部分はいわゆるwith文のブロックに該当し、必ず1段インデントして記述します。この部分には、開いたファイルを使う処理を記述します。通常は上記書式VARの変数に格納されたFILEオブジェクトを使ってコードを記述します。

そして、この部分の処理が正常に終わっても、エラーが発生しても、ファイルは自動で閉じられます。open関数はもともと、ファイルを開いたら、組み込み関数の「close」関数で閉じる処理が必要ですが、with文を使うとそれが不要になります。コードを書く手間や閉じ忘れのリスクがなくなるので効率的です。

ここまでを踏まえると、with文の書式の「with EXPR as VAR:」の部分のコードは次のようになります。

```
with open('pyxlml¥¥請求書¥¥A商事様請求書.pdf', 'rb') as f:
```

上記書式のEXPRの部分には、前ページで考えた「A商事様請求書.pdf」をopen関数で開くコードを記述しています。VARの部分には、変数fを指定しています。

これで、目的のPDFファイル「A商事様請求書.pdf」を開き、そのFILEオブジェクトを変数fに格納できました。上記書式のBLOCKの部分には、そのFILEオブジェクトから、添付ファイルのオブジェクトを生成する処理を書きます。

添付ファイルのオブジェクトを生成

添付ファイルのオブジェクトは、「email.mime.application.MIMEApplication」という関数で生成します。書式は次のようになります。

書式

```
email.mime.application.MIMEApplication(_data)


引数
_data  : 添付ファイルのデータ
```

引数_dataには、目的の添付ファイルのデータを渡します。添付ファイルのデータはFILEオブジェクトの「read」というメソッドで取得できます。書式は次のようになります。

書式

```
FILEオブジェクト.read()
```

引数なしで実行します。すると、そのFILEオブジェクトのファイルのデータが戻り値として得られます。

目的の添付ファイルであるPDFファイル「A商事様請求書.pdf」のFILEオブジェクトは、変数fに格納されているのでした。よって、PDFファイル「A商事様請求書.pdf」のデータを取得するには、次のように記述すればよいことになります。

```
f.read()
```

この「f.read()」を、email.mime.application.MIMEApplication関数の引数_dataに指定すれば、PDFファイル「A商事様請求書.pdf」の添付ファイルのオブジェクトを生成できます。

email.mime.application.MIMEApplication関数も他のemailライブラリの関数と同じく、次のようにインポートして、関数名を「MIMEApplication」とだけ書けば済むようにしておきましょう。

```
from email.mime.application import MIMEApplication
```

以上を踏まえると、PDFファイル「A商事様請求書.pdf」の添付ファイルのオブジェクトを生成するコードは次のようになることがわかります。

```
MIMEApplication(f.read())
```

実は上記添付ファイルのオブジェクトは、このあとattachメソッドで実際に添付する処理にも必要なので、変数に格納しておく必要があります（次節で改めて解説します）。変数名はここでは「attachment」とします。すると、目的の添付ファイルのオブジェクトを格納するコードは次のようになります。

```
attachment = MIMEApplication(f.read())
```

上記コードを、先ほど考えたwith文にて、書式のBLOCKの部分に書きます。

```
with open('pyxlml¥¥請求書¥¥A商事様請求書.pdf', 'rb') as f:
    attachment = MIMEApplication(f.read())
```

解説が非常に長くなりましたが、上記コードがattachメソッドでファイルを添付する前に必要な2つの処理の1つ目である、添付したいファイルのオブジェクトを取得する処理です。

拡張ヘッダーを設定したらファイルを添付

次に、attachメソッドで添付する前に必要な処理の2つ目である拡張ヘッダーを設定する処理を解説します。「拡張ヘッダー」の設定は、添付ファイルのオブジェクトの「add_header」というメソッドで行います。書式は次のようになります。

書式

```
添付ファイルのオブジェクト.add_header(_name, _value, **_params)


引数
_name       : 拡張ヘッダーの名前
_value      : 拡張ヘッダーの値
**_params   : 各種パラメータ
```

引数_nameと引数_valueの指定内容は、いわば“お約束”のようなものです。引数_nameには、拡張ヘッダーの名前として、文字列「Content-Disposition」を指定します。引数

_valueには、拡張ヘッダーの値として、添付ファイルの場合は、添付を意味する文字列「attachment」を指定します。先ほどの変数attachmentとは全く別モノであり、純粋な文字列として指定します。

3つ目の引数**_paramsは可変の引数であり、各種パラメータを指定できます。添付ファイルの場合は、引数filenameに添付ファイル名を文字列として指定します。引数filenameはその前で他の引数を省略しているため、キーワード引数として指定します。ここでは添付ファイル名は「A商事様請求書.pdf」なので、そのまま文字列として指定します。

以上を踏まえると、拡張ヘッダーを設定するコードは次のようになります。

```
attachment.add_header('Content-Disposition', 'attachment',
                      filename='A商事様請求書.pdf')
```

添付ファイルのオブジェクトは、添付したいファイルのオブジェクトを取得する処理のところで、変数attachmentに格納しているのでした。この変数attachmentは先述のとおり、add_headerメソッドの第2引数に指定する文字列「attachment」とはまったくの別モノです。また、コードが長くなったので、途中で改行しています。

これで、attachメソッドでファイルを添付する前に必要な2つの処理のコードがわかりました。attachメソッドでファイルを添付するコードは、送信メールのオブジェクトである変数msgを使い、引数には添付ファイルのオブジェクトである変数attachmentを指定します。

```
msg.attach(attachment)
```

PDFファイル「A商事様請求書.pdf」をメールに添付するコードは以上です。では、次のようにコードに追加してください。

インポートのコード「from email.mime.application import MIMEApplication」を以下の場所に挿入します。そして、メール本文を設定するコードとSMTPサーバーに接続するコードの間に、先ほど解説したPDFファイル「A商事様請求書.pdf」を添付するコードを追加します。具体的には、with文やopen関数などで目的の添付ファイルのオブジェクトを取得するコード、add_headerメソッドで拡張ヘッダーを設定するコード、attachメソッドで実際に添付するコードの3つです。

▼追加前

```
from email.mime.text import MIMEText
from email.mime.multipart import MIMEMultipart
import smtplib
import ssl
```

```
msg = MIMEMultipart()
msg['From'] = '送信元メールアドレス'
msg['To'] = '送信先メールアドレス'
msg['Subject'] = 'テストメール'
msg.attach(MIMEText('メール送信テストです。'))

server = smtplib.SMTP_SSL('smtp.gmail.com', 465,
    context=ssl.create_default_context())
server.login('送信元メールアドレス', 'アプリパスワード')
server.send_message(msg)
server.quit()
print('送信完了')
```

▼追加後

```
from email.mime.text import MIMEText
from email.mime.multipart import MIMEMultipart
from email.mime.application import MIMEApplication
import smtplib
import ssl

msg = MIMEMultipart()
msg['From'] = '送信元メールアドレス'
msg['To'] = '送信先メールアドレス'
msg['Subject'] = 'テストメール'
msg.attach(MIMEText('メール送信テストです。'))

with open('pyxlml¥¥請求書¥¥A商事様請求書.pdf', 'rb') as f:
    attachment = MIMEApplication(f.read())

attachment.add_header('Content-Disposition', 'attachment',
                      filename='A商事様請求書.pdf')
msg.attach(attachment)

server = smtplib.SMTP_SSL('smtp.gmail.com', 465,
    context=ssl.create_default_context())
server.login('送信元メールアドレス', 'アプリパスワード')
server.send_message(msg)
```

```
server.quit()
print('送信完了')
```

コードを追加できたら、実行して動作確認しましょう。実行し終えたら、メールクライアントのアプリを立ち上げ、作成・送信したメールが送信先メールに届き、なおかつ、PDFファイル「A商事様請求書.pdf」がちゃんと添付されているか確認してください。次の画面はGmailで受信した画面の例です（画面1）。受信メール下部に添付ファイルのアイコンが表示され、かつ、ファイル名「A商事様請求書.pdf」も表示されています。

▼画面1 「A商事様請求書.pdf」が添付されたメール

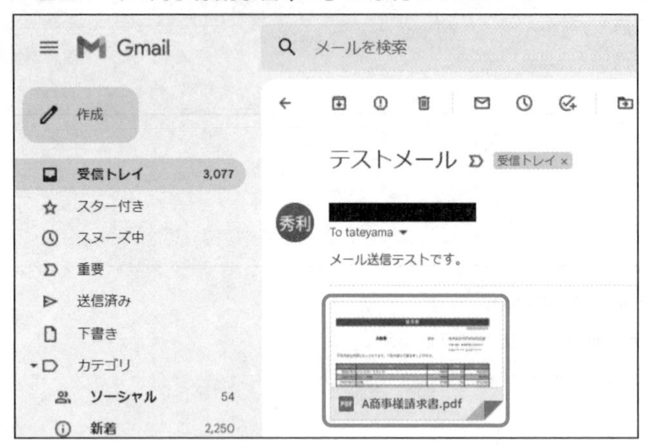

5-2節の【STEP2】である添付ファイル付きメール作成・送信のキホンは以上です。次節からは【STEP3】として、顧客は「A商事」の1社のみに限定し、仕様通りにメールを作成・送信する機能を作っていきます。

5-4 顧客1社のみに添付ファイル付きメールを送信しよう

「A商事」1社のみで差し込み処理を作る

本節と次節にて、5-2節の【STEP3】として、顧客は「A商事」の1社のみに限定し、仕様通りにメールを作成・送信する機能を作っていきます（図1）。

本節では、ブック「顧客.xlsx」から取得した「A商事」の顧客名とメールアドレスを使い、添付ファイル付きメールを作成・送信するよう現在のプログラムを発展させます。次節では、メール本文をダミーの短い本文ではなく、仕様通りとします。顧客は「A商事」の1社のみで、差し込み処理を作成することになります。

図1　本節と次節で作成する機能

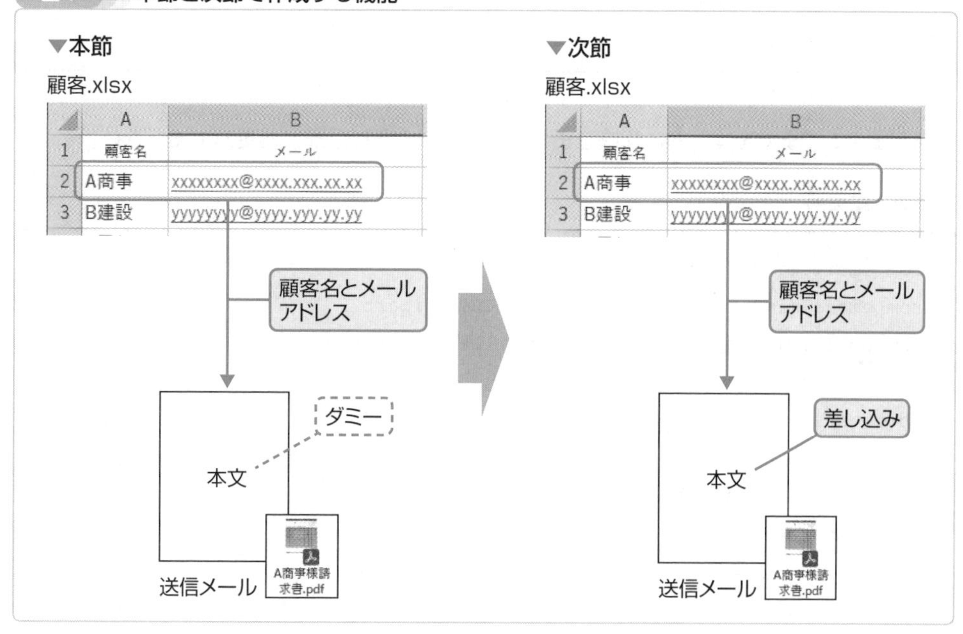

それでは、上記の流れでプログラムを作っていきましょう。まずはブック「顧客.xlsx」から「A商事」の顧客名とメールアドレスを取得する処理です。同ブックには、ワークシート「Sheet1」のA2～A5列に顧客名、B2～B5列にメールアドレスが入力されているのでした。

同ブックを読み込み、ワークシート「Sheet1」のオブジェクトを取得するコードは、これまで何度か登場しました。ここでは、3-6節（108ページ）で記述したOpenPyXLによる次のコードを変数名も含めて、そのまま流用するとします。

```
wb_c = openpyxl.load_workbook('pyxlml¥¥顧客.xlsx')
ws_c = wb_c.worksheets[0]
```

「A商事」のデータは2行目に入力されているのでした。顧客名はA2セル、メールアドレスはB2セルになります。それらを取得して変数に格納しておきましょう。変数名はここでは顧客用を「client」、メールアドレス用を「mailto」とします。

それぞれ取得・格納するコードは次のようになることがわかります。A2セルは2行目・1列目、B2セルは2行目・2列目なので、cellメソッドの引数にそのように指定します。

```
client = ws_c.cell(2, 1).value
mailto = ws_c.cell(2, 2).value
```

ついでに、送信メールの件名も、仕様通りの文言「請求書送付のご案内」に変更しましょう。

```
msg['Subject'] = '請求書送付のご案内'
```

ひとまずここまでをコードに反映しましょう。次のように追加・変更してください。

▼追加・変更前

```
from email.mime.text import MIMEText
from email.mime.multipart import MIMEMultipart
from email.mime.application import MIMEApplication
import smtplib
import ssl

msg = MIMEMultipart()
msg['From'] = '送信元メールアドレス'
msg['To'] = '送信先メールアドレス'
msg['Subject'] = 'テストメール'
msg.attach(MIMEText('メール送信テストです。'))

with open('pyxlml¥¥請求書¥¥A商事様請求書.pdf', 'rb') as f:
    attachment = MIMEApplication(f.read())

attachment.add_header('Content-Disposition', 'attachment',
                      filename='A商事様請求書.pdf')
msg.attach(attachment)

server = smtplib.SMTP_SSL('smtp.gmail.com', 465,
    context=ssl.create_default_context())
```

```
server.login('送信元メールアドレス', 'アプリパスワード')
server.send_message(msg)
server.quit()
print('送信完了')
```

▼追加・変更後

```
from email.mime.text import MIMEText
from email.mime.multipart import MIMEMultipart
from email.mime.application import MIMEApplication
import smtplib
import ssl
import openpyxl

wb_c = openpyxl.load_workbook('pyxlml¥¥顧客.xlsx')
ws_c = wb_c.worksheets[0]
client = ws_c.cell(2, 1).value
mailto = ws_c.cell(2, 2).value

msg = MIMEMultipart()
msg['From'] = '送信元メールアドレス'
msg['To'] = mailto
msg['Subject'] = '請求書送付のご案内'
msg.attach(MIMEText('メール送信テストです。'))

with open('pyxlml¥¥請求書¥¥A商事様請求書.pdf', 'rb') as f:
    attachment = MIMEApplication(f.read())

attachment.add_header('Content-Disposition', 'attachment',
                      filename='A商事様請求書.pdf')
msg.attach(attachment)

server = smtplib.SMTP_SSL('smtp.gmail.com', 465,
    context=ssl.create_default_context())
server.login('送信元メールアドレス', 'アプリパスワード')
server.send_message(msg)
server.quit()
print('送信完了')
```

ブック「顧客.xlsx」を読み込み、ワークシート「Sheet1」のオブジェクトを取得し、A2セルとB2セルの値をそれぞれ変数に格納するまでの4行のコードを、メール作成処理の手前に追加しています。OpenPyXLのopenpyxlモジュールをインポートするコードも忘れずに追加します。あわせて、件名に設定する文言を「請求書送付のご案内」に変更しています。

顧客名からPDFファイル名を組み立てて開く

次は、添付ファイルの処理のコードを追加・変更します。すでに目的のPDFファイル「A商事様請求書.pdf」を添付できていますが、ブック「顧客.xlsx」から取得した「A商事」の顧客名を使って処理するよう変更を加えます。そうすることで、このあと「B建設」など他の顧客への対応がラクになります。

前節で作成したとおり、添付ファイルの処理には、添付ファイル名の文字列が必要でした。open関数でファイルを開く処理と、add_headerメソッドで拡張ヘッダーを設定する処理が該当するのでした。

添付したい請求書のPDFファイル名は、「**顧客名**様請求書.pdf」という形式でした。顧客名が格納されている変数clientがすでにあります。その変数clientを使って、目的の形式のファイル名の文字列を組み立てる処理のコードは、4-4節（144ページ）で「client + '様請求書.pdf'」と書きました。このコードをそのまま流用します。格納する変数名も、同じくfnameとします。

```
fname = client + '様請求書.pdf'
```

現時点で変数clientには文字列「A商事」が格納されることになります。これに文字列「様請求書.pdf」が+演算子で連結され、「A商事様請求書.pdf」となり、変数fnameに格納されます。

この変数fnameを使い、まずはopen関数で目的のPDFファイル「A商事様請求書.pdf」を開くコードを書き換えます。ここで現時点のコードを改めて提示します。

```
with open('pyxlml¥¥請求書¥¥A商事様請求書.pdf', 'rb') as f:
    attachment = MIMEApplication(f.read())
```

PDFファイル名の文字列が記述しているのは、open関数の第1引数（引数名はfile）です。「'pyxlml¥¥請求書¥¥A商事様請求書.pdf'」という文字列です。目的のPDFファイル名「A商事様請求書.pdf」に、置き場所である「pyxlml」フォルダー以下の「請求書」フォルダーのパスである「pyxlml¥¥請求書¥¥」が付けられた文字列になります。

このPDFファイル名「A商事様請求書.pdf」の部分に変数fnameを使って、目的のパス付ファイル名の文字列を組み立てられるようにします。似たような処理は4-3節（139ページ）にて、コード「os.path.join(dir, 'A商事様請求書.pdf')」を書きました。変数dirに格納されたパスの文字列とPDFファイル名をos.path.join関数で連結する処理です。

このコードを応用すると、目的のパスの文字列は「'pyxlml¥¥請求書'」なので、次のように記述すればよいとわかります。フォルダー名の「請求書」の後ろに「¥¥」が不要なのは、os.path.join関数が自動で付けてくれるからでした。

```
os.path.join('pyxlml¥¥請求書', fname)
```

このos.path.join関数のコードを、open関数の第1引数に丸ごと当てはめます。

```
with open(os.path.join('pyxlml¥¥請求書', fname), 'rb') as f:
    attachment = MIMEApplication(f.read())
```

もちろん、「'pyxlml¥¥請求書'」や os.path.join 関数のコードをいったん変数に格納してから指定するかたちのコードでもよいのですが、今回は上記のかたちのコードとします。

これで、ブック「顧客.xlsx」から取得した「A商事」の顧客名を取得し、PDFファイル名「A商事様請求書.pdf」を組み立てて、open関数で開くコードがわかりました。前節からここまで上記のたった2行のコードのために、長々と解説してきました。その内容を改めて次の図に整理してまとめておきましたので、コードの構造や各パートの役割などを再度確認し、理解を深めておきましょう（図2）。

図2 本節でここまで解説したコードの構造

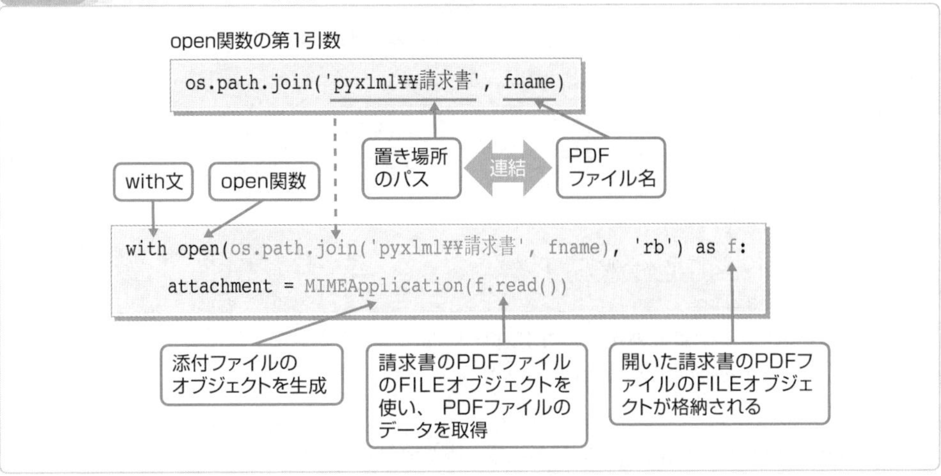

open関数の第1引数

```
os.path.join('pyxlml¥¥請求書', fname)
```

置き場所のパス ⇔ 連結 ⇔ PDFファイル名

with文　open関数

```
with open(os.path.join('pyxlml¥¥請求書', fname), 'rb') as f:
    attachment = MIMEApplication(f.read())
```

添付ファイルのオブジェクトを生成

請求書のPDFファイルのFILEオブジェクトを使い、PDFファイルのデータを取得

開いた請求書のPDFファイルのFILEオブジェクトが格納される

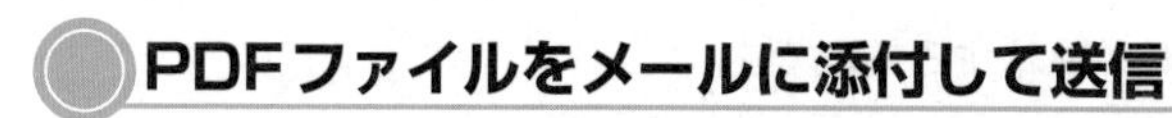

PDFファイルをメールに添付して送信

ここまでで、attachメソッドで添付する前に必要な1つ目の処理として、open関数でファイルを開くコードをどのように変更すればよいかわかりました。次は必要な2つ目の処理として、add_headerメソッドで拡張ヘッダーを設定するコードをどのように書き換えればよいか解説します。

こちらはそれほど難しくなく、現在は引数filenameに代入しているPDFファイル名「A商事様請求書.pdf」を、単にそのまま変数fnameに置き換えるだけです。

```
attachment.add_header('Content-Disposition', 'attachment',
                      filename=fname)
```

これで、attachメソッドで添付する前に必要な2つの処理のコードがわかりました。以上を踏まえ、お手元のコードを次のように追加・変更してください。

▼追加・変更前

```
from email.mime.text import MIMEText
from email.mime.multipart import MIMEMultipart
from email.mime.application import MIMEApplication
import smtplib
import ssl
import openpyxl

wb_c = openpyxl.load_workbook('pyxlml¥¥顧客.xlsx')
ws_c = wb_c.worksheets[0]
client = ws_c.cell(2, 1).value
mailto = ws_c.cell(2, 2).value

msg = MIMEMultipart()
msg['From'] = '送信元メールアドレス'
msg['To'] = mailto
msg['Subject'] = '請求書送付のご案内'
msg.attach(MIMEText('メール送信テストです。'))

with open('pyxlml¥¥請求書¥¥A商事様請求書.pdf', 'rb') as f:
    attachment = MIMEApplication(f.read())

attachment.add_header('Content-Disposition', 'attachment',
                      filename='A商事様請求書.pdf')
```

```
msg.attach(attachment)

server = smtplib.SMTP_SSL('smtp.gmail.com', 465,
    context=ssl.create_default_context())
server.login('送信元メールアドレス', 'アプリパスワード')
server.send_message(msg)
server.quit()
print('送信完了')
```

▼追加・変更後

```
from email.mime.text import MIMEText
from email.mime.multipart import MIMEMultipart
from email.mime.application import MIMEApplication
import smtplib
import ssl
import openpyxl
import os

wb_c = openpyxl.load_workbook('pyxlml¥¥顧客.xlsx')
ws_c = wb_c.worksheets[0]
client = ws_c.cell(2, 1).value
mailto = ws_c.cell(2, 2).value
fname = client + '様請求書.pdf'

msg = MIMEMultipart()
msg['From'] = '送信元メールアドレス'
msg['To'] = mailto
msg['Subject'] = '請求書送付のご案内'
msg.attach(MIMEText('メール送信テストです。'))

with open(os.path.join('pyxlml¥¥請求書', fname), 'rb') as f:
    attachment = MIMEApplication(f.read())

attachment.add_header('Content-Disposition', 'attachment',
                      filename=fname)
msg.attach(attachment)

server = smtplib.SMTP_SSL('smtp.gmail.com', 465,
```

```
    context=ssl.create_default_context())
server.login('送信元メールアドレス', 'アプリパスワード')
server.send_message(msg)
server.quit()
print('送信完了')
```

目的のPDFファイル名の文字列を組み立てるコード「fname = client + '様請求書.pdf'」を、顧客名とメールアドレスを取得する処理のすぐ後ろに追加します。そして、open関数でファイルを開くコードと、add_headerメソッドで拡張ヘッダーを設定するコードにて、PDFファイル名の処理の部分を先ほど解説したように変更します。osモジュールをインポートするコードも忘れずに追加します。

コードを追加できたら、実行して動作確認しましょう。実行し終えたら、メールクライアントのアプリを立ち上げ、作成・送信したメールが送信先メールに届き、なおかつ、PDFファイル「A商事様請求書.pdf」がちゃんと添付されているか確認してください。次の画面はGmailで受信した画面の例です（画面1）。

▼画面1　コード追加・変更前と同じ実行結果が得られた

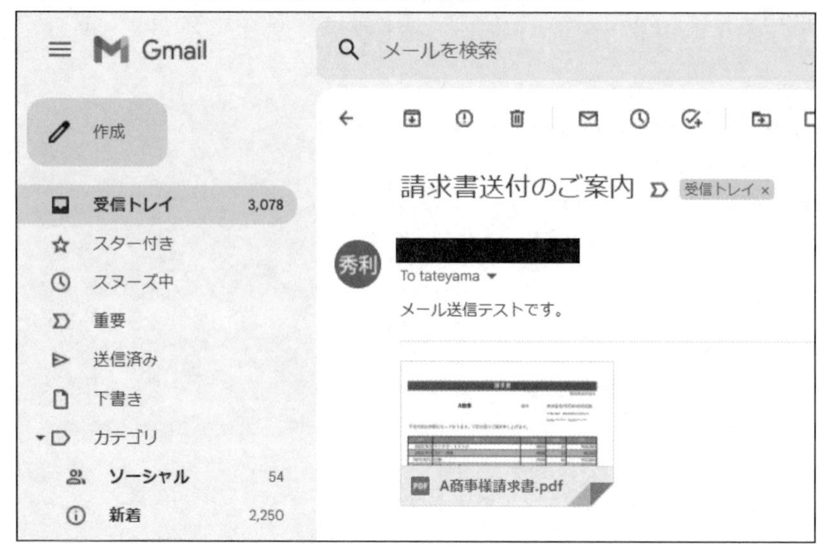

実行結果は前節と全く同じですが、コードを追加・変更したことで、「A商事」の顧客名とメールアドレスをブック「顧客.xlsx」から取得して使うようにできました。コードをこのような状態にしたことで、残りの顧客への対応がグッとラクになりました。

次節では、顧客はまだ「A商事」の1社に限定したまま、メール本文の差し込み処理を作成します。

メール本文の差し込み処理はこうやって作る

まずはテンプレートを開いて読み込もう

本節は前節の続きとして、メール本文の差し込み処理を作成すします。【STEP3】(5-2節で提示) として、顧客は「A商事」の1社のみに限定し、仕様通りにメールを1通だけ作成・送信する機能を作成する一環です。本節では、メール本文の機能を作成します。

メール本文は5-1節の仕様紹介で述べたように、あらかじめ用意したテンプレートの文章に、顧客名を差し込むかたち作成するのでした。テンプレートはテキストファイル「template_body.txt」であり、置き場所は「pyxlml」フォルダーでした（本書ダウンロードファイルから、コピーし忘れていないか確認しましょう)。文章は次の画面1（「メモ帳」で開いた例）で、文字コードはUTF-8でした。

▼画面1 「template_body.txt」の文章

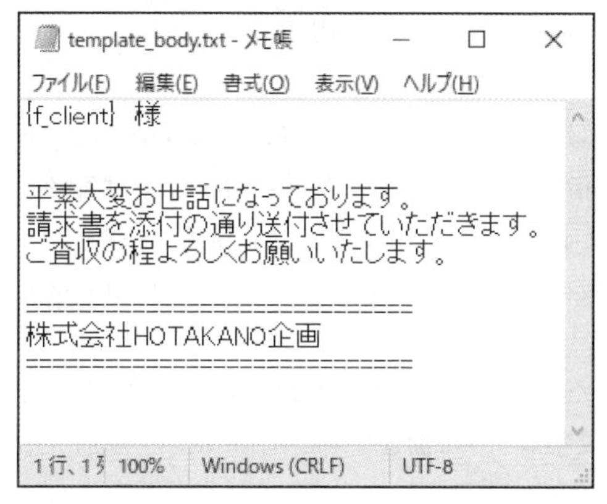

本サンプルでの差し込み処理は、この文章の冒頭にある「{f_client} 様」の中の「{f_client}」の箇所に、顧客名を当てはめるのでした。本節の【STEP3】では、顧客は「A商事」の1社のみに限定しているため、「{f_client}」の箇所に「A商事」を当てはめることになります。

それでは、プログラムを作っていきましょう。最初に差し込み処理の基礎を解説します。まずはテンプレートのテキストファイル「template_body.txt」をPythonで開く処理が必要です。テキストファイルもPDFファイルと同じく、組み込み関数のopen関数で開きます。

open関数は5-3節でPDFファイルを開く処理に登場しましたが、テキストファイル「template_body.txt」を開く処理では使い方が少し異なります。

ここでは先に、テキストファイル「template_body.txt」を開くコードを次の通り提示します。

```
open('pyxlml¥¥template_body.txt', encoding='utf-8')
```

第1引数の引数fileには、目的のテキストファイル「template_body.txt」のパス付きファイル名を文字列として指定します。ファイルの拡張子がテキストかPDFかの違いだけで、基本的にはPDFを開くコードと同じです。

第2引数の引数modeは、上記コードでは省略しています。そのため、デフォルトの「r」(読み込み用)、「t」(テキストモード)で開く結果となります。今回の差し込み処理では、テキストファイル「template_body.txt」はメール本文のテンプレートの文章として使うだけです。つまり、中身を読み込むだけで、書き込んだり追記したりしません。よって、「r」を指定します。

そして、テキストファイルはテキストモードで開く決まりなので、「t」を指定します。PDFファイルはバイナリモードで開くため、bを指定しました。この点が違いです。

このように今回の差し込み処理では、テキストファイル「template_body.txt」は「r」(読み込み用)、「t」(テキストモード)というデフォルトの設定で開く必要があります。省略せずに「'rt'」と指定してもよいのですが、ここでは省略しました。

なお、5-3節でも触れましたが、PDFなどテキストファイル以外は「b」(バイナリモード)で開きます。また、ビジネスでよく登場するCSVファイルは、その正体はテキストファイルなので、「t」(テキストモード)で開きます。

さて、先ほど提示したopen関数のコードでは、第1引数fileの後ろに、引数encodingを「encoding='utf-8'」とキーワード引数の形式で指定しています。この引数encodingは省略可能なオプショナル引数であり、文字コード(文字エンコーディング)を指定する役割です。なお、ここでは引数encodingの前で、別の引数を省略しているため、キーワード引数で指定しなければなりません。

今回の「template_body.txt」は仕様で提示したように、文字コードはUFT-8でした。一方、open関数はデフォルトのままだと、OS標準の文字コードで開きます。Windowsの場合、OS標準の文字コードは「ANSI」です。

そのため、デフォルトのままのopen関数でUFT-8の「template_body.txt」を開こうとすると、文字化けを起こしてしまいます。そのような事態を防ぐため、引数encodingに文字列「utf-8」を指定することで、UFT-8で開くようにして、文字化けを防いでいます。

もちろん、テンプレートのテキストファイル「template_body.txt」の文字コードをUTF-8ではなく、OS標準(WindowsならANSI)で作成しておき、引数encodingを指定しなくても済むようにするのも手ですが、今回は文字コードの練習を兼ねて、UTF-8としました。UTF-8はさまざまなOSで使われている文字コードであり、プログラムを使える場がより広がります。ちなみに、Windowsでも「メモ帳」は、UTF-8が標準の文字コードです。

テンプレートのテキストファイル「template_body.txt」を開くopen関数の解説は以上です。あとは5-3節で学んだセオリーに従い、with文と組み合わせます。open関数の戻り値を入れる変数名は「f_t」とします。このあとPDFファイルを添付する処理と合体させるので、変数名を「f」から変えました。ちなみに同じ変数名でもプログラムは意図通り動きますが、同じ

1つの変数を異なる目的に使うことが避けた方がベターなので、ここでは変数f_tとしました。
変数f_tを使い、先ほどのopen関数のコードをwith文に組み込んだコードは次のようになります。書式そのままです。

```
with open('pyxlml¥¥template_body.txt', encoding='utf-8') as f_t:
```

これで、テキストファイル「template_body.txt」をopen関数で開き、その戻り値のFILEオブジェクトが変数f_tに格納されます。
後は同じくセオリー通り、with文以下のブロックにて、FILEオブジェクトである変数f_tのreadメソッドを使い、中身を読み込みます。この中身は画面1で提示したテンプレートの文章であり、テキスト形式です。そのデータを変数に格納し、以降の処理に使います。変数名はここでは「template_body」とします。そのコードは次のようになります。

```
template_body = f_t.read()
```

上記コードをwith文のブロックに入れて、次のように記述します。

```
with open('pyxlml¥¥template_body.txt', encoding='utf-8') as f_t:
    template_body = f_t.read()
```

これで、テンプレートのテキストファイル「template_body.txt」を開き、中身の文章のテキストを読み込んで、変数template_bodyに格納できました。この変数template_bodyを使って、以降の差し込み処理を作っていきます。
前節までに作ったプログラム（「A商事」の1社限定で、請求書のPDFファイルを添付したメール作成・送信）に、さっそく組み入れていきたいところですが、ここで少し回り道をします。
差し込み処理は今までの処理と少々毛色が違うこともあり、いきなり組み入れてしまうと、どのコードがどう動いて、どんな処理結果になったのかがわからなくなってしまいます。そこで、差し込み処理だけの簡単な練習用プログラムをJupyter Notebookの別のセルで書いて動かすことで練習します。差し込み処理をある程度理解し、慣れたあとに、前節までに作ったプログラムに組み入れていくとします。
それでは、差し込み処理の練習を始めます。まずはJupyter Notebookにて新しいセルを準備してください。準備ができたら、先ほどのopen関数とwith文のコードを記述してください。そして、ひとまず変数template_bodyをprint関数で出力してみましょう。次のように「print(template_body)」を追加で書いてください（画面2）。

```
with open('pyxlml¥¥template_body.txt', encoding='utf-8') as f_t:
    template_body = f_t.read()

print(template_body)
```

▼画面2 新しいセルに上記コードを入力

```
In [1]:  1 with open('pyxlml¥¥template_body.txt', encoding='utf-8') as f_t:
         2     template_body = f_t.read()
         3
         4 print(template_body)
```

さっそく実行してみましょう。すると、テンプレートの文章が出力されます（画面3）。その文章は、画面1で確認したテキストファイル「template_body.txt」の中身であることもわかります。

▼画面3 template_body.txtの文章が出力された

```
In [1]:  1 with open('pyxlml¥¥template_body.txt', encoding='utf-8') as f_t:
         2     template_body = f_t.read()
         3
         4 print(template_body)

         {f_client} 様


         平素大変お世話になっております。
         請求書を添付の通り送付させていただきます。
         ご査収の程よろしくお願いいたします。

         ==============================
         株式会社HOTAKANO企画
         ==============================
```

これで、変数template_bodyの中には、意図通りテンプレートの文章が格納されていることが確認できました。

差し込み処理はformatメソッドひとつで手軽にできる！

ここからはいよいよ、差し込み処理の解説です。差し込み処理を行う方法は何通りか考えられますが、最も手軽なのは、文字列のオブジェクトの「format」というメソッドを使った方法です。

ご存知の方もいるかもしれませんが、Pythonの文字列は「'A商事'」のように「'」で囲って直接記述した形式（専門用語で「文字列のリテラル」と呼びます）のままであろうが、変数に格納してあろうが、すべてオブジェクトとして扱えます。厳密には「str」という種類のオブジェクトになります。

そして、文字列のオブジェクトには、いくつかのメソッドが用意されています。その1つがformatメソッドです。文字列の指定した箇所に、指定した別の文字列を埋め込めるメソッドです。例えば、「○○県」という形式の文字列があるとします。その「○○」の部分に、「千葉」などの指定した文字列を埋め込むことができます（図1）。

図1 formatメソッドの機能の概略

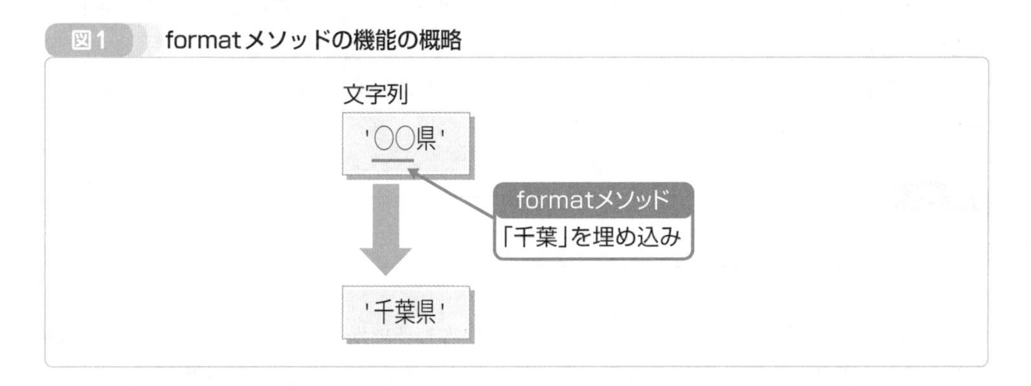

formatメソッドは文字列のみならず、数値も文字列の中に埋め込めます。また、埋め込む文字列や数値を変数に格納し、それを使って埋め込むこともできます。さらには、1つの文字列の中で、複数の箇所にそれぞれ指定した文字列や数値を埋め込むことも可能です。

ここからformatメソッドの書式を解説します。この書式は、文字列本体とformatメソッドの2つパートに分けて解説します。

まずは文字列本体のパートです。文字列本体の中のどの場所に、別の文字列や数値を埋め込むのかを指定します。書式は次のとおりです。

書式

```
文字列前半{キーワード}文字列後半
```

別の文字列や数値を埋め込みたい箇所に「{キーワード}」の形式で記述します。「キーワード」の部分はプログラマが自分で決めた任意のキーワード名を記述します。そのキーワードを「{}」で囲みます。この「{キーワード}」を文字列本体の中で、埋め込みたい場所に記述します。

次はformatメソッドのパートです。書式は次のとおりです。

書式

```
文字列本体.format(キーワード=値)
```

上記書式の「文字列本体」は、先ほど解説した書式「文字列前半{キーワード}文字列後半」に該当します。formatメソッドのパートの解説をよりわかりやすくするため、このような表現にしました。

formatの引数には、「キーワード=値」の形式で指定します。「値」の部分には、埋め込みたい文字列や数値を指定します。ちょうど、関数やメソッドのキーワード引数と同じ形式になります。

「キーワード=値」の「キーワード」の部分には、文字列本体にて埋め込み先として「{キーワード}」で記述したキーワード名を必ず記述します。そして、その箇所に埋め込みたい値を「=」に続けて記述します。この「キーワード」の仕組みによって、文字列本体に埋め込む箇所と、埋め込む値を紐づけているのです。

先述のとおり、上記書式の「文字列本体」の部分は「文字列前半{キーワード}文字列後半」でした。それに置き換えた書式を次に示します。

書 式

```
文字列前半{キーワード}文字列後半.format(キーワード=値)
```

上記書式だけを見ても、いまひとつピンとこない人も多いかと思いますので、具体例を紹介し、それを図解します。formatメソッドに慣れる意味を含め、簡単な例で練習しましょう。先ほどとはまだ別の新たなJupyter Notebookのセルを使うとします。

埋め込み先となる文字列本体は「好きな果物は○○です。」とします。この「○○」に果物の名前を埋め込むとします。まずは「リンゴ」を埋め込むとします。

この「好きな果物は○○です。」を文字列本体の書式に当てはめると、「文字列前半」は「好きな果物は」、「文字列後半」は「です。」が該当します。

キーワードは何でもよいのですが、ここでは「fruits」とします。すると、埋め込み先の箇所の「{キーワード}」は、「fruits」を「{}」で囲んで、「{fruits}」と記述することになります。

これらを書式に従ってつなぎあわせ、文字列にするために全体を「'」で囲みます。

```
'好きな果物は{fruits}です。'
```

これで文字列本体のコードがわかりました。「{fruits}」の部分に「リンゴ」を埋め込むには、上記の文字列本体にformatメソッドを付けて、引数に「キーワード=値」の書式で指定するのでした。キーワードは「fruits」、「値」には文字列「リンゴ」を指定します。以上を踏まえると、コードは次のようになります。

```
'好きな果物は{fruits}です。'.format(fruits='リンゴ')
```

文字列は「'」で囲った形式（文字列のリテラル）でも、オブジェクトとして扱えるのでした。それゆえ、後ろに「.」を付け、formatメソッドを記述できます。

上記コードをprint関数で出力するコードは次のようになります。print関数の引数に上記コードを丸ごと指定しただけです。

```
print('好きな果物は{fruits}です。'.format(fruits='リンゴ'))
```

それでは、Jupyter Notebookの新しいセルに、上記コード記述してください。実行すると、「好きな果物はリンゴです。」と出力されます（画面4）。

▼画面4　文字列「リンゴ」が埋め込まれた

```
In [1]:   1 print('好きな果物は{fruits}です。'.format(fruits='リンゴ'))
          好きな果物はリンゴです。
```

これで文字列のオブジェクトのformatメソッドを使って、文字列本体「好きな果物は○○です。」の「○○」の箇所に、別の文字列「リンゴ」を意図通り埋め込むことができました（図2）。

図2　formatメソッドの例のコード

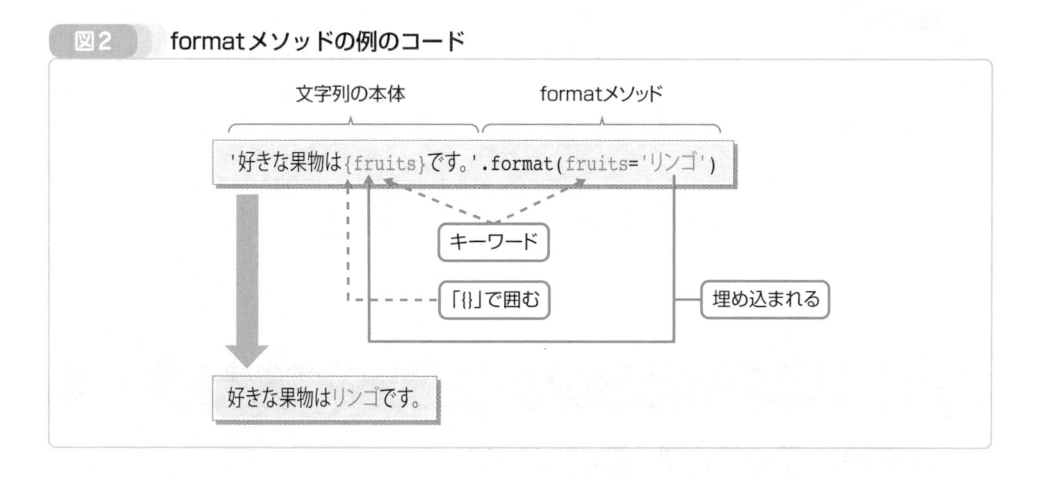

もし、formatメソッドの引数に指定する「値」を別の果物名に変更すれば、それが文字列本体に埋め込まれます。

先ほどのコードでは、文字列本体のリテラルにformatメソッドを用いました。もちろん、文字列本体を変数に格納し、その変数に対してformatメソッドを使うことができます。

たとえば先ほどの例で、文字列本体を変数「boo」に代入して格納するとします。そして、その変数booに対してformatメソッドを同様に使い、print関数で出力するコードは次のようになります。

```
boo = '好きな果物は{fruits}です。'
print(boo.format(fruits='リンゴ'))
```

実行すると、全く同じ結果が得られます。この文字列本体を変数に格納する形式の方が、コードが格段に読みやすくなるのでオススメです。本書サンプルでは、この形式を採用するとします。

コラム

formatメソッドで2箇所以上に埋め込むには

ここで紹介したformatメソッドにおける文字列本体の書式は、文字列の途中に埋め込む前提で、「文字列前半」「文字列後半」という表現にしていますが、文字列の冒頭や末尾に埋め込むことも可能です。

また、1つの文字列の中に複数の値を埋め込むことも可能です。たとえば2箇所に埋め込みたいなら次の書式です。

書式

```
文字列前半{キーワード1}文字列中間{キーワード2}文字列後半.format(キーワード1=値1, キーワード2=値2)
```

少々見づらいですが、キーワードが2つに増えただけです。同様に3箇所以上埋め込みたければ、同様にキーワードを3つ使うようにすればOKです。

コラム

文字列に埋め込む方法あれこれ

formatメソッドには、キーワードを使わない方法もあります。その場合、文字列本体には「{キーワード}」ではなく、空の「{}」だけを書きます。formatメソッドの引数はキーワード引数の形式ではなく、埋め込みたい値だけを順に「,」区切りで並べていきます。

また、文字列のリテラルなら、ほぼ同じ仕組みである「f文字列」を使うこともでき、コードをもっとシンプルに書けます。ただ、f文字列は残念ながら変数には使えません。

なお、formatメソッド以外の方法として、+演算子で文字列を連結し、その間に別の文字列や数値を挟むという方法もあります。しかし、+演算子をたくさん書いたり、数値はいちいち組み込み関数の「str」という関数で文字列に変換する必要があったりするなど、formatメソッドに比べて手間がかかり、コードも複雑で読みづらくなってしまいます。

テンプレートに顧客名を差し込んでみよう

formatメソッドの基本的な使い方は以上です。では、本節冒頭にて、テンプレートのテキストファイル「template_body.txt」の中身を変数template_bodyに読み込み、出力しただけのコードを入力したJupyter Notebookのセルに戻ってください。

先ほど出力した「template_body.txt」の中身であるテンプレートの文章の冒頭部分の「{f_client}　様」で、顧客名を当てはめたい箇所である「{f_client}」を改めて眺めてください。この記述は「{キーワード}」の書式になっています。実はテンプレートの文章を作成する際、顧客名をformatメソッドで埋め込むことを見越して、「{キーワード}」の書式でテンプレートの文章の中に記述しておいたのです。この場合のキーワードは「f_client」なります。

テンプレートの文章の文字列は変数template_bodyに格納されているのでした。これが文字列本体に該当します。その文章の文字列の冒頭には「{f_client}」があり、formatメソッドによる埋め込みが可能となっています。

先ほど学んだformatメソッドの書式に当てはめ、キーワード「f_client」の箇所に、目的の顧客名である文字列「A商事」を指定します。そのコードは次のようになります。

```
template_body.format(f_client='A商事')
```

formatメソッドの引数には、「キーワード＝値」の書式に従い、「f_client='A商事'」と指定しています。キーワードである「f_client」を記述し、＝演算子に続けて、埋め込みたい文字列「A商事」を指定するよう「A商事」を「'」で囲って記述しています。

これで、変数template_bodyに格納されている文字列本体（テンプレートの文章）の「{f_client}」の箇所に、別の文字列「A商事」が埋め込まれます（図3）。

図3 「{f_client}」の箇所に「A商事」を埋め込む

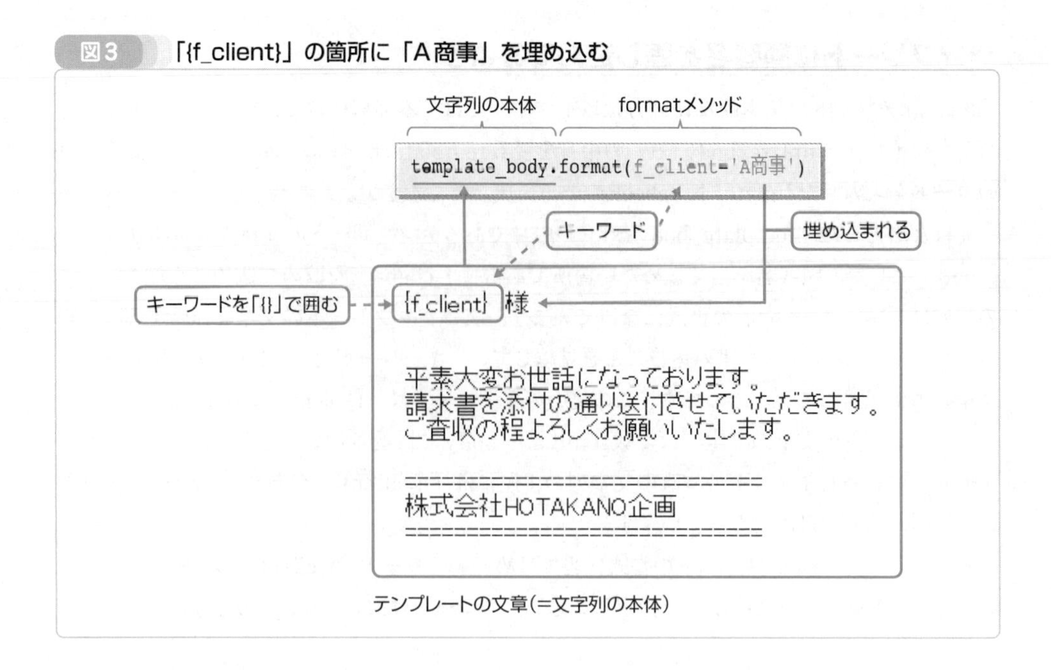

実際に試してみましょう。お手元のコードを次のように追加してください。

▼追加前

```
with open('pyxlml¥¥template_body.txt', encoding='utf-8') as f_t:
    template_body = f_t.read()

print(template_body)
```

▼追加後

```
with open('pyxlml¥¥template_body.txt', encoding='utf-8') as f_t:
    template_body = f_t.read()

print(template_body.format(f_client='A商事'))
```

print関数の引数に指定していた変数template_bodyに、formatメソッドを付け加えたかたちになります。追加できたら実行してください。すると、「{f_client}」の箇所に「A商事」が埋め込まれ、「A商事　様」となったテンプレートの文章が出力されます（画面5）。

▼画面5　意図通り埋め込まれ、「A商事　様」となった

```
In [4]:  1  with open('pyxlml¥¥template_body.txt', encoding='utf-8') as f_t:
         2      template_body = f_t.read()
         3
         4  print(template_body.format(f_client='A商事'))

A商事　様


平素大変お世話になっております。
請求書を添付の通り送付させていただきます。
ご査収の程よろしくお願いいたします。

==============================
株式会社HOTAKANO企画
==============================
```

もし、formatメソッドの引数で、キーワードf_clientに指定する文字列を別の顧客名に変更したら、その顧客名が埋め込まれます。そのように4社ぶんの顧客名を順に埋め込んでいけば、目的の差し込み処理ができるでしょう。

サンプルのプログラムで差し込み処理を実装

差し込み処理の基礎と練習は以上です。ここからは、本書サンプルの作成に戻ります。本節ではそもそも【STEP3】(5-2節で提示）として、顧客は「A商事」の1社のみに限定し、仕様通りにメールを作成・送信する機能を作成したいのでした。その機能に必要な差し込み処理を練習したのでした。

目的の差し込み処理を実装するには、まずはテンプレートのテキストファイル「template_body.txt」を読み込む必要があります。そのコードは先ほどの練習で書いた次のコードがそのまま使えます。

```
with open('pyxlml¥¥template_body.txt', encoding='utf-8') as f_t:
    template_body = f_t.read()
```

テンプレートの文章の「{f_client}」の箇所に、目的の顧客名である「A商事」を埋め込む処理もほぼそのまま使えます。練習では、formatメソッドの引数にて、キーワードf_clientに「'A商事'」という文字列「A商事」のリテラルを直接指定していました。

本サンプルでもそれで構わないのですが、目的の顧客名である文字列「A商事」は、すでに変数clientに格納されています。5-4節（183ページ）にて、請求書のPDFファイルを添付する処理で、顧客名からPDFファイル名を組み立てる際に、ブック「顧客.xlsx」のA2セルから取得したのでした。

その変数clientをキーワードf_clientに指定します。

```
template_body.format(f_client=client)
```

これで、テンプレートの文章の「{f_client}」の箇所に、文字列「A商事」を埋め込むことができました。

上記コードをそのままメール本文にattachメソッドで設定してもよいのですが、現時点で本文を設定しているコードは次のようになります。

```
msg.attach(MIMEText('メール送信テストです。'))
```

ダミーの本文である文字列「'メール送信テストです。'」を、email.mime.text.MIMEText関数（コード上では関数名は「MIMEText」と記述）の引数に指定したうえで、さらにattachメソッドの引数に指定するという入れ子構造になっています。

このダミーの本文の部分を「template_body.format(f_client=client)」にそのまま置き換えると、コードが長くなり、読みづらくなってしまいます。そこで、いったん変数に格納するとします。変数名は「body」とします。

```
body = template_body.format(f_client=client)
```

これで変数bodyに、「{f_client}」の箇所に文字列「A商事」を埋め込んだテンプレートの文章の文字列が格納されました。あとはこの変数bodyをダミーの本文と置き換えます。つまり、email.mime.text.MIMEText関数の引数に変数bodyを指定するのです。

```
msg.attach(MIMEText(body))
```

「'メール送信テストです。'」の部分を変数bodyに置き換えたことになります。これで、文字列「A商事」を埋め込んだテンプレートの文章をメール本文に設定できます。

では、以上を踏まえてコードを追加・変更しましょう。

▼追加・変更前

```
from email.mime.text import MIMEText
from email.mime.multipart import MIMEMultipart
from email.mime.application import MIMEApplication
import smtplib
import ssl
```

```
import openpyxl
import os

wb_c = openpyxl.load_workbook('pyxlml¥¥顧客.xlsx')
ws_c = wb_c.worksheets[0]
client = ws_c.cell(2, 1).value
mailto = ws_c.cell(2, 2).value
fname = client + '様請求書.pdf'

msg = MIMEMultipart()
msg['From'] = '送信元メールアドレス'
msg['To'] = mailto
msg['Subject'] = '請求書送付のご案内'
msg.attach(MIMEText('メール送信テストです。'))

with open(os.path.join('pyxlml¥¥請求書', fname), 'rb') as f:
    attachment = MIMEApplication(f.read())

attachment.add_header('Content-Disposition', 'attachment',
                      filename=fname)
msg.attach(attachment)

server = smtplib.SMTP_SSL('smtp.gmail.com', 465,
    context=ssl.create_default_context())
server.login('送信元メールアドレス', 'アプリパスワード')
server.send_message(msg)
server.quit()
print('送信完了')
```

▼追加・変更後

```
from email.mime.text import MIMEText
from email.mime.multipart import MIMEMultipart
from email.mime.application import MIMEApplication
import smtplib
import ssl
import openpyxl
import os
```

```
wb_c = openpyxl.load_workbook('pyxlml¥¥顧客.xlsx')
ws_c = wb_c.worksheets[0]
client = ws_c.cell(2, 1).value
mailto = ws_c.cell(2, 2).value
fname = client + '様請求書.pdf'

with open('pyxlml¥¥template_body.txt', encoding='utf-8') as f_t:
    template_body = f_t.read()

body = template_body.format(f_client=client)

msg = MIMEMultipart()
msg['From'] = '送信元メールアドレス'
msg['To'] = mailto
msg['Subject'] = '請求書送付のご案内'
msg.attach(MIMEText(body))

with open(os.path.join('pyxlml¥¥請求書', fname), 'rb') as f:
    attachment = MIMEApplication(f.read())

attachment.add_header('Content-Disposition', 'attachment',
                      filename=fname)
msg.attach(attachment)

server = smtplib.SMTP_SSL('smtp.gmail.com', 465,
    context=ssl.create_default_context())
server.login('送信元メールアドレス', 'アプリパスワード')
server.send_message(msg)
server.quit()
print('送信完了')
```

メール作成の一連の処理のコードの前に、テンプレートのテキストファイル「template_body.txt」を読み込み、顧客名の「A商事」(変数clientに格納済み) を差し込むコードを追加しています。加えて、メール本文を設定するコードを「msg.attach(MIMEText(body))」に変更しています。もっと細かく言えば、email.mime.text.MIMEText関数の引数をダミーの本文から変数bodyに変更します。

追加・変更できたら、動作確認しましょう。実行して「送信完了」が出力されるのを見届けたら、メールクライアントのアプリを立ち上げ、作成・送信したメールを受信して本文を確認してください。意図通り「A商事」が差し込まれたメール本文であることが確認できるでしょう。次の画面はWeb版Gmailで受信した画面の例です（画面6）。

▼画面6 「A商事」が差し込まれた本文のメール

これで、「A商事」の1社のみに限定し、請求書のPDFファイル添付も含め、仕様通りにメールを作成・送信できるようになりました。次節で4社すべての顧客に対応させれば、いよいよ本書サンプル「販売管理」が完成です！

5-6 すべての顧客でメール作成・送信を自動化

4社すべての顧客に対応させるには

本書サンプル「販売管理」におけるメール作成・送信の自動化プログラムは、5-2節で提示した【STEP1】～【STEP4】のステップで段階的に作ってきました。前節までに、【STEP3】の「「A商事」の1社のみに限定し、仕様通りにメールを作成・送信」まで完成しました。本節では、残りの【STEP4】である「4社すべての顧客で、仕様通りにメールを作成・送信」の機能を作成し、完成させます。

前節までに作った「A商事」の1社のみに限定した機能を、4社すべての顧客に対応させるのは、それほど難しい話ではありません。ちょうど第4章にて、「A商事」の1社のみで請求書のPDFファイルを作成する処理を、顧客4社で連続作成できるようプログラムを発展させたのとほぼ同じやり方で済みます。

現時点では、ブック「顧客.xlsx」のワークシート「Sheet1」のA2セルに入っている顧客名「A商事」、B2セルに入っているメールアドレスだけを処理に使っていました。これを、残りのA3～B5セルに入っている顧客名とメールアドレスも、同様に処理に使うようにします。

そのためにはPDF化のケースと同じように、for文でのループによって、ブック「顧客.xlsx」の2～5行目のA列およびB列のセルに入っている顧客名およびメールアドレスを順に取得して処理していきます。そのループの中で、顧客に応じて本文の差し込み処理を行い、メールアドレスを設定して、請求書のPDFファイルを添付してメールを作成し、送信すればよいでしょう（図1）。

図1　4社の顧客に対応させる方法

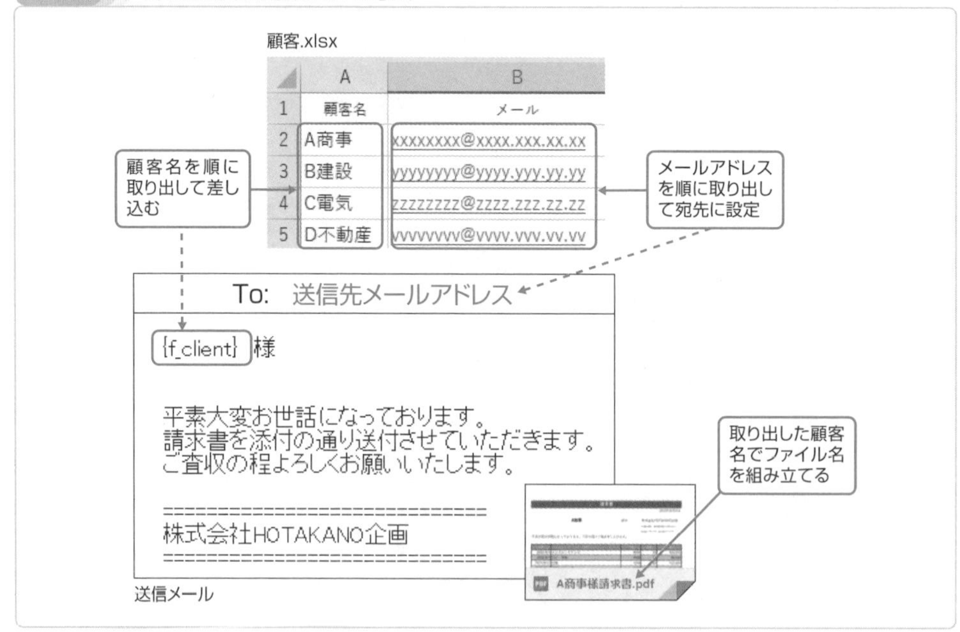

ループ化が必要／不要な処理を洗い出す

そのように4社すべての顧客をループで処理できるようコードを追加・変更する際のツボは、ループで繰り返す処理とそうでない処理を事前に見極めることです。言い換えると、最初および最後に1回だけ実行すればよい処理を区別することです。それらのループの外に書くようにします。

現時点のコードを改めて見ると、最初および最後に1回だけ実行すればよい処理は次のようになります。

<A>最初に1回だけ実行すればよい
1 ライブラリのインポート
2 ブック「顧客.xlsx」を読み込み、ワークシート「Sheet1」のオブジェクトを取得
3 テンプレートのテキストファイル「template_body.txt」を読み込む
4 SMTPサーバーに接続してログイン

<B>最後に1回だけ実行すればよい
1 SMTPサーバーとの接続を閉じる
2「送信完了」と出力

これらの処理は本サンプルの場合、<A>の1のインポートを除き、ループで繰り返し実行したとしても、最終的には意図通りの実行結果が得られます。とはいえ、ムダな処理をたくさん行うことになり、処理速度の低下に直結します。そのため、1回だけ実行すればよい処理は、1回だけ実行するようにすべきです。

上記に挙げた最初および最後に1回だけ実行すればよい処理のコードの該当箇所は次の図のとおりです（図2）。図2のコード内の「A-1」などは、上記の「<A>最初に1回だけ実行すればよい」および「<B>最後に1回だけ実行すればよい」の各項目に該当します。たとえば「A-1」はライブラリのインポートです。

上記<A>と<B>が最初または最後に1回だけ実行すればよい処理ということは、言い換えると、残りの処理のコードが、ループで繰り返したい処理に該当します。これらの処理を顧客4社ぶん繰り返すよう、このあとでコードを追加・変更します。

図2 最初または最後に1回だけ実行すればよい処理

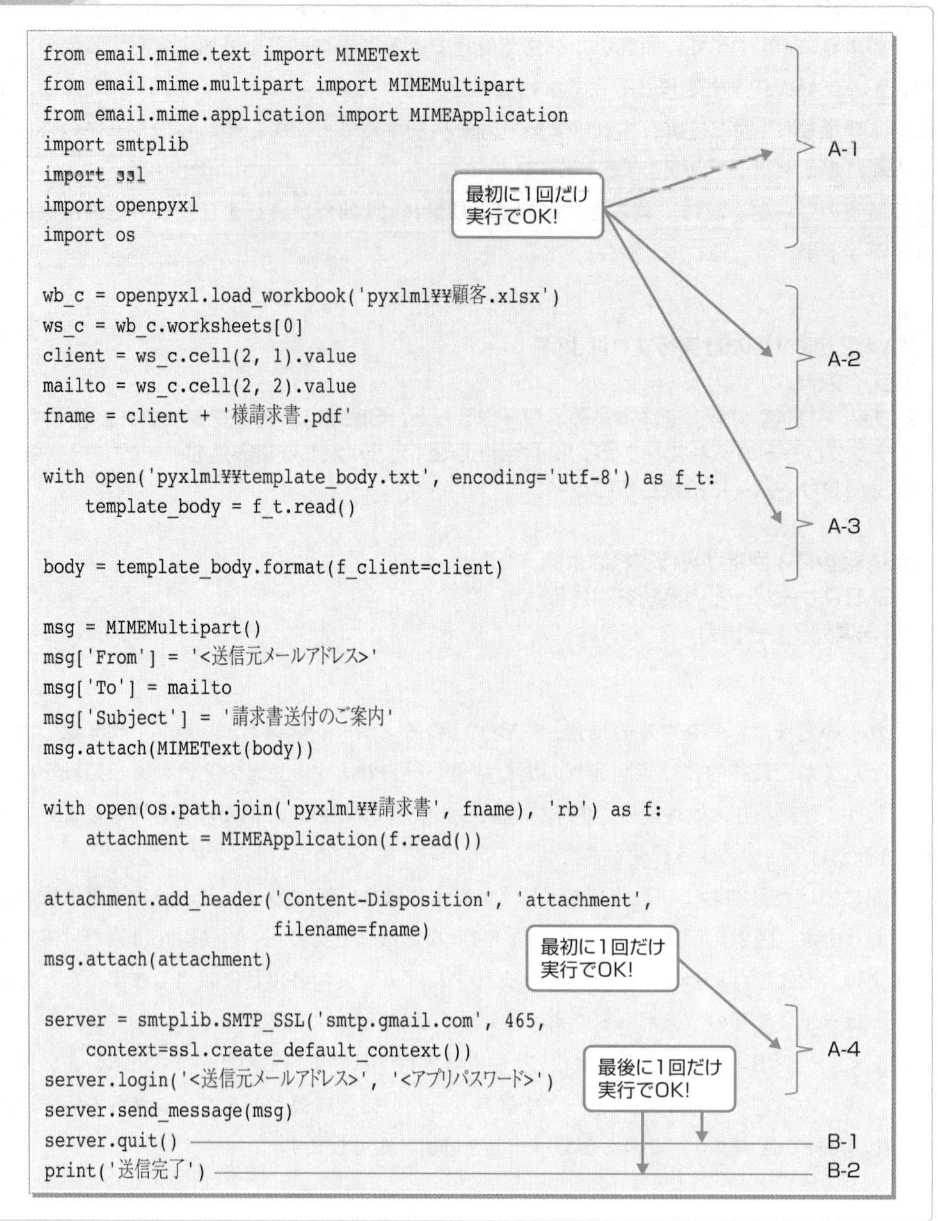

```
from email.mime.text import MIMEText
from email.mime.multipart import MIMEMultipart
from email.mime.application import MIMEApplication
import smtplib
import ssl
import openpyxl
import os

wb_c = openpyxl.load_workbook('pyxlml¥¥顧客.xlsx')
ws_c = wb_c.worksheets[0]
client = ws_c.cell(2, 1).value
mailto = ws_c.cell(2, 2).value
fname = client + '様請求書.pdf'

with open('pyxlml¥¥template_body.txt', encoding='utf-8') as f_t:
    template_body = f_t.read()

body = template_body.format(f_client=client)

msg = MIMEMultipart()
msg['From'] = '<送信元メールアドレス>'
msg['To'] = mailto
msg['Subject'] = '請求書送付のご案内'
msg.attach(MIMEText(body))

with open(os.path.join('pyxlml¥¥請求書', fname), 'rb') as f:
    attachment = MIMEApplication(f.read())

attachment.add_header('Content-Disposition', 'attachment',
                      filename=fname)
msg.attach(attachment)

server = smtplib.SMTP_SSL('smtp.gmail.com', 465,
    context=ssl.create_default_context())
server.login('<送信元メールアドレス>', '<アプリパスワード>')
server.send_message(msg)
server.quit()
print('送信完了')
```


必要なメール作成・送信処理をループ化しよう

それでは、4社すべての顧客に対応させるべく、コードの追加・変更作業に取り掛かりましょう。

まずは先ほど整理した内容に従い、現時点で記述してあるコードを、最初に1回だけ実行すればよい処理、ループで繰り返したい処理、最初に1回だけ実行すればよい処理に分けるよう、次の通り並べ替えます。追加や削除は一切せず、ただ並び替えるだけです。どのコードをどう並べ替えたかは、次のコードに解説を入れておきましたので参考にしてください。

並べ替えたコードは実質、A-4、および、A-2下3行の2箇所のみです。A-2下3行のコード（「client = ws_c.cell(2, 1).value」から3行）は、ループで繰り返したい処理なので、このように移動しました。

▼変更前

```
from email.mime.text import MIMEText
from email.mime.multipart import MIMEMultipart
from email.mime.application import MIMEApplication
import smtplib
import ssl
import openpyxl
import os

wb_c = openpyxl.load_workbook('pyxlml¥¥顧客.xlsx')
ws_c = wb_c.worksheets[0]
client = ws_c.cell(2, 1).value
mailto = ws_c.cell(2, 2).value
fname = client + '様請求書.pdf'

with open('pyxlml¥¥template_body.txt', encoding='utf-8') as f_t:
    template_body = f_t.read()

body = template_body.format(f_client=client)

msg = MIMEMultipart()
msg['From'] = '送信元メールアドレス'
msg['To'] = mailto
msg['Subject'] = '請求書送付のご案内'
msg.attach(MIMEText(body))

with open(os.path.join('pyxlml¥¥請求書', fname), 'rb') as f:
    attachment = MIMEApplication(f.read())

attachment.add_header('Content-Disposition', 'attachment',
                      filename=fname)
msg.attach(attachment)

server = smtplib.SMTP_SSL('smtp.gmail.com', 465,
    context=ssl.create_default_context())
server.login('送信元メールアドレス', 'アプリパスワード')
```

A-1（import文7行）、A-2（wb_c・ws_cの2行）、A-3（with open〜template_bodyの2行）、A-4（server = 〜server.loginの3行）

```
server.send_message(msg)
server.quit() ――――――――――――――――――――――――――――――― B-1
print('送信完了') ―――――――――――――――――――――――――――― B-2
```

▼変更後

```
from email.mime.text import MIMEText                          ┐
from email.mime.multipart import MIMEMultipart                │
from email.mime.application import MIMEApplication            │
import smtplib                                                │ A-1
import ssl                                                    │
import openpyxl                                               │
import os                                                     ┘

wb_c = openpyxl.load_workbook('pyxlml¥¥顧客.xlsx')            ┐ A-2
ws_c = wb_c.worksheets[0]                                     ┘

with open('pyxlml¥¥template_body.txt', encoding='utf-8') as f_t:  ┐ A-3
    template_body = f_t.read()                                    ┘

server = smtplib.SMTP_SSL('smtp.gmail.com', 465,              ┐
    context=ssl.create_default_context())                     │ A4をここに移動
server.login('送信元メールアドレス', 'アプリパスワード')        ┘

client = ws_c.cell(2, 1).value          ┐                     ┐
mailto = ws_c.cell(2, 2).value          │ A2の下から移動      │
fname = client + '様請求書.pdf'         ┘                     │
body = template_body.format(f_client=client) ← A3の下にあったコードはそのまま
                                                              │
msg = MIMEMultipart()                                         │
msg['From'] = '送信元メールアドレス'                          │ ループで繰り返したい処理
msg['To'] = mailto                                            │
msg['Subject'] = '請求書送付のご案内'                         │
msg.attach(MIMEText(body))                                    │
                                                              │
with open(os.path.join('pyxlml¥¥請求書', fname), 'rb') as f:  │
    attachment = MIMEApplication(f.read())                    │
                                                              │
attachment.add_header('Content-Disposition', 'attachment',    │
```

```
                    filename=fname)
msg.attach(attachment)
server.send_message(msg)

server.quit() ──────────────────────── B-1
print('送信完了') ────────────────────── B-2
```

並べ替えた結果、ループで繰り返したい処理のコードは、ブック「顧客.xlsx」のA2セルから顧客名を取得する「client = ws_c.cell(2, 1).value」から、メール送信の「server.send_message(msg)までにまとめることができました。

目的のループは、顧客4社ぶんということで、ブック「顧客.xlsx」の2行目から5行目まで繰り返したいのでした。PDF化の時と同じく、次のfor文なら目的の処理を実現できます。カウンタ変数は「i」とします。

```
for i in range(2, 6):
```

それでは、コードを次のように追加・変更してください。ループで繰り返したい処理のコードのすぐ上に、上記のfor文を追加したら、それらループで繰り返したい処理のコードを一段インデントして、for文以下のブロックに移動します。あとは追加・変更前のコードで、ブック「顧客.xlsx」のワークシート「Sheet1」のA2セルの値を変数clientに取得するコード、および、B2セルの値を変数mailtoに取得するコードにて、cellメソッドの第1引数の行が2行目で固定してあるのを、カウンタ変数iに書き換えます。

▼追加・変更前

```
from email.mime.text import MIMEText
from email.mime.multipart import MIMEMultipart
from email.mime.application import MIMEApplication
import smtplib
import ssl
import openpyxl
import os

wb_c = openpyxl.load_workbook('pyxlml¥¥顧客.xlsx')
ws_c = wb_c.worksheets[0]

with open('pyxlml¥¥template_body.txt', encoding='utf-8') as f_t:
    template_body = f_t.read()
```

```
server = smtplib.SMTP_SSL('smtp.gmail.com', 465,
    context=ssl.create_default_context())
server.login('送信元メールアドレス', 'アプリパスワード')

client = ws_c.cell(2, 1).value
mailto = ws_c.cell(2, 2).value
fname = client + '様請求書.pdf'
body = template_body.format(f_client=client)

msg = MIMEMultipart()
msg['From'] = '送信元メールアドレス'
msg['To'] = mailto
msg['Subject'] = '請求書送付のご案内'
msg.attach(MIMEText(body))

with open(os.path.join('pyxlml¥¥請求書', fname), 'rb') as f:
    attachment = MIMEApplication(f.read())

attachment.add_header('Content-Disposition', 'attachment',
                      filename=fname)
msg.attach(attachment)
server.send_message(msg)

server.quit()
print('送信完了')
```

ループで繰り返したい処理

▼追加・変更後

```
from email.mime.text import MIMEText
from email.mime.multipart import MIMEMultipart
from email.mime.application import MIMEApplication
import smtplib
import ssl
import openpyxl
import os

wb_c = openpyxl.load_workbook('pyxlml¥¥顧客.xlsx')
ws_c = wb_c.worksheets[0]
```

```
with open('pyxlml¥¥template_body.txt', encoding='utf-8') as f_t:
    template_body = f_t.read()

server = smtplib.SMTP_SSL('smtp.gmail.com', 465,
    context=ssl.create_default_context())
server.login('送信元メールアドレス', 'アプリパスワード')

for i in range(2, 6):
    client = ws_c.cell(i, 1).value
    mailto = ws_c.cell(i, 2).value
    fname = client + '様請求書.pdf'
    body = template_body.format(f_client=client)

    msg = MIMEMultipart()
    msg['From'] = '送信元メールアドレス'
    msg['To'] = mailto
    msg['Subject'] = '請求書送付のご案内'
    msg.attach(MIMEText(body))

    with open(os.path.join('pyxlml¥¥請求書', fname), 'rb') as f:
        attachment = MIMEApplication(f.read())

    attachment.add_header('Content-Disposition', 'attachment',
                          filename=fname)
    msg.attach(attachment)
    server.send_message(msg)

server.quit()
print('送信完了')
```

一段インデント

コードを追加・変更し終わったら、実行して動作確認しましょう。4つのPDFファイルを添付したメール送信するので、処理に少し時間がかかります。「送信完了」と出力されたら、メールクライアントのアプリを立ち上げ、作成・送信したメールが受信して本文を確認してください。意図通り顧客4社のメールが作成・送信されたことが確認できるでしょう。

次の画面1はWeb版Gmailで受信した例です。画面1では、著者の実行環境の都合上、宛先は黒塗りで隠していますが、ブック「顧客.xlsx」のB2～B5セルのメールアドレスが設定されています。メール本文の冒頭には、顧客名が「○○　様」の形式でそれぞれ差し込まれています。添付ファイルもその顧客の請求書が添付されています。

▼画面1　顧客４社のメールが作成・送信された

■「A商事」宛

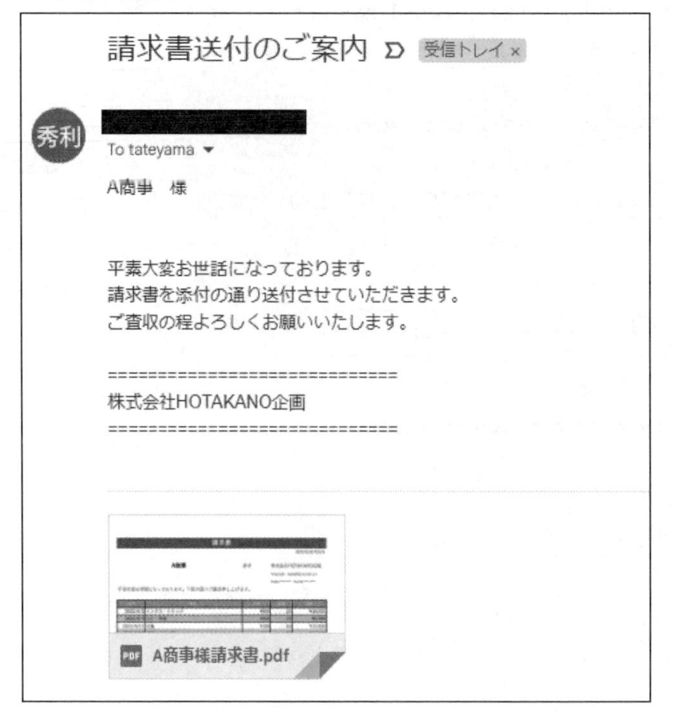

■「B建設」宛

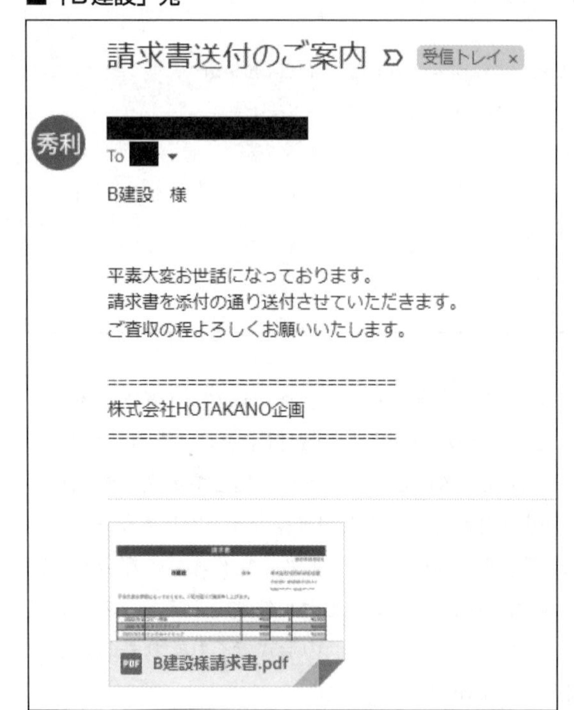

■「C電気」宛

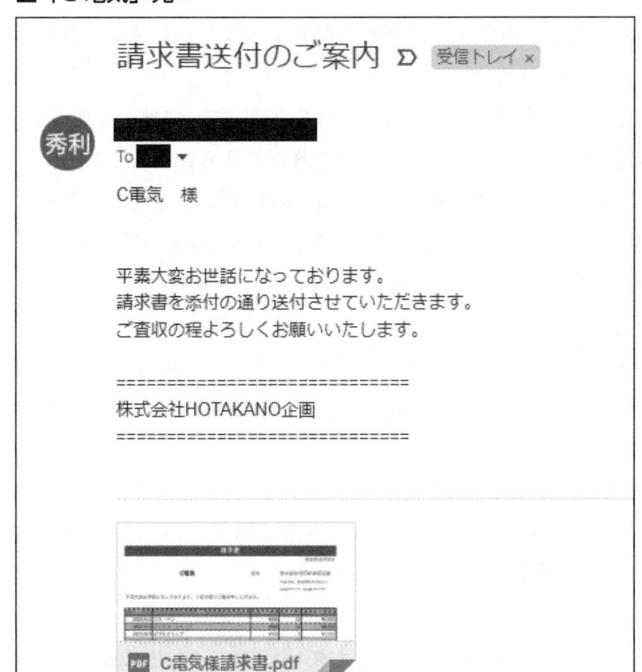
請求書送付のご案内
受信トレイ ×
秀利
To
C電気　様
平素大変お世話になっております。
請求書を添付の通り送付させていただきます。
ご査収の程よろしくお願いいたします。
==============================
株式会社HOTAKANO企画
==============================
C電気様請求書.pdf

■「D不動産」宛

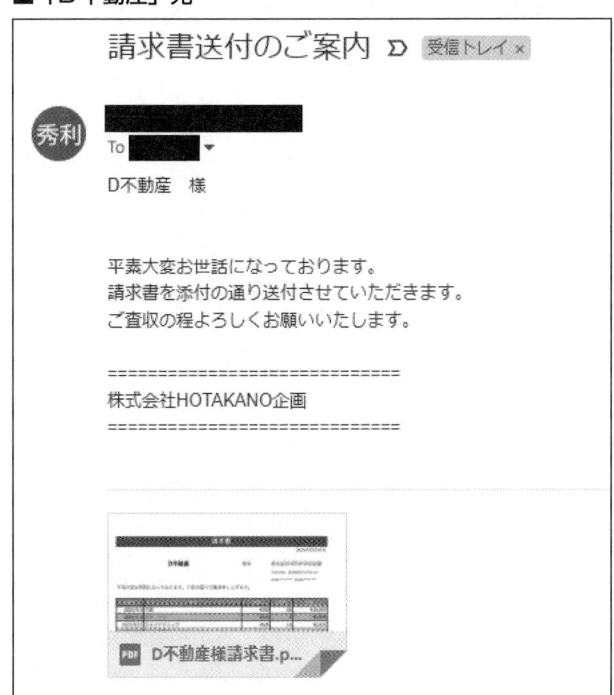
請求書送付のご案内
受信トレイ ×
秀利
To
D不動産　様
平素大変お世話になっております。
請求書を添付の通り送付させていただきます。
ご査収の程よろしくお願いいたします。
==============================
株式会社HOTAKANO企画
==============================
D不動産様請求書.p...

これで、4社すべての顧客に対して、おのおの請求書のPDFファイルを添付し、本文の冒頭に顧客名を差し込んだメールを作成し、送信する処理を自動化できました。メール作成・送信自動化のプログラムは、これで完成とします。

もちろん、現時点のコードには整理／カイゼンすべき点がまだまだ残っています。たとえば、「pyxlml」フォルダーのパスの文字列を変数にまとめるなどの整理が考えられます。さらにカイゼンにはたとえば、ループの「for i in range(2, 6):」で、range関数の第2引数を6の固定ではなく、第3章3-7節で学んだように、ワークシートのオブジェクトのmax_row属性によって、表の行数を取得することで、顧客の増減に自動対応可能にするなどが考えられます。もちろん、各種エラー処理も追加します。

カイゼンの他にも、テンプレートに差し込む箇所をもっと増やして、より顧客にあわせた本文を作成可能にするなど、機能の追加もいろいろ考えられます。自分のアイディアに任せて、どんどんプログラムを発展させていきましょう。

そのなかで、ここまでに登場しなかったPythonのライブラリを使うと、できることの幅が大きく広がります。多彩で豊富なライブラリはPythonのメリットであり、VBAなど他言語に比べて優れている点なので有効活用しましょう。

第3章から作り続けてきた本書サンプル「販売管理」はこれで完成です。お疲れ様でした。本サンプルの中で学んだExcelのブックやワークシートやセルの制御、PDF化、メール作成・送信をPythonで自動化する方法は、読者のみなさんの日常業務で幅広く応用できるでしょう。本サンプルを出発点に、Pythonによる自動化をどんどん進めていってください。

第6章

インターネットで情報収集してExcelで整理

本章では、Webページから必要な情報を取得し、Excelに集約・保存することをPythonで自動化します。インターネット通信やExcelのグラフ作成など、より多彩な自動化を学びましょう。

インターネットから スクレイピングで情報収集

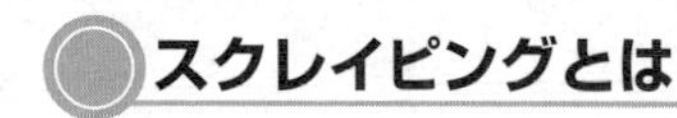

スクレイピングとは

読者のみなさんのほとんどは日々、仕事でもプライベートでも、インターネットから情報を収集しているでしょう。公開されているWebサイトからさまざまな情報を集めるのに、手作業で行っていては非効率的なのは言うまでもありません。たとえば、Webブラウザーを立ち上げ、自分で目的のWebページを開き、欲しい情報の箇所を探し、ドラッグして選択したのちにコピーし、Excelなど集約先のファイルに貼り付けるなどを手作業で行うと、非常に多くの時間と手間を要するでしょう。

そこで登場するのが**スクレイピング**です。スクレイピングとは、インターネット上のWebページに表示されている内容から、目的のデータを抜き出して取得する手法です。通常は専用のプログラムなどを用いて実施します。

本章では、Pythonでスクレイピングを行うプログラムを作成します。それによって、インターネットからの情報収集を自動化します。

Pythonには、手軽にスクレイピングが行えるライブラリが揃っています。さらに本節では、Excelも組み合わせます。Webサイトからスクレイピングで取得した情報のデータをExcelに集約・保存します。そして、データの集計・分析もExcelで行います。

このようにインターネットからのデータ収集まではPythonのライブラリを活かして手軽に行い、集計・分析は使い慣れたExcelで行うとします（図1）。PythonとExcelそれぞれの得意分野を活かし、適材適所で使い分けていくスタイルになります。なお、Excel単独でもVBAを使えばスクレイピングできますが、Pythonの方がはるかに簡単にできます。

図1　データの収集はPython、集約・保存と集計・分析はExcelで

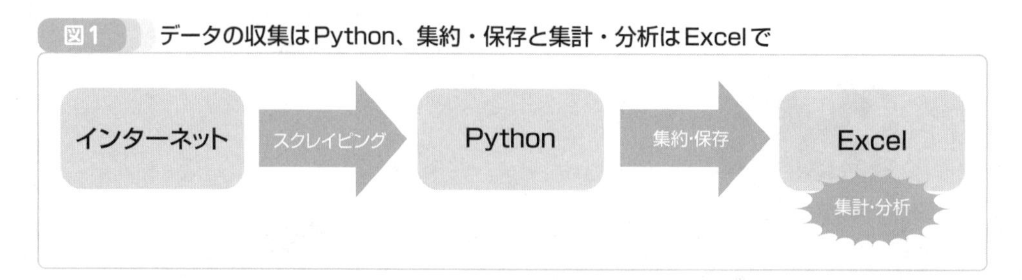

本節におけるExcelでの集計・分析は、自動化については代表的かつ簡単な例として、シンプルなグラフをPythonで作成する方法のみを解説します。それ以上の集計・分析はExcelを自分で操作する手作業を想定しています。

そうしたのは、たとえばExcelのグラフなら、最初の作成など定形化された作業まではPythonで自動化し、グラフの系列追加や種類変更など、以降の集計・分析は人間が感性なども交えつつ手作業で行う、というスタイルを想定しているからです。さらには、本書では取り上げませんが、分析の定番機能であるExcelのピボットテーブルについても同じ方針で、最

初の作成など定形の作業までは自動化し、それより先の作業として、切り口をいろいろ変えつつ自由に集計・分析を行うのは、手作業が適していると筆者は考えています。

もちろんPythonまたはVBAを使えば、最初の作成より先のさまざまな集計・分析作業が自動化できます。本節はそこまで解説しませんが、興味があれば自分で調べて挑戦してみるとよいでしょう。

また、本書では取り上げませんが、簡易的な集計・分析をExcelではなく、Pythonによって自動で行うことも可能です。pandasをはじめ、Pythonにはそのためのライブラリが豊富に揃っています。この場合、スクレイピングから集計・分析までの自動化がすべてPythonで完結するスタイルになります。初心者にとっては、Excelに比べてハードルが高いのですが、簡潔なコードで多彩な分析ができるので、近い将来ぜひ挑戦してみるとよいでしょう。

要注意！　スクレイピングに挑戦する前に

ここで、スクレイピングを行う際の注意点を述べておきます。スクレイピングはインターネット上のWebページからデータを自動収集できて便利な反面、対象となるWebサイトにとってはアクセス負荷が増え、通常ユーザーの閲覧に支障をきたす恐れもあります。そのため、あまり頻繁に行い過ぎると、Webサイトの運営者から不正アクセスと見なされる恐れがあります。

よって、スクレイピングは適度な頻度で、自己責任のもとに行ってください。また、利用規約等でスクレイピングが禁止されているWebサイトには、行わないよう注意してください。

サンプル紹介と準備

ここからは、本章で用いるサンプルの仕様を紹介します。作成するプログラムの機能の大枠は、Webサイトからデータをスクレイピングで取得し、Excelに集約・保存したのち、グラフを作成するというものです。そして、次の架空のシチュエーションを想定しています。

> ある屋外型の公共施設を借りて、イベントを開催することになった。その公共施設では公開情報として、その日の利用者数を天気および最高気温と共に公式サイトで毎日掲載している。イベント日程を決めるにあたり、利用者数と天気および最高気温の関係性を調べるべく、その公式サイトからデータを取得して集計・分析したい。

情報収集先となる架空の公共施設のWebサイトは、作者が独自に作成・公開した本書専用のWebページを用いるとします。URLは次になります。

http://tatehide.com/kdata.php

このダミーWebページをChromeで開いた画面が次の画面1です。

▼画面1　スクレイピング先のWebページ

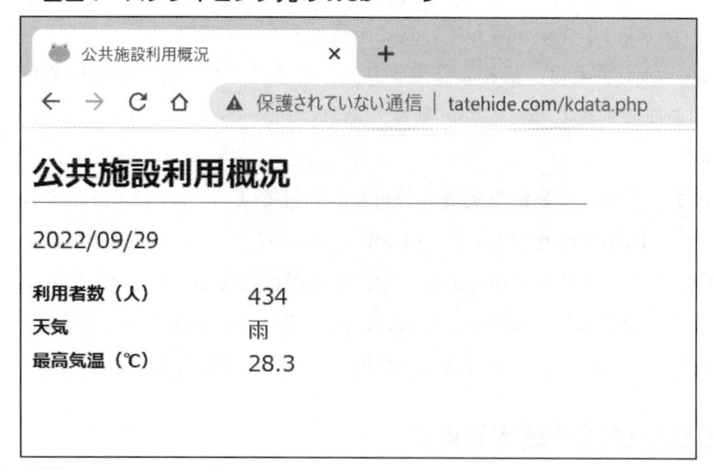

このWebページが1つだけのWebサイトになります。タイトルは「公共施設利用概況」です。本Webページ上の文言やデータは、すべて架空のものです。掲載する情報は先述の想定シチュエーションのとおり以下です。

【掲載情報】

同施設の当日の利用者数を天気および最高気温と共に掲載

Webページの内容・構成は、一番上にタイトルがあります。その下に続けて、当日の日付が「年/月/日」の形式で表示されます。年は西暦4桁、月と日は一桁なら前に0を付ける形式とします。たとえば9月なら「09」となります。

日付の下には、表1の3つの情報が表示されます。

▼表1　Webページ「公共施設利用概況」に表示される３つの情報

項目	データ形式
利用者数	整数
天気	文字列「晴」「曇」「雨」のいずれか
最高気温	小数（小数点第一位まで）

そして、このWebページ「公共施設利用概況」は、翌日には新しい情報が公開されるという想定です。たとえば、上記画面は2022年9月29日のものですが、翌日アクセスしたら翌日のデータが表示されます。

このような想定ですが、実際にはダミーということもあり、アクセスする度に、利用者数と天気と最高気温はランダムなデータが表示されるようにしてあります。想定通りなら同じ日なら同じデータが得られるはずですが、同じ日付でも異なるデータが得られてしまいます。この点はダミーということで、ご了承ください。しかし、Pythonによるスクレイピングの学習には何ら問題ないので、ご安心ください。

日付に関してはランダムではなく、当日の日付が表示されるようにしています。つまり表示される日付は、アクセスする日によって異なります。言い換えると、同じ日なら、何度アクセスしても当日の日付けが表示されます。

それでは、お手元のChromeで本WebページのURL「http://tatehide.com/kdata.php」を開いて見てみましょう。日付は当日ものなのか確認してください。あわせて、再読み込みして、利用者数と天気と最高気温がランダムに変わるのかも確認してください。

このWebページは想定では、1日に1回アクセスですが、筆者が本書専用として独自に用意したダミーのWebページなので、常識的な範囲なら、1日何回でもアクセスしても構いません。そのため、再読み込みも、このあとのPythonでのスクレイピングのプログラムの動作確認も、安心して何回でも実行してください。

本章サンプルでは、このようなダミーの情報が掲載されたWebページ「公共施設利用概況」をスクレイピング先のWebページとして用います。

スクレイピング先のWebページの仕様は以上です。ここからはPythonによるスクレイピング処理の仕様を紹介します。Excelのブックへの保存までも含んだ仕様です。

本章サンプルで上記Webページからスクレイピングで取得するデータは次の表2とします。そして、これらのデータを集約・保存先のExcelのブックのワークシート「Sheet1」のA～D列に入力するとします。そのブック名は「公共施設データ.xlsx」とします。

▼表2　スクレイピングで取得するデータ

項目	列	データ形式
日付	A	シリアル値
利用者数	B	整数
天気	C	文字列「晴」「曇」「雨」のいずれか
最高気温	D	小数（小数点第一位まで）

利用者数と天気と最高気温に加え、日付もスクレイピングで取得するとします。Pythonのプログラム側で現在の日付を、3-2節で使ったdatetime.date.today関数で取得してもよいのですが、ここではスクレイピングの練習を兼ねて、Webページから取得するとします。

ブック「公共施設データ.xlsx」はダウンロードファイルに含まれています。では、同ブックを「pyxml」フォルダーへコピーしてください。コピーできたら、一度中身を見てみましょう。ダブルクリックするなどしてExcelで開いてください（画面2）。

▼画面2　集約・保存先のブック「公共施設データ.xlsx」

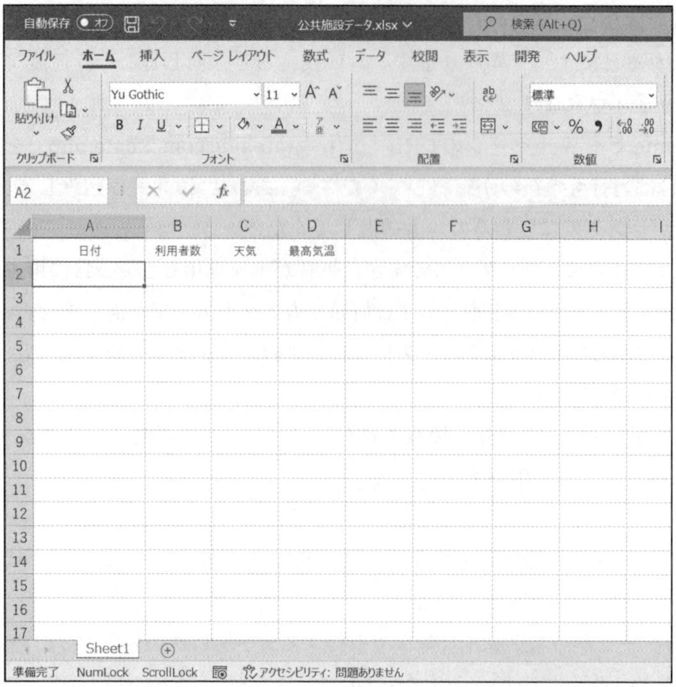

	A	B	C	D	E	F	G	H	I
1	日付	利用者数	天気	最高気温					
2									
3									
4									
5									
6									
7									
8									
9									
10									
11									
12									
13									
14									
15									
16									
17									

ワークシートは「Sheet1」の1つのみです。列の構成は上記表2のとおり、A列から「日付」「利用者数」「天気」「最高気温」と並びます。1行目が列見出しであり、スクレイピングで取得したデータは2行目から順に入力していきます。日毎にスクレイピングしたデータが行方向に増えていくことになります。

なお、A列「日付」の2行目以降のセルは、表示形式はデフォルトの「標準」のままにしてあります。6-4節で改めて紹介しますが、データ入力後に日付の表示形式にPythonで設定します。A列の表示形式は毎回同じなので、第3章3-5節の最後で解説したように、あらかじめ設定しておきたくなりますが、使用するライブラリの機能の関係で、あとあと都合が悪いことが起きてしまいます。その理由は6-4節で詳しく解説しますので、とりあえずこのまま読み進めていってください。

本章サンプルの仕様は以上です。ここまで紹介した内容を次の図2にまとめておきました。これから本章でどのようなWebページやExcelのブックを使い、どのような機能をPythonでプログラミングするのか、今いちど確認しておきましょう。

図2 本章で行うスクレイピングの全体像

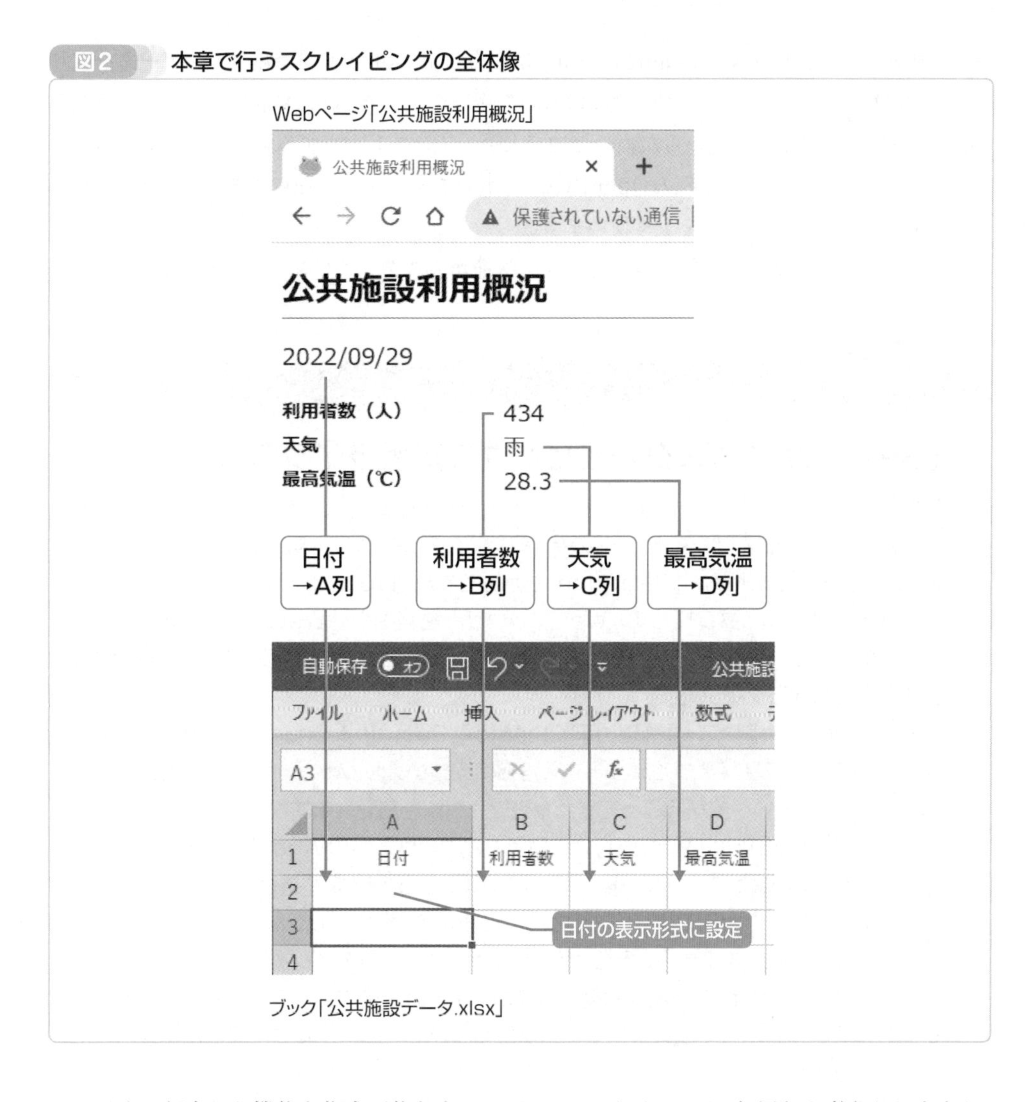

ここまで紹介した機能を作成可能とするPythonのライブラリは、何通りか考えられますが、本章では次を用いるとします。

▼スクレイピング

- Requests
- Beautiful Soup

▼Excel制御

- OpenPyXL

Requestsと**Beautiful Soup**が初登場です。Requestsはインターネットで通信を行うためのライブラリです。Webページへアクセスし、Webページ全体（詳しくは後ほど解説します）

を取得するまでを担います。Beautiful Soupは取得したWebページから目的のデータを取り出すためのライブラリです。使い方は順次解説します。ともに外部ライブラリですが、Anacondaに標準で含まれているため、追加で入手・インストールする必要はありません。

Excelの制御には、おなじみのOpenPyXLを用います。また、他にも細かい処理のため、これまで登場したライブラリを少々使います。

本章サンプルの仕様紹介と準備は以上です。次節からスクレイピングに取り掛かります。

コラム

「Selenium」もスクレイピングの定番ライブラリ

Pythonによるスクレイピングのためのライブラリは、本書で使うRequestsとBeautiful Soupに加え、「Selenium」も定番です。ChromeなどのWebブラウザーを制御するためのライブラリです。Webブラウザーを経由してWebページにアクセスして、スクレイピングを行うタイプです。一方、RequestsはWebブラウザーを経由せず、直接アクセスするタイプです。

Seleniumは準備やコード記述がRequestsとBeautiful Soupより少々手間を要しますが、ライブラリが1つで済みます。さらに大きいメリットが、スクレイピングできるWebサイトの幅が広がることです。本書では解説を割愛しますが、実は世の中に公開されているサービスや企業などのWebサイトの中には、そのWebサイト運営者の方針などによって、Webブラウザー以外のプログラムからの直接アクセスを禁止しており、Requestsではアクセスできないものが多々あります。Seleniumなら、Webブラウザーを経由してアクセスするため、そのようなWebサイトでもスクレイピングできます。

本書ではSeleniumの解説は割愛しますが、本書読了後に自分で調べて挑戦するとよいでしょう。これから学ぶスクレイピングの知識があれば、比較的容易に使えるようになるはずです。

ちなみに、SeleniumのモジュールはAnacondaに含まれています。ただし、Seleniumで制御するWebブラウザーの「ドライバー」という特殊なソフトが追加で必要です。たとえばChromeならドライバー「ChromeDriver」です。ドライバー公式サイト（http://chromedriver.chromium.org/downloads）から無料でダウンロードできます。なお、一般的なChromeがインストールしてあっても、ドライバーではないので、別途入手が必要です。

6-2 スクレイピング先のWebページを解析しよう

取得したいデータの場所などを解析する

読者のみなさんの中にはご存知の方も多いかもしれませんが、WebページはHTML（HyperText Markup Language）という言語で書かれています。主にWebページ上に表示される文章（テキスト）の内容などがHTMLで書かれます。加えて、表示する画像の指定、リンク先などもHTMLで書かれます。なお、レイアウトやデザイン関係の指定には通常、CSS（Cascading Style Sheets）という言語が別途使われます。

スクレイピングを行う際、Pythonのプログラムを作り始める前に、目的のWebページのHTMLを解析する必要があります。取得したい情報のデータは通常、Webページ上に表示されるテキストです。そのため、Pythonで取得するコードを書く前に、目的のWebページのHTMLの中身を調べて、取得したいテキストがHTML内のどこにあるのか、あらかじめ確かめておく作業が欠かせないのです。

WebページのHTMLの解析は、Webブラウザー付属の開発者向けツールで行うのがもっとも手軽です。Chromeなら「デベロッパーツール」で行います。開くには、アドレスバーの並びの右端にある［Google Chromeの設定］をクリックし、［その他のツール］→［デベロッパーツール］をクリックします。または F12 キー、もしくはショートカットキーの Ctrl + Shift + I キーでも開けます。

参考までに、Microsoft社のWebブラウザー「Microsoft Edge」なら、F12 キーを押せば、「F12開発者ツール」が開きます。

ここで、Chromeのデベロッパーツールを使い、本章サンプルのスクレイピング先となるダミーのWebページ「公共施設利用概況」のHTMLを見てみましょう。前節で提示したURL「http://tatehide.com/kdata.php」をChromeで開いた状態で、先ほど解説した手順でデベロッパーツールを開いてください。

すると次のようにデベロッパーツールが画面の右側に表示されます（画面1）。上側に薄いグレーの文字で表示される「<!DOCTYPE html>」から、下の「</html>」までがこのWebページのHTMLになります。

▼画面1　Chromeのデベロッパーツールを開いた

なお、左側に表示されているWebページの内容は6-1節の画面1のものであり、みなさんのお手元の内容とは異なっているはずです。異なる理由は前節で触れたように、このWebページは日付は当日のもの、利用者数と天気と最高気温はアクセスする度にランダムなデータが表示されるからです。このように紙面とお手元で内容が異なっていても、Pythonの学習には問題ないので、このまま読み進めてください。

さて、実は画面1のHTMLはデベロッパーツールの機能によって、大半が非表示になった状態です。三角形アイコンの箇所で、折りたたまれている状態なのです。表示するには、三角形アイコンをクリックして展開します。すべて展開して表示すると次のようになります（画面2）。

▼画面2　HTMLをすべて展開して表示した

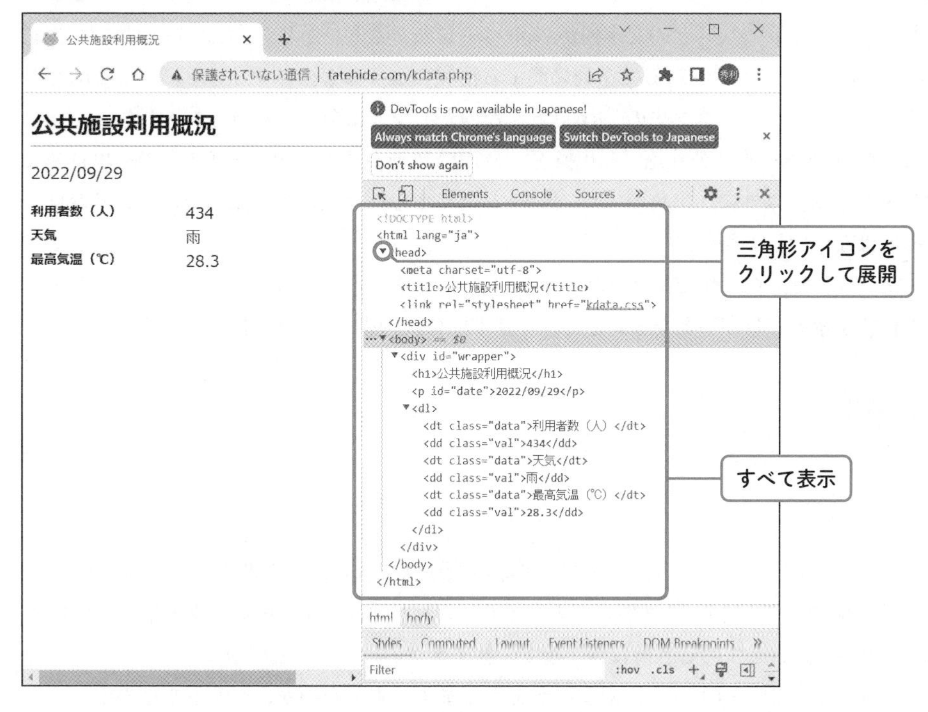

これがWebページ「公共施設利用概況」のHTMLの全貌です。ザッと見ると、「利用者数（人）」や「434」など、Webページ上に表示されているテキストが書かれているのがわかるかと思います。左側に表示されているWebページのHTMLなので当然、アクセスする度に日付は当日のもの、利用者数などはランダムなデータになります。

解析に最低限必要なHTMLの知識

これから、このHTMLを解析していきます。スクレイピングのための解析はザックリ言えば、目的のデータを取得するための“目印”を見つけることです。

そのためには、HTMLの知識が必要です。先ほど触れたとおり、WebページはHTMLで記述されています。HTMLの知識は多岐にわたりますが、本書では上記Webページ「公共施設利用概況」のHTMLの解析に最低限必要知識に絞って解説します。HTML全体ではほんの入口程度ですが、基本的かつ重要な知識ばかりであり、他の多くのWebページのHTML解析にも活用できるので、知っておいて決して損はしません。もし今後HTMLを本格的に学ぶとなった際にも、必ず役立つ知識です。

HTMLに記述される内容は、Webページに表示されるテキスト本体、および各テキストの役割を示す“目印”が中心です。この“目印”は具体的には、「**タグと要素**」と「**属性**」という2つの項目です。これらを230ページ（「実際にHTMLを解析してみよう」の前まで）にかけて順に解説します。この2つさえ把握できれば、本サンプルのWebページは解析できます。

タグと要素

役割を示す“目印”は、「どの文字列がWebページのタイトルか」や「どの文字列が本文か」など、Webページに表示される文字列に関する情報のようなものです。さらに「どこにどの画像を表示するのか」「リンク先のURLはどこなのか」などに関するものもあります。

先ほどのWebページ「公共施設利用概況」のHTMLを見ると、データそのものや項目名などのテキスト本体以外に、半角の「<」と「>」でくくられた短い英単語みたいな記述が目に付くのではないでしょうか。

「<」と「>」でくくられた英単語みたいな記述は、「タグ」と呼ばれるものです。このタグこそが役割を示す“目印”となる記述です。基本的に次の書式でHTMLを記述します。

【HTML書式】

```
<タグ名>要素内容</タグ名>
```

「<タグ名>」と「</タグ名>」の間に、要素内容が挟まれたかちの書式です。「<タグ名>」の部分は「開始タグ」、「</タグ名>」は「終了タグ」と呼びます。開始タグと終了タグの両方の「タグ名」は、必ず同じ名前に揃えます。終了タグのみ、タグ名の前に「/」を付けます。

この「タグ名」がどのような役割なのかを示します。本文なのか、タイトルなのか、見出しなのか、はたまた画像なのか、リンクなのかなどは、すべてタグ名で決まります。そして、「要素内容」がテキストや画像など、Webページ上で実際に表示される内容を示します。

「<タグ名>要素内容</タグ名>」の意味は、別の言い方をすれば、「ここからここまでが実際に表示される内容（＝要素内容）で、こういった役割ですよ」を示す記述と言えます。

Webページ「公共施設利用概況」のHTMLで具体例を紹介しましょう。たとえば、上から5行目に次のように記述されています。

```
<title>公共施設利用概況</title>
```

この場合、「<title>」が開始タグ、「公共施設利用概況」が要素内容、「</title>」が終了タグとなります。タグ名の「title」はWebページのタイトルという役割を示します。要素内容「公共施設利用概況」がWebページのタイトルの文言であることを示しており、Webブラウザーのタイトルバーにその要素内容が表示されます。

他にも「<タグ名>要素内容</タグ名>」の形式が至るところで見られます。このような「<タグ名>要素内容</タグ名>」のまとまりのことを「要素」と呼びます。Webページを構成するHTMLの部品というイメージです。先述の要素内容は、文字通り“要素の内容”という意味です。

そして、1つのWebページは多数の要素で構成されます。そして、複数の要素を入れ子に記述するケースが多々あります。ある要素の要素内容に、別の要素を記述し、その要素内容の中にまた別の要素を……というイメージです。

要素の種類を区別するときはタグ名を使い、「title要素」などと呼びます。要素の種類はタグの種類と同義であり、タグにはさまざまな種類があります。このあと6-2節の画面2のHTMLを解説するのですが、原則、本章サンプルでのスクレイピングに必要なタグのみを紹介するとします。

なお、HTMLの要素は、Pythonのリストなどの要素とはまったくの別モノです。

属性

前述した要素の開始タグの中には、その要素の状態や性質などの情報として、「属性」を追加で記述するケースが多々あります。Pythonのオブジェクトの属性ではなく、HTMLの属性になります。HTMLの属性の書式は次の通りです。

【HTML書式】

```
属性名="属性値"
```

属性にはさまざまな種類があり、それぞれ名前が決められています。その名前が「属性名」であり、その属性はどのような種類の情報なのかを示します。要素に追加したい属性の種類に応じて、決められた属性名を記述します。

そのあと「=」に続けて、**属性値**を記述します。属性値とは、文字通り属性の値です。属性名に指定した種類の属性に対して、具体的などのような情報なのかを属性値で指定します。

属性を記述する場所は、開始タグ内にあるタグ名の後ろです。半角スペースを入れて区切ってから記述します。よって、属性ありの開始タグの書式は次の通りとなります。

【HTML書式】

```
<タグ名 属性名="属性値">
```

先ほど触れた通り、属性にはさまざまな種類がありますが、どの属性を使えるかは、タグの種類によります。すべてのタグですべての属性が使えるわけではありません。

属性の基礎は以上です。ここからは本書サンプルの解析に最小限必要な属性の知識のみに絞って解説します。

Webページ「公共施設利用概況」のHTMLで使っている属性で重要なのは、**id属性**と**class属性**です。ともに属性値として、要素に任意の名前を付けることができます。それによって、デザインを設定したり、表示内容を変更したりするなどの際、対象となる要素を特定しやすくします。

一般的にid属性の属性値は「id名」、class属性の属性値は「class名」とも呼ばれます。本書では以降、「id名」と「class名」という呼び方を用いるとします。

id属性とclass属性の役割は先述のとおり、要素に任意の名前を付けることですが、違いは何でしょうか？　同じ1つのWebページのHTMLの中で、付けることができる要素の数が両者で違います。同じWebページのHTMLの中に、同じid名は1つの要素にしか指定できません。一方、同じclass名は複数の要素に同時に指定できます。こういった違いがあるのです。

両者の用途ですが、id属性は主に、処理対象の要素をピンポイントで特定したい場合に用いられます。class属性は主に、処理対象の要素を複数まとめて特定したい場合に用いられます。たとえば見出しなど、同じ役割の要素にまとめて同じデザインを設定したい場合などです。

具体的な方法は次節以降で改めて解説しますが、本章サンプルのスクレイピングのプログラムでは、このid属性とclass属性が取得したいデータの要素の指定に使う“目印”です。「id名が○○の要素を取得し、その要素内容を取り出す」や「class名が××の要素を取得し、その要素内容を取り出す」といった処理のコードをPythonで記述することになります（図1）。タグを"目印”に使うことも可能ですが、ここではid 属性と class 属性を使うとします。

図1　id属性やclass属性で目的の要素を特定

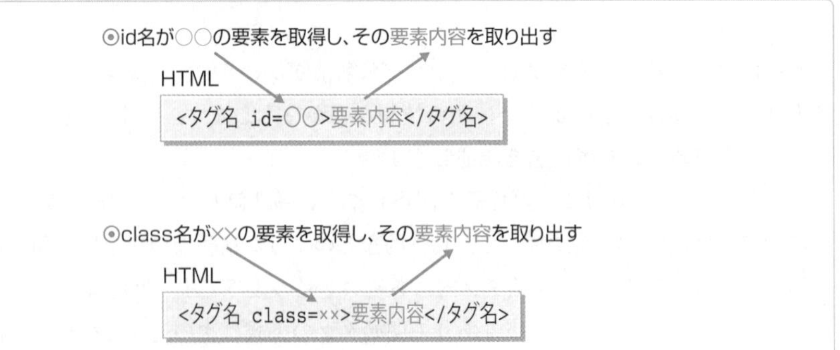

実際にHTMLを解析してみよう

本書サンプルのWebページ「公共施設利用概況」の解析に最小限必要なHTMLの知識は以上です。ここからはWebページ「公共施設利用概況」のHTMLの中身を解析していきます。

ここでも原則、今回のスクレイピングに最小限必要な要素に絞るとします。スクレイピングで取得したいデータが含まれている要素のタグおよび属性を中心に解説します。解説には、6-2節の画面2のHTMLを用いるとします。改めて抜き出して提示します（リスト1）。リスト1には左側に行番号を振っています。

▼リスト1　6-2節の画面2のHTML

```
01 <!DOCTYPE html>
02 <html lang="ja">
03   <head>
04     <meta charset="utf-8">
05     <title>公共施設利用概況</title>
06     <link rel="stylesheet" href="kdata.css">
07   </head>
08   <body>
09     <div id="wrapper">
10       <h1>公共施設利用概況</h1>
11       <p id="date">2022/09/29</p>
12       <dl>
13         <dt class="data">利用者数（人）</dt>
14         <dd class="val">434</dd>
15         <dt class="data">天気</dt>
16         <dd class="val">雨</dd>
17         <dt class="data">最高気温（℃）</dt>
18         <dd class="val">28.3</dd>
19       </dl>
20     </div>
21   </body>
22 </html>
```

今回のスクレイピングに最小限必要な要素は次の2種類です。先述のとおり、いずれもスクレイピングで取得したいデータを要素内容に持つ要素になります。

【1】行番号11　<p id="date">2022/09/29</p>

p要素です。段落を意味する要素であり、文字列の表示によく用いられます。本Webページでは、このp要素の要素内容として、現在の日付を表示しています。そして、id属性として「date」を属性値に指定しています。つまり、この要素は「id名が『date』のp要素」になります。

【2】行番号14、16、18　<dd class="val">434</dd>　など

dd要素です。「用語の定義リスト」において、用語の内容を意味します。ここで言う「用語の定義リスト」とは、「よくある一覧表みたいなもの」と捉えればOKです。「用語の内容」もあまり深く考えず、「一覧表におけるデータそのもの」と捉えればOKです。

本Webページでは、利用人数と天気と最高気温の3つのデータを用語の定義リストと見な

し、dd要素によって用語の内容という役割を示しています。その要素内容として、実際のデータを表示しています。一般的な一覧表と同じと捉えればOKです。

なお、dd要素はdl要素（行番号12、19）とdt要素（行番号13、15、17）とセットで使い用語の定義リストを構成します。dl要素が定義リスト全体、dt要素が項目、dd要素が値（データ）という関係です。

そして、行番号14、16、18のdd要素では、class属性として属性値「val」を指定しています。つまり、これら利用人数と天気と最高気温の3つのddの要素は「class名が『val』のdd要素」になります。このclass属性は表の列の幅やフォントサイズなどのレイアウト指定に利用しています。それに加え、スクレイピングにも利用できます。

今回のスクレイピングに最小限必要な要素の解説は以上です。取得したいデータの視点でまとめると次のようになります。

【1】現在の日付
　p要素　id名「date」

【2】利用人数
　dd要素　class名「val」

【3】天気
　dd要素　class名「val」

【4】最高気温
　dd要素　class名「val」

上記【1】～【4】が今回のスクレイピングのための具体的な“目印”です（図2）。取得したいデータが要素内容に含まれる要素について、要素の種類（タグ名）、id名、class名を調べた結果です。このように調べることこそ、目的のWebページのHTMLの解析なのです。

そして、これらの“目印”を手掛かりに、目的の要素を指定し、その要素内容（＝データ）を取得するのです。Pythonによる具体的な方法は次節と次々節で詳しく解説します。

図2　HTMLを解析した結果。“目印”は【1】～【4】

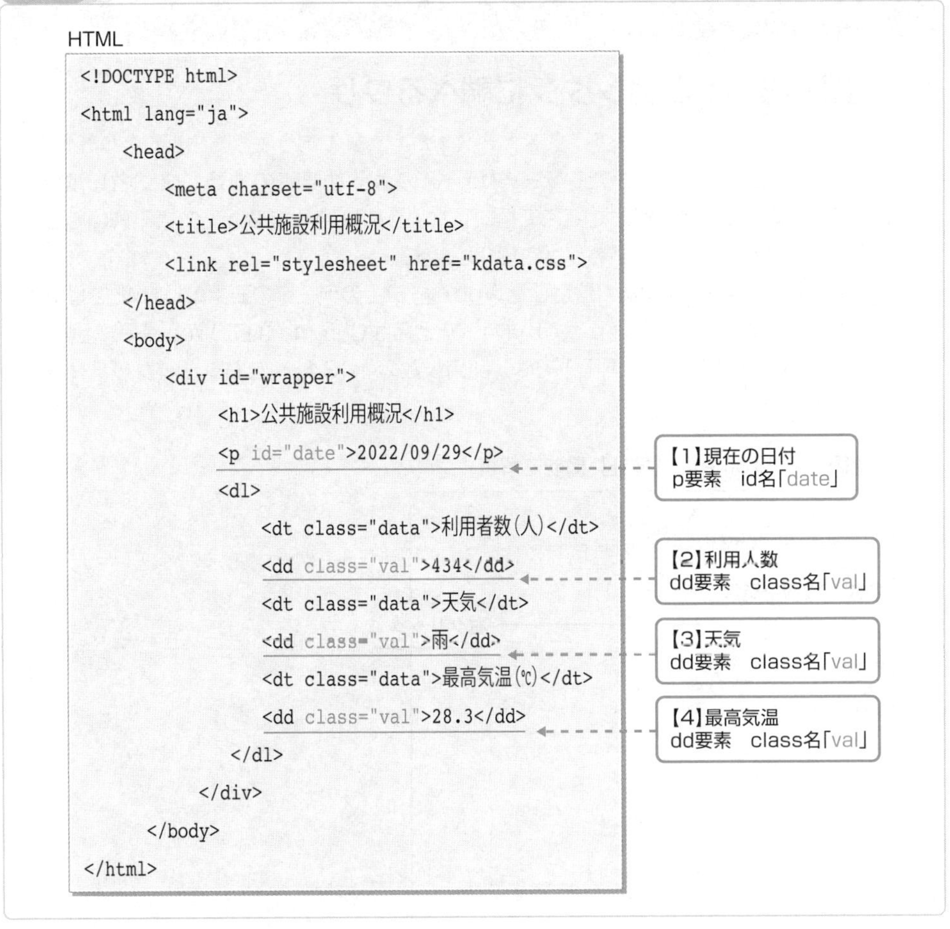

なお、現在の日付や利用人数など目的の要素の“目印”を定めるには、実は上記のid名とclass名による方法だけでなく、他にも多彩な方法で行うことができます。id名とclass名がもっとも基礎的でわかりやすく、かつ、応用範囲も広いので、本書では採用することにしました。

他の方法にはたとえば、タグ名で“目印”を定める方法などがあります。id属性もclass属性もない要素に対して有効です。その他の方法も含め、ここでは解説を割愛します。

“目印”をもっとカンタンに調べるワザ

スクレイピングで取得したいデータが、どのような要素の種類（タグ名）、id名、class名なのか調べる方法は、ここで解説したようにHTMLを表示して読み解いてもよいのですが、もっと簡単に済むワザを紹介します。

Webブラウザーには大抵、指定したWebページ上のデータの要素のHTMLをピンポイントで表示できる機能が備わっています。たとえばChromeなら、Webページ上にて、取得したいデータの部分（画面1では、利用人数の「434」）を右クリックし、[検証]をクリックします。

▼画面1　Chromeの［検証］機能で解析

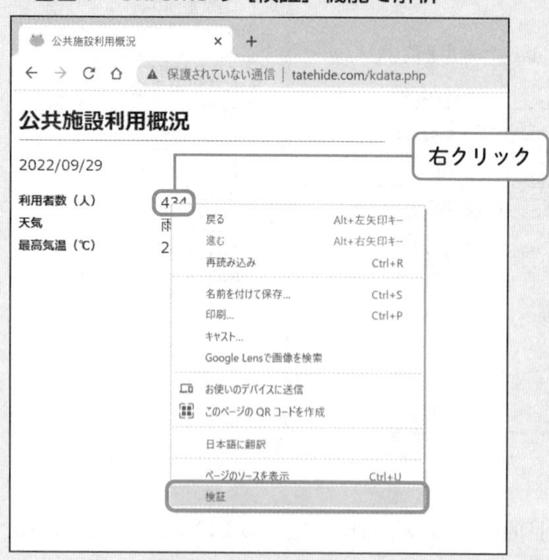

すると、「デベロッパーツールツール」が開き、その要素のHTMLがハイライトされた状態で表示されます（画面2）。これで、スクレイピングで取得したいデータが、どのような要素の種類（タグ名）、id名、class名なのか、一発で解析できます。また、HTMLを展開するため、三角形アイコンをいちいちクリックする手間も不要です。

▼画面2　該当箇所の要素のHTMLがハイライトされる

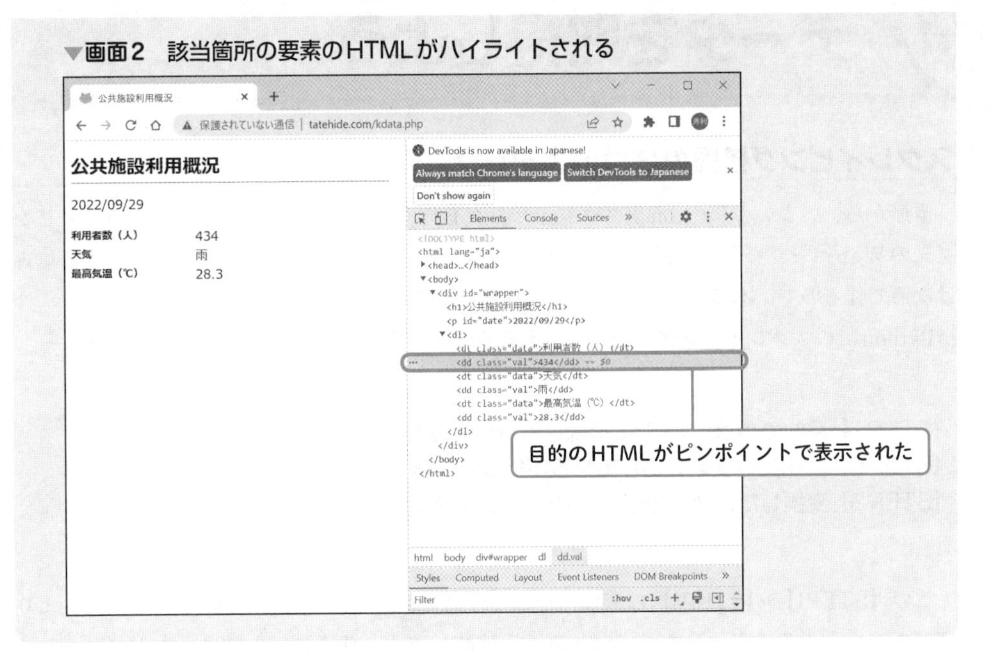

コラム

他に知っておくとよいHTMLの要素

Webページ「公共施設利用概況」は上記の他にもさまざまな要素がありますが、今回のスクレイピングには直接関係ないので、詳しい解説は割愛します。余裕があれば、HTMLの基礎として、次の要素（および使われているタグ）をザッと押さえておくとよいでしょう。

行番号3～7　<head>～</head>

head要素です。文字コードなどWebページの情報となる要素を記述します。タイトル（titleタグ）もこの中で指定します。

行番号8、21　<body>、</body>

body要素です。実際のWebページに表示される内容になります。

行番号10　<h1>環境データ</h1>

h1要素です。見出しを意味する要素になります。見出しは複数レベルあり、その一種です。

6-3 スクレイピングで目的のデータを取得しよう

スクレイピング処理の3つのステップ

本節から、いよいよPythonでスクレイピングを行うプログラムを作ります。スクレイピング先のWebページなどは、前節で紹介した仕様のとおりです。Excelに集約・保存する処理は次節で作るので、本節はデータを取得するまでの処理です。

Pythonでのスクレイピングを行うは、大きく分けて次の3ステップの処理が必要です。

【STEP1】目的のWebページに接続してHTMLを取得
【STEP2】HTMLの要素を切り出せるかたちに変換
【STEP3】変換したHTMLから目的のデータを取り出す

この【STEP1】～【STEP3】の流れにそって、プログラムを作成していきます。また、より理解を深められるよう、途中で"回り道"も随時します。仕様にはありませんが、スクレイピング処理で使う関数などの理解を深めるための練習のコードを随時書いて実行します。

Webページに接続してHTMLを取得するには

さっそく【STEP1】の「目的のWebページに接続してHTMLを取得」の作成に取り掛かりましょう。

この処理に使うライブラリはRequestsです。Requestsのモジュール名は「requests」です。ライブラリ名をすべて小文字にしただけです。このモジュール名でインポートします。モジュール名の最後に「s」が付くので、書き忘れないよう気を付けてください。

```
import requests
```

このRequestsライブラリの中で使うのは、「requests.get」という関数です。指定したURLにネットワーク（インターネット）経由で接続し、データなどを取得する関数です。基本的な書式は次のようになります。

書式
```
requests.get(url)
```

引数urlには、目的のWebページのURLを文字列として指定します。すると、戻り値として、HTMLのテキストをはじめ、そのWebページのさまざまなデータや情報を返します。その戻り値は「Responseオブジェクト」と呼ばれます。通常は変数に格納し、以降の処理に使います。

本章のサンプルでの目的のWebページ「公共施設利用概況」のURLは、前節で紹介した「http://tatehide.com/kdata.php」でした。戻り値を格納する変数は、ここでは「rs」とします。以上を踏まえると、次のようなコードになります。

```
rs = requests.get('http://tatehide.com/kdata.php')
```

それでは、お手元のJupyter Notebookの新しいセルに、次のコードを入力してください。インポートのコード「import requests」も冒頭に書きます。

```
import requests

rs = requests.get('http://tatehide.com/kdata.php')
```

【STEP1】の「目的のWebページに接続してHTMLを取得」は、上記コードになります。たったこれだけです。これで、変数rsに、Webページ「公共施設利用概況」のResponseオブジェクトが格納されます。その中には、HTMLのテキストなどのさまざまなデータが含まれています。

上記コードは実行しても、変数rsにResponseオブジェクトが格納されるだけの処理なので、何も出力されません。ここで回り道してみましょう。仕様にない処理を追加してみます。ここでは、HTMLのテキストをprint関数で出力するとします。

Responseオブジェクトでは、HTMLのテキストは「text」という属性で保持します。Responseオブジェクトは変数rsに格納されているのでした。よって、HTMLのテキストを取得するには、変数rsにtext属性を付けて次のように書けばよいことになります。

```
rs.text
```

では、上記の「rs.text」をprint関数で出力するコードを追加してください。

▼追加前

```
import requests

rs = requests.get('http://tatehide.com/kdata.php')
```

▼追加後

```
import requests


rs = requests.get('http://tatehide.com/kdata.php')
print(rs.text)
```

追加できたら実行してください。すると、Webページ「公共施設利用概況」のHTMLのテキストが出力されます（画面1）。

▼画面1　目的のHTMLのテキストが出力された

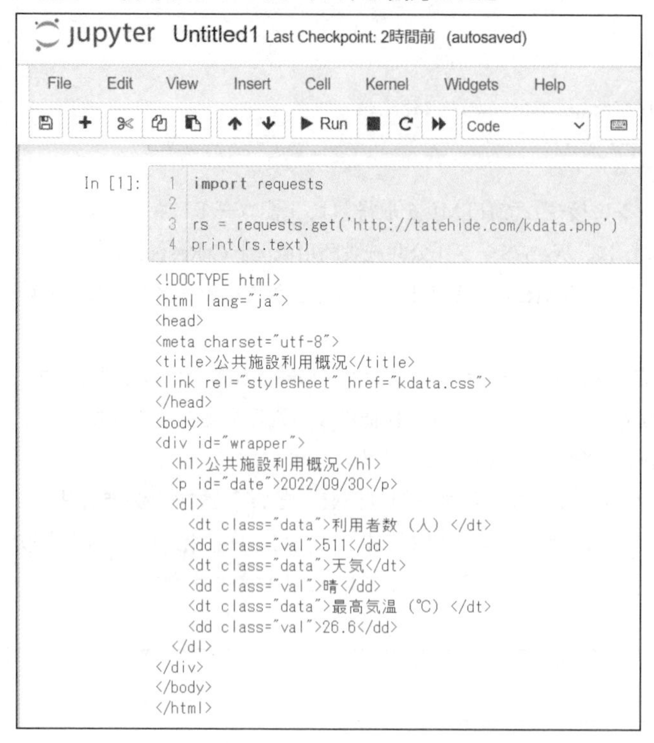

まさに先ほどChromeのデベロッパーツールで確認したHTMLとほぼ同じ内容が出力されました。“ほぼ同じ”と述べたのは、Webページ「公共施設利用概況」では日付はアクセスした当日のもの、利用者数と天気と最高気温はアクセスする度にランダムなデータが得られるからです。そのHTMLの該当箇所（要素内容）だけ、6-2節の画面2やみなさんがお手元で確認したものとは異なります。以下同様に、アクセスごとに利用者数などは異なります。

HTMLの要素を切り出せるかたちに変換するには

次は【STEP2】の「HTMLの要素を切り出せるかたちに変換」です。この処理に使うライブラリはBeautiful Soupです。スクレイピングためのライブラリであり、指定したHTMLから指定した要素を切り出すなどの処理を提供します。

まずはインポート処理です。少々ややこしいのですが、Beautiful Soupのモジュール名は「BeautifulSoup4」なのですが、インポートの際は「bs4」と記述するよう決められています。

```
import bs4
```

【STEP2】の処理を実際に担うのが、「bs4.BeautifulSoup」という関数です。

書式
```
bs4.BeautifulSoup(HTMLデータ, パーサーの種類)
```

第1引数には、requests.get関数で取得したHTMLデータを指定するのですが、通常は次の書式で指定するのがセオリーです。

書式
```
Responseオブジェクト.text.encode(Responseオブジェクト.encoding)
```

本章サンプルでは、Responseオブジェクトは変数rsに格納してあるのでした。上記書式に当てはめると次のようになります。これをbs4.BeautifulSoupの第1引数に丸ごと指定します。

```
rs.text.encode(rs.encoding)
```

上記コードは文字化け対策の処理です。HTMLのテキストを適切な文字コードに設定することで、文字化けを防ぎます。このコードはいわゆる“お約束”の処理なので、書式に従ってそのまま書けばOKです。コードに意味は241ページのコラムでザッと解説しましたので、あとで目を通しておくとよいでしょう。

bs4.BeautifulSoup関数の第2引数には、「パーサー」の種類を文字列として指定しています。パーサーとは、HTMLなどを解析して切り出すためのプログラムのことです。ここではHTMLを解析するので、HTMLのパーサーを意味する文字列「html.parser」を指定します。

以上の2つの引数を指定すると次のようになります。

```
bs4.BeautifulSoup(rs.text.encode(rs.encoding), 'html.parser')
```

bs4.BeautifulSoup関数は戻り値として、HTMLの要素を切り出せるかたちに変換されたオブジェクトが得られます。「BeautifulSoupオブジェクト」と呼ばれます（ライブラリ名と少し異なり、「Beautiful」と「Soup」の間に半角スペースがありません）。通常は変数に格納し、以降の処理に使います。ここでは変数名を「sp」とします。すると、コードは次のようになります。

```
sp = bs4.BeautifulSoup(rs.text.encode(rs.encoding), 'html.parser')
```

それでは、このコードを追加してください。あわせて、先ほどの回り道で書いたコード「print(rs.text)」はもう不要なので削除しておいてください。

▼追加・削除前

```
import requests


rs = requests.get('http://tatehide.com/kdata.php')
print(rs.text)
```

▼追加・削除後

```
import requests
import bs4


rs = requests.get('http://tatehide.com/kdata.php')
sp = bs4.BeautifulSoup(rs.text.encode(rs.encoding), 'html.parser')
```

このBeautifulSoupオブジェクトの変数spを【STEP3】の処理に使います。なお、変数spをprint関数で出力すると、同オブジェクトが持つHTMLテキストがインデントなしのかたちで出力されます。

これで【STEP2】までの処理が終了しました。ここまではいわば準備です。次節で【STEP3】の「変換したHTMLから目的のデータを取り出す」の処理を作ります。

なお、bs4.BeautifulSoup関数は厳密には、同名クラスのコンストラクタですが、関数と見なしても実用上は問題ありません。以下同様です。

「rs.text.encode(rs.encoding)」の意味

本節のコードにてbs4.BeautifulSoup関数の第1引数に指定した「rs.text.encode(rs.encoding)」について解説します。

このコードは2つの処理をくっつけて、連続して行うかたちになっています。前半部分の「rs.text」は先ほど回り道で体験したとおり、Responseオブジェクトのtext属性によって、HTMLのテキストを取得します。

後半の「encode」というメソッドでは、少々乱暴な言い方ですが、その取得したHTMLのテキストに対して、適切な文字コードを設定しています。このように適切な文字コードを設定することで、文字化けを防ぎます。

このencodeメソッドは引数に、変換したい文字コードを指定します。上記コードでは、「rs.encoding」と指定しています。Responseオブジェクトの「encoding」という属性を使うと、そのHTMLのテキストの文字コードを調べられます。それをencodeメソッドの引数に指定しています。試しに「rs.encoding」をprint関数で出力すると、「UTF-8」が文字コードとして得られることがわかります。

これら一連の処理によって、ザックリ言えば、HTMLのテキストとPythonの処理体系で文字コードが異なる際の文字化けを防ぎます。

HTMLからid名やclass名で目的のデータを取り出す

取得したHTMLから目的のデータを1つ取り出す

本節では前節の続きとして、【STEP3】の「変換したHTMLから目的のデータを取り出す」のコードを書いていきます。

【STEP3】の「変換したHTML」とは、【STEP2】で取得したBeautifulSoupオブジェクトのことです。変数spに格納したのでした。このBeautifulSoupオブジェクトの各種メソッドを使い、WebページのHTMLから目的のデータが含まれる要素を取り出します。

そのためのメソッドはいくつかありますが、本書ではその中の2つを用いるとします。1つめが「select_one」というメソッド、2つめが「select」というメソッドです。

select_oneメソッドは指定した1つの要素を取得します。書式は次のとおりです。

書式

```
BeautifulSoupオブジェクト.select_one(CSSセレクタ)
```

引数には、取得したい要素の「CSSセレクタ」を文字列として指定します。CSSセレクタとは、要素を特定するための仕組みです。もともとHTMLの中で、どの箇所の要素にCSS（デザインなど）を設定するのかを指定に使う仕組みでしたが、ここでのスクレイピングのように、他の用途でもよく使われています。

select_oneメソッドは主に、id名で要素を特定します。引数に指定するCSSセレクタは次の書式です。CSSセレクタでid属性を使う場合、id名の前に「#」を付けて記述する決まりとなっています。

【CSSセレクタ】

```
#id名
```

上記書式に従ってselect_oneメソッドおよびCSSセレクタを記述すると、指定したid名の要素のオブジェクトが戻り値として得られます。HTMLのルールとして、1つのHTMLの中に同じid名の要素は1つしかない決まりなので、select_oneメソッドで得られるのは1つの要素になります。

以上がselect_oneメソッドの使い方です。さっそく本章サンプルで、同メソッドを使ってみましょう。

前節にて、スクレイピング対象のWebページ「公共施設利用概況」のHTMLを解析しました。取得したい4つのデータのなかでid属性を使っているのは現在の日付でした。id名が「date」のp要素でした。6-2節の解析結果の【1】を改めて提示しておきます。

【1】現在の日付
p要素　id名「date」

この要素をselect_oneメソッドで取得します。id名は「date」なので、CSSセレクタは次のようになります。先述のとおり、id名の前に「#」を付けます。

【CSSセレクタ】

```
#date
```

BeautifulSoupオブジェクトはすでに変数spに格納してあります。すると、現在の日付の要素を取得するコードは次のようになることがわかります。CSSセレクタは文字列として指定しなければならないので、「'」で囲って記述します。

```
sp.select_one('#date')
```

これで、現在の日付の要素である、id名が「date」のp要素のオブジェクトが取得できました。

スクレイピングで実際に取得したいのは要素そのものではなく、Webページに表示されているデーター―つまり、要素内容です。要素のオブジェクトから要素内容を取り出すには、「string」という属性を用います。

書式

```
要素のオブジェクト.string
```

Webページ「公共施設利用概況」から現在の日付のデータを取り出すには、その要素のオブジェクトである「sp.select_one('#date')」に、このstring属性を付けます。

```
sp.select_one('#date').string
```

もちろん、「sp.select_one('#date')」を変数に格納し、それにstring属性を付けるかたちのコードでも構いません。

これで現在の日付のデータを取得できました。本来はこの日付のデータをExcelに集約・保存するのですが、ここで回り道として、意図通り取得できているのか、print関数で出力して確かめてみましょう。次のとおりコードを追加してください。

▼追加前

```
import requests
import bs4

rs = requests.get('http://tatehide.com/kdata.php')
sp = bs4.BeautifulSoup(rs.text.encode(rs.encoding), 'html.parser')
```

▼追加後

```
import requests
import bs4

rs = requests.get('http://tatehide.com/kdata.php')
sp = bs4.BeautifulSoup(rs.text.encode(rs.encoding), 'html.parser')

print(sp.select_one('#date').string)
```

追加できたら実行してください。すると、現在の日付が出力されます（画面1）。

▼画面1　id名が「date」の要素内容である日付けが出力された

```
In [15]:  1 import requests
          2 import bs4
          3
          4 rs = requests.get('http://tatehide.com/kdata.php')
          5 sp = bs4.BeautifulSoup(rs.text.encode(rs.encoding), 'html.parser')
          6
          7 print(sp.select_one('#date').string)
          2022/10/01
```

Webページ「公共施設利用概況」をWebブラウザーで開き、表示されている日付をチェックすれば、意図通り取得できていることが確認できるでしょう。

これがPythonによるスクレイピングの一例です。続けて、Webページ「公共施設利用概況」の残り3つのデータもスクレイピングで取得するコードを書きます。

class名で要素を取得するには

Webページ「公共施設利用概況」の残り3つのデータである利用人数と天気と最高気温は、6-2節で解析したとおり、すべてid属性ではなく、class属性を使っているのでした。6-2節の解析結果の【2】～【4】を改めて提示しておきます。

【2】利用人数
dd要素　class名「val」

【3】天気
dd要素　class名「val」

【4】最高気温
dd要素　class名「val」

先ほど使ったselect_oneメソッドは、id属性を持つ要素のように、Webページの中で1つしかない要素の取得に向いています。しかし、利用人数と天気と最高気温は、3つとも同じclass名「val」を持つため、select_oneメソッドでは実質取得できません（1つ目だけなら取得できます）。

このような要素の取得には、selectメソッドを使います。指定した複数の要素を取得するメソッドです。select_oneメソッドは1つの要素を取得するのに対し、selectメソッドは複数の要素を取得する点が大きな違いです。selectメソッドの書式は次のとおりです。

書式

```
BeautifulSoupオブジェクト.select(CSSセレクタ)
```

引数にはselect_oneメソッドと同じく、取得したい要素のCSSセレクタを文字列として指定します。class属性のCSSセレクタは次の書式で記述します。

【CSSセレクタ】

```
.class名
```

「.」（ピリオド）に続けてクラス名を記述します。利用人数と天気と最高気温の要素のクラス名は「val」でした。よって、次のように記述します。

【CSSセレクタ】

```
.val
```

このCSSセレクタをselectメソッドの引数に文字列として指定します。BeautifulSoupオブジェクトは変数spに格納してあるのでした。

```
sp.select('.val')
```

これでclass名が「val」の要素のオブジェクトを取得できました。さっそくstring属性でデータを取り出したくなりますが、上記コードにそのままstring属性を付けて「sp.select('.val').string」のように書いてしまうとエラーになります。

Webページ「公共施設利用概況」には、class名が「val」の要素は計3つあるのでした。そのため、selectメソッドでは、これら3つの要素のオブジェクトがリストとして得られます。リストはstring属性を持たないため、エラーとなるのです。

ここで再び回り道として、「sp.select('.val')」で得られる複数の要素のオブジェクトの中身を見てみましょう。Jupyter Notebookの別のセルに、上記コードをprint関数で出力するコードを入力して実行してください。すると、次の画面2のように、3つの要素がリストの形式で表示されます（print関数を使わなくても結果は同じです）。

▼画面2　class名「val」の3つの要素が出力された

```
In [24]:  1 print(sp.select('.val'))
          [<dd class="val">381</dd>, <dd class="val">晴</dd>, <dd class="val">27</dd>]
```

リストの各要素をよく見ると、前節の解析結果の【2】～【4】の要素のHTMLと全く同じであることがわかります。

ちなみに先ほど日付を取得した際の要素のコード「sp.select_one('#date')」も、同様に入力・実行すれば、id名が「date」の要素のHTMLが出力されます。

このように「sp.select('.val')」では、利用者数と天気と最高気温という3つの要素のオブジェクトのリストが得られます。これから各要素のオブジェクトを取り出せば、string属性が使え、データ（要素内容）を取得できるでしょう。

この3つの要素のオブジェクトはリスト形式なので、「リスト名[インデックス]」のように、インデックスを使えば、各要素のオブジェクトを取り出せます。たとえば、先頭の要素（利用者数）なら、インデックスに0を指定するよう、「sp.select('.val')」にそのままインデックスの「[0]」を付けます（図1）。

```
sp.select('.val')[0]
```

図1　class名「val」のリストから先頭の要素を取り出す

```
<dl>
    <dt class="data">利用者数(人)</dt>
    <dd class="val">434</dd>
    <dt class="data">天気</dt>
    <dd class="val">雨</dd>
    <dt class="data">最高気温(℃)</dt>
    <dd class="val">28.3</dd>
</dl>
```

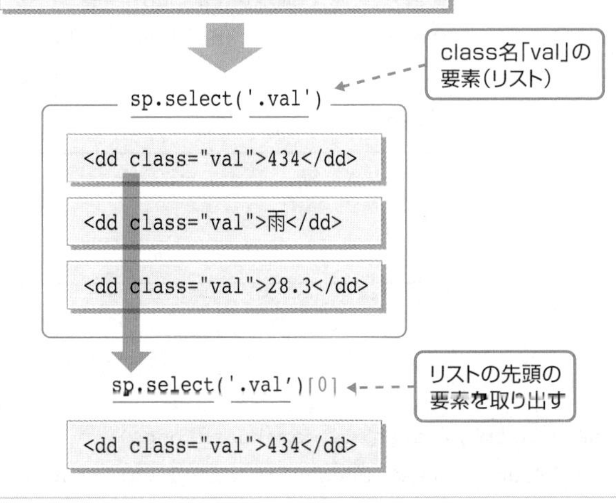

これで先頭の要素である利用者数の要素のオブジェクトを取り出せました。あとはstring属性を使えば、要素内容である利用者数のデータを取得できます。

```
sp.select('.val')[0].string
```

残り2つのデータも同様に取得できます。2つ目の要素である天気なら、インデックスに1を指定して、次のように記述します。

```
sp.select('.val')[1].string
```

3つ目の要素である最高気温は、インデックスに2を指定して、次のように記述します。

```
sp.select('.val')[2].string
```

これで利用人数と天気と最高気温のデータを取得するコードがわかりました。日付と同じく、回り道として、3つのデータをprint関数で出力してみましょう。次のように3つのコードを追加してください。

▼追加前

```
import requests
import bs4

rs = requests.get('http://tatehide.com/kdata.php')
sp = bs4.BeautifulSoup(rs.text.encode(rs.encoding), 'html.parser')

print(sp.select_one('#date').string)
```

▼追加後

```
import requests
import bs4

rs = requests.get('http://tatehide.com/kdata.php')
sp = bs4.BeautifulSoup(rs.text.encode(rs.encoding), 'html.parser')

print(sp.select_one('#date').string)
print(sp.select('.val')[0].string)
print(sp.select('.val')[1].string)
print(sp.select('.val')[2].string)
```

追加できたら実行してください。すると、次の画面3のように日付に続けて、利用人数と天気と最高気温が出力されます。これら3つのデータは、class名「val」とselectメソッドでスクレイピングして取得したものになります。

▼画面3　利用人数と天気と最高気温が出力された

```
In [2]:  1 import requests
         2 import bs4
         3
         4 rs = requests.get('http://tatehide.com/kdata.php')
         5 sp = bs4.BeautifulSoup(rs.text.encode(rs.encoding), 'html.parser')
         6
         7 print(sp.select_one('#date').string)
         8 print(sp.select('.val')[0].string)
         9 print(sp.select('.val')[1].string)
        10 print(sp.select('.val')[2].string)

        2022/09/29
        418
        晴
        27.5
```

class名でスクレイピングする方法、および【STEP3】の「変換したHTMLから目的のデータを取り出す」は以上です。なお、selectメソッドはCSSセレクタにclass名ではなく、タグ名を指定することもできます。指定したタグ名の要素をすべて取得し、リストとして得られます。

これで、本章サンプルのWebページ「公共施設利用概況」から、日付と利用者数、天気、最高気温の4つのデータをスクレイピングで取得できるようになりました。

また、プログラムとしては本来、Webページに接続できなかった場合などのエラー処理が必要です。通常はそれらのエラー処理をtry文などで実装するのですが、本書では割愛します。

次節では、スクレイピングで取得したデータを仕様通り、Excelのブック「公共施設データ」に集約・保存できるようプログラムを発展させます。

コラム

for文で出力するのが王道

本章サンプルでは、コード「sp.select('.val')」によって取得したclass名「val」の要素のオブジェクトのリストから、個々のオブジェクトを取り出す際、ひとつずつインデックスを付けて、3つのコードを書きました。

通常は次のように、for文のループで取り出すケースの方が圧倒的に多いです。

```
for elm in sp.select('.val'):
    print(elm.string)
```

ループで繰り返す度に、個々の要素が変数elmに格納されます。for文のブロックでは、その変数elmにstring属性を付けて、要素内容を取り出して出力しています。

この方法がいわば王道なのですが、本節でひとつずつインデックスを付けた理由は次節の最後で解説します。

6-5 スクレイピングしたデータをExcelの表に集約・保存しよう

本書で行うデータ集約・保存の概要

本章サンプルは前節までに、Webページ「公共施設利用概況」から日付と利用者数、天気、最高気温の4つのデータをスクレイピングで取得するところまでプログラムを作りました。本節から次節にかけて、それらのデータをExcelに集約・保存する処理を作ります。

6-1節の仕様紹介のとおり、Excelのブック「公共施設データ.xlsx」のワークシート「Sheet1」の表に集約・保存するのでした。その表の仕様は6-1節でも紹介しましたが、ここで再度提示します（表1）。A～D列に4つのデータを入力します。1行目が列見出しであり、スクレイピングで取得したデータは2行目から入力していくのでした。

▼表1　ブック「公共施設データ.xlsx」の表

項目	列	データ形式
日付	A	シリアル値
利用者数	B	整数
天気	C	文字列「晴」「曇」「雨」のいずれか
最高気温	D	小数（小数点第一位まで）

この処理を作っていくのですが、段階的なアプローチを採るとします。まずは表の2行目に固定したかたちでコードを書いていきます。本来は2行目にデータを入力し、翌日またスクレイピングで取得したデータを3行目に入力し、そのまた翌日は4行目……と行方向に増えていくのですが、まずは必ず2行目に固定したままデータを入力するとします。その次に、行方向に増えつつデータを追加で入力していけるようコードを発展させます。

取得したデータを表の2行目に入力

それでは、表の2行目に固定したかたちで、スクレイピングで取得した4つのデータを入力する処理を作ります。

そのコードはどう書けばよいか、これまで学んだ内容をふまえて考えると、OpenPyXLを使い、ブック「公共施設データ.xlsx」のワークシート「Sheet1」のA2セル、B2セル、C2セル、D2セルそれぞれに、前節で取得した日付、利用者、天気、最高気温のデータを入力すればよさそうです。

A2セルに日付を入力するコードなら、ワークシートのオブジェクトが変数「ws」に格納されていると仮定すれば、前節を踏まえ、次のよう書けばよさそうです。

```
ws.cell(2, 1).value = sp.select_one('#date').string
```

B2セル以降も前節を踏まえ、同様にコードを考えます。

▼B2セルに利用者数を入力

```
ws.cell(2, 2).value = sp.select('.val')[0].string
```

▼C2セルに天気を入力

```
ws.cell(2, 3).value = sp.select('.val')[1].string
```

▼D2セルに最高気温を入力

```
ws.cell(2, 4).value = sp.select('.val')[2].string
```

これら4つのコードをひとまず追加してみましょう。前節ではprint関数で出力していた各データを、セルの値に入力するよう書き換えます。あわせて、ブック「公共施設データ.xlsx」を開き、ワークシート「Sheet1」のオブジェクトを変数wsに格納するコード、同ブックを上書き保存して閉じるコードも追加します。これらは第3章までのコードを流用するとします。

また、スクレイピングはインターネット経由の通信を行う処理であり、メール送信と同じく、処理時間はネットワークの状況などに左右される可能性があります。そこで、処理が終わったことが明確にわかるよう、最後に「終了」とprint関数で出力するコードも追加するとします。

以上を踏まえ、コードを次のように追加・変更してください。OpenPyXLのモジュールをインポートするコードも忘れずに追加します。

▼追加・変更前

```
import requests
import bs4

rs = requests.get('http://tatehide.com/kdata.php')
sp = bs4.BeautifulSoup(rs.text.encode(rs.encoding), 'html.parser')

print(sp.select_one('#date').string)
print(sp.select('.val')[0].string)
print(sp.select('.val')[1].string)
print(sp.select('.val')[2].string)
```

▼追加・変更後

```
import requests
import bs4
import openpyxl
```

```
rs = requests.get('http://tatehide.com/kdata.php')
sp = bs4.BeautifulSoup(rs.text.encode(rs.encoding), 'html.parser')

path = 'pyxlml¥¥公共施設データ.xlsx'
wb = openpyxl.load_workbook(path)
ws = wb.worksheets[0]

ws.cell(2, 1).value = sp.select_one('#date').string
ws.cell(2, 2).value = sp.select('.val')[0].string
ws.cell(2, 3).value = sp.select('.val')[1].string
ws.cell(2, 4).value = sp.select('.val')[2].string

wb.save(path)
wb.close()
print('終了')
```

追加･変更できたら、実行してください。ブック「公共施設データ.xlsx」が開いたままだと、上書き保存の処理でエラーになってしまうので、必ず閉じてから実行してください。

「終了」と出力されたのを見届けたら、ブック「公共施設データ.xlsx」を開いてください。すると、次の画面のような状態になっていることでしょう。みなさんのお手元ではもちろん、日付はアクセスした当日のもの、利用者数と天気と最高気温はランダムな値になっており、これら4つのデータだけは次の画面1と全く同じにはなりません。

▼画面1　A4～D4セルに取得したデータが入力されたが……

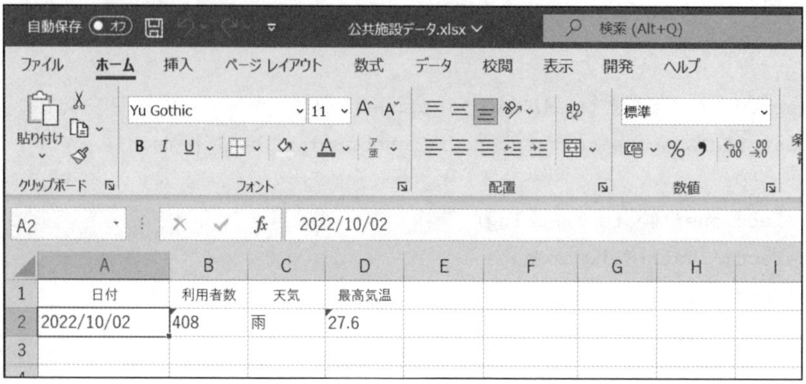

A2～D4セルまで、日付から最高気温までの各データが入力されています。これで一見よさそうに見えますが、実はC2セルの天気以外は、このままでは集計・分析に使えません。

利用者数のB2セルと最高気温のD2セルに注目してください。よく見ると、セルの左上角に小さな緑色の三角印が表示されています。これは、数値が文字列として入力されている状態を示します。

さらによく見ると、左揃えで表示されています。Excelは標準では、文字列は左揃え、数値は右揃えでセルに表示されます。B2セルは本来、数値なので右揃えで表示されるはずですが、文字列扱いになってしまっているので左揃えで表示されています。

D2セルも全く同じ症状です。C3セルの天気は文字列なので、今のまま左揃えで問題ありません。

そして、A2セルについても、シリアル値（Excel標準の日付・時刻のデータ）として入っているなら右揃えで表示されるはずが､左揃えになっています。こちらもシリアル値ではなく、文字列で入力されてしまっています。

この原因は、スクレイピングで取得したデータはすべて文字列であり、それをそのままExcelのセルに入力したからです。前節までに学んだように、スクレイピングはWebページのHTMLのテキストから、目的のデータの要素を取得したのち、その要素内容をstring属性で取得するのでした。元のHTMLがテキストなので、取得するデータもたとえ数字であっても、テキストなのです（図1）。

図1　4つのデータはすべてテキストとして取得

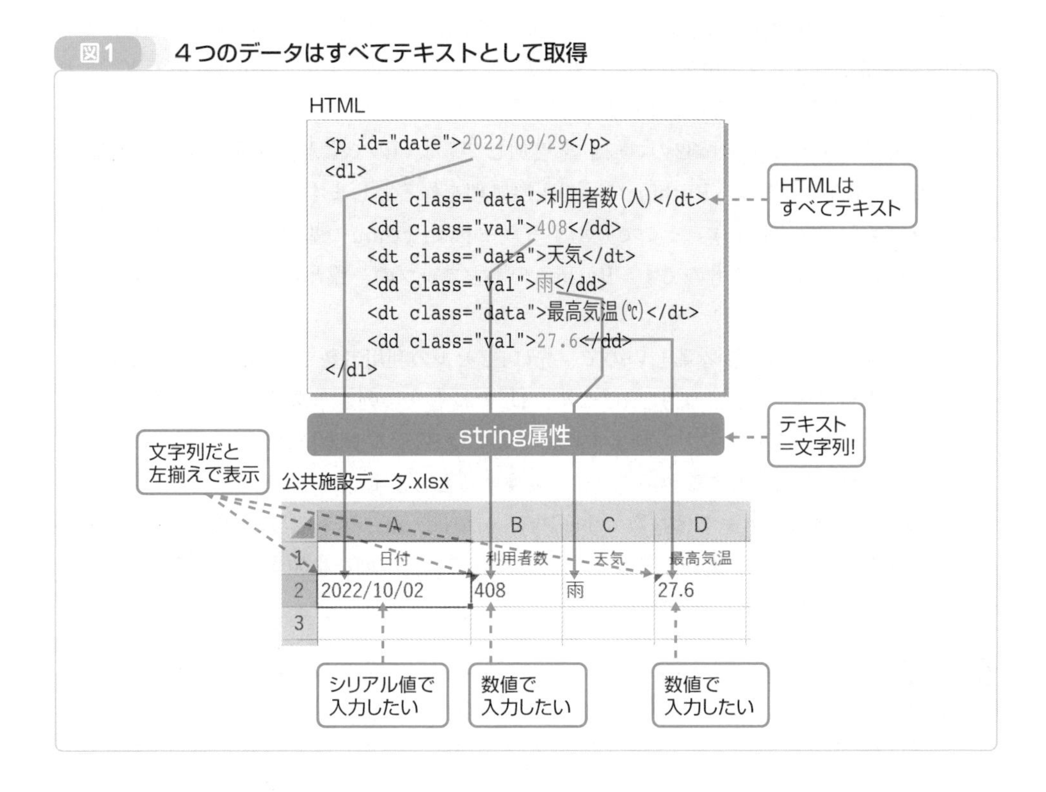

ややこしいことに、Pythonのプログラムの中では、純粋な数値と文字列の数字は見た目が同じでも、異なる型のデータとして扱われます。たとえば、変数「a」に代入するケースなら、「a = 1」と書けば、この1は数値型になり、「a = '1'」と「'」で囲って書くと、この1は文字列型になります。文字列としての1では、計算に使えません。集計・分析も同様です。

先ほどの利用者数と最高気温はまさにこの状態なのです。日付もシリアル値の正体は整数であり、文字列ではシリアル値としての機能を果たせません。

このようにExcelで数値データが文字列として入力されてしまうのは、Pythonのスクレイピングに限らず、外部からデータを取り込んだ際にしばしば起こる現象です。

セルに入力前にデータを適宜変換

これらA2セルの日付、B2セルの利用者数、D2セルの最高気温を集計・分析に使えるようにするには、現在の文字列から、A2セルはシリアル値、B2セルとD2セルは数値に変換する必要があります。

Excelに詳しい方なら、「セルをダブルクリックとかして一度編集状態にして、Enter キーとかで確定すれば、Excelが勝手に変換してくれるよ」というワザをご存知でしょう。このワザと同じ操作をPythonで自動実行すれば、確かに変換できます。処理としては、現在の値を代入しなおすというものです。

ただ、OpenPyXLのセルのオブジェクトのvalue属性では、現在の値を代入しなおすコードを実行しても、残念ながらExcelの方で勝手に変換してくれません。第4章のPDF化で用いたpywin32なら、セルの値を代入しなおす処理のVBAのコードをPython経由で実行すれば、Excel側で勝手に変換してくれます。

ここでもそのようなpywin32のコードを追加してもよいのですが、今回は練習を兼ねて、pywin32とVBAは使わず、Pythonだけで変換処理を作るとします。OpenPyXLではなく、組み込み関数などを使います。そこで登場するコードはPythonの基礎でもあり、他にもさまざまなシーンで応用できるものです。Pythonの実力アップの一環として、ぜひ挑戦しましょう。

A2セルの日付の変換は少々難しいので、先にB2セルの利用者数とD2セルの最高気温を変換する処理からコードを書きます。B2セルもD2セルも文字列から数値に変換します。変換するタイミングはいろいろ考えられますが、ここではB2セルおよびD2セルにスクレイピングで取得したデータを代入するタイミングで変換するとします。

B2セルの利用者数のデータは整数です。Pythonでは、組み込み関数の「int」という関数を使うと、文字列を整数に変換できます。引数に目的の文字列を指定すると、整数に変換して返します。

書式

```
int(文字列)
```

利用者数のデータは「sp.select('.val')[0].string」で取得しているのでした。このデータは文字列になります。これをint関数で数値に変換するよう、int関数の引数に丸ごと指定します。

```
int(sp.select('.val')[0].string)
```

これで、B2セルには、スクレイピングで取得した文字列としての利用者数のデータを、数値に変換して入力できるようになりました。

D2セルの最高気温は小数です。文字列を小数に変換するには、同じく組み込み関数の「float」という関数を使います。書式は次のようになります。使い方はint関数と同じです。引数に指定した文字列を小数に変換して返します。

書式

```
float(文字列)
```

最高気温のデータは「sp.select('.val')[2].string」で取得しているのでした。このデータは文字列になります。これをfloat関数で数値に変換するよう、float関数の引数に丸ごと指定します。

```
float(sp.select('.val')[2].string)
```

とりあえず以上をお手元のコードに反映させましょう。次のようにコードを追加してください。利用者数および最高気温のデータをセルに入力するコードにて、=演算子の右辺をint関数およびfloat関数で囲むよう追加するだけです。

▼追加前

```
          :
          :
ws.cell(2, 1).value = sp.select_one('#date').string
ws.cell(2, 2).value = sp.select('.val')[0].string
ws.cell(2, 3).value = sp.select('.val')[1].string
ws.cell(2, 4).value = sp.select('.val')[2].string
          :
          :
```

▼追加後

```
          :
          :
ws.cell(2, 1).value = sp.select_one('#date').string
ws.cell(2, 2).value = int(sp.select('.val')[0].string)
ws.cell(2, 3).value = sp.select('.val')[1].string
ws.cell(2, 4).value = float(sp.select('.val')[2].string)
          :
          :
```

追加できたら、ブック「公共施設データ.xlsx」を閉じたのち、実行してください。実行し終えたら、ブック「公共施設データ.xlsx」を開いてください。すると、次の画面2のような状態になります。

▼画面2　B2セルとD2セルが数値として入力された

A2　fx 2022/10/02

	A	B	C	D	E	F	G	H	I
1	日付	利用者数	天気	最高気温					
2	2022/10/02	394	曇	28.3					
3									
4									

A2セルの日付については、コードは触っていないので、実行結果も何ら変わりません。B2セルの利用者数とD2セルの最高気温は、データが右揃えで表示され、セル左上の緑色の三角印もなくなりました。これで数値として入力されている状態になり、集計・分析に活用可能となりました。確認できたら、ブック「公共施設データ.xlsx」を閉じておいてください。

なお、利用者数のデータはfloat関数で小数に変換してB2セルに入力しても、Excel側で整数として扱ってくれるため、何ら問題なく集計・分析に使えます。

残りのA2セルの日付を文字列から変換する処理は次節で作成します。そのあと、2行目以降もデータを入力できるようコードを発展させます。

コラム

なぜfor文を使わないのか

前節末のコラムでは、HTMLの要素のリストから個々の要素を取得するには、for文を使うのが王道と述べました。一方、前節と本節では、ひとつずつインデックスを付けて取得しています。この理由は本節で書いたコードのように、その要素の要素内容を文字列から変換するためです。しかも、利用者数は整数、最高気温は小数、次節で変換する日付はシリアル値など、データ型が異なります。それゆえ、ひとつずつインデックスを付けて取得し、個々に変換しているのです。もちろん、for文を使ってもできないことはないのですが、インデックスを使ったコードの方がわかりやすくシンプルなので、本書ではその方法を採用しました。

日付を文字列からExcelのシリアル値に変換しよう

日付の文字列を変換する処理の流れ

本節では、日付を文字列からExcelのシリアル値に変換する処理を作ります。その方法は何通りかありますが、次の流れとします。

【STEP1】スクレイピングで取得した日付の文字列を、Pythonの日付・時刻型データに変換

【STEP2】その日付・時刻型データを、Pythonの日付型データに変換

【STEP3】その日付型データをExcelのA2セルに代入

ここでいう日付・時刻型データとは、年月日と時分秒の情報を含むデータです。日付型データとは、年月日のみのデータです。【STEP2】でわざわざ日付・時刻型から日付型に変換するのは、Pythonでは日付の文字列は日付・時刻型にしか変換できないからです。いきなり文字列から日付型には変換できません。そのため、【STEP1】から【STEP2】の流れが必要となっているのです。

変換はdatetimeモジュールの関数ひとつでOK!

さっそくコードを書きましょう。Pythonで日付の文字列を日付・時刻型データに変換するには、datetimeモジュールの「datetime.datetime.strptime」という関数を使います。datetimeモジュールは以前第3章で、Excelの請求書を作成する際、現在の日付を取得するdatetime.date.today関数を使いました。他にも日付・時刻処理の多彩な関数が揃っています。

datetime.datetime.strptime関数の書式は次のようになります。

書 式

```
datetime.datetime.strptime(日付・時刻, フォーマット)
```

第1引数には、目的の日付・時刻を文字列として指定します。日付だけの文字列も指定できます。たとえば、「'2022/10/01'」などです。その場合、時分秒はすべて0と見なされます。

第2引数には、第1引数に指定した日付・時刻の文字列フォーマットを指定します。どういうことかと言うと、第1引数の「日付・時刻の文字列」と一言で言っても、年月日の区切りが「/」なのか「-」なのかなど、さまざまなフォーマット（形式）が考えられます。

第1引数の日付・時刻は極端な言い方をすれば、好きなフォーマットの文字列を指定できます。そのかわり、具体的にどういったフォーマットなのか、第2引数に指定します。このよう

にdatetime.datetime.strptime関数に対して、日付・時刻の文字列とフォーマットをセットで教えてやることで、適切に変換できるようにします。datetime.datetime.strptime関数は、引数にこのように指定する仕組みと決められているのです。

第2引数のフォーマットは「ディレクティブ」という特殊な文字による指定方法を使って指定します。日付に関する主なディレクティブは次の表1の通りです。他に時刻や曜日のディレクティブもあります。

▼表1 主なディレクティブ

ディレクティブ	意味
%Y	西暦（4桁）の10進数の年
%m	10進数の月。1桁なら0で埋める
%d	10進数の日。1桁なら0で埋める

これらディレクティブに加え、年月日を区切る「/」や「:」や半角スペースなども交えてフォーマットを組み立て、第2引数に文字列として指定します。

たとえば、「2022/10/01」という形式（「/」区切り。1桁なら0で埋める）日付・時刻の文字列（この例は日付のみ）なら、次のように記述します。

```
%Y/%m/%d
```

上記は次の3つのディレクティブを用いています。表1のディレクティブそのものです。これら3つの間を「/」で区切るフォーマットを指定していることになります。

%Y　西暦（4桁）の10進数の年
%m　10進数の月。1桁なら0で埋める
%d　10進数の日。1桁なら0で埋める

第2引数には文字列として指定するので、「' 」で囲って「'%Y/%m/%d'」と記述することになります。

以上がdatetime.datetime.strptime関数の2つの引数の指定方法です。実行すると、文字列から変換した日付・時刻型データを返します。この日付・時刻型データは、厳密にはオブジェクトです。「datetime.datetime」という名前のオブジェクトになります。以降は「datetime.datetimeオブジェクト」と呼ぶとします。

ここで回り道として、datetime.datetime.strptime関数の簡単なコードを単独で実行して体験しましょう。第1引数と第2引数は先ほどの例をそのまま指定するとします。

```
datetime.datetime.strptime('2022/10/01', '%Y/%m/%d')
```

上記コードの戻り値となるdatetime.datetimeオブジェクトをそのままprint関数で出力するとします。datetimeモジュールをインポートするコードも必要です。

```
import datetime

print(datetime.datetime.strptime('2022/10/01', '%Y/%m/%d'))
```

上記コードをJupyter Notebookの新しいセルに入力し実行してください。すると、次の画面1のように、文字列「2022/10/01」から変換した日付・時刻が表示されます。

▼画面1 文字列を日付・時刻に変換した

```
In [10]:  1 import datetime
          2
          3 print(datetime.datetime.strptime('2022/10/01', '%Y/%m/%d'))

          2022-10-01 00:00:00
```

文字列「2022/10/01」を変換したdatetime.datetimeオブジェクトの内容が出力されたことになります。年月日が「-」(ハイフン) で区切られ、半角スペースを挟み、時分秒が「:」(コロン) で区切られています。これがPythonの標準の日付・時刻のデータ型の姿です。元の文字列は日付のみであり、時刻が含まれていなかったため、時分秒はすべて自動で0になっています。

変換した日付のデータをA2セルに入力

【STEP1】に必要となる日付の文字列をPythonの日付・時刻型データ (datetime.datetimeオブジェクト) に変換する方法がわかりました。具体的なコードを考える前に、【STEP2】で必要となる日付・時刻型データを日付型データに変換する方法を先に解説します。

日付・時刻型データであるdatetime.datetimeオブジェクトを日付のデータに変換するには、datetime.datetimeオブジェクトの「date」というメソッドを使います。書式は次のようになります。引数はありません。

書式

```
datetime.datetimeオブジェクト.date()
```

実行すると、日付型データを返します。厳密には、「datetime.date」という名前のオブジェクトになります。

ここで再び回り道として、dateメソッドを体験しましょう。先ほどのdatetime.datetime.strptime関数の体験で得たdatetime.datetimeオブジェクトに対して、dateメソッドを使って日付型データに変換し、print関数で出力するとします。

そのdatetime.datetimeオブジェクトは「datetime.datetime.strptime('2022/10/1', '%Y/%m/%d')」で得られるのでした。このコードに、dateメソッドをそのまま付けます。

```
datetime.datetime.strptime('2022/10/1', '%Y/%m/%d').date()
```

これで日付型データに変換されます。では、先ほどの体験のコードを次のように追加してください。コードが長くなったので、途中で改行しています。

▼追加前

```
import datetime

print(datetime.datetime.strptime('2022/10/01', '%Y/%m/%d'))
```

▼追加後

```
import datetime

print(datetime.datetime.strptime(
    '2022/10/01', '%Y/%m/%d').date())
```

追加できたら、ブック「公共施設データ.xlsx」が閉じてあるのを確認したうえで、実行してください。すると、次の画面2のように、文字列「2022/10/01」から変換した日付が表示されます。日付型データに変換したため、時刻はなく、日付だけになります。

▼画面2　日付・時刻を日付に変換した

```
In [6]:  1 import datetime
         2
         3 print(datetime.datetime.strptime(
         4     '2022/10/01', '%Y/%m/%d').date())

        2022-10-01
```

以上が日付・時刻型データを日付型データに変換する方法です。体験もここまでです。本章サンプルに戻ります。

Webページから日付を取得してA2セルに入力

それでは、ここまでを踏まえ、【STEP1】と【STEP2】のコードを書きましょう。

【STEP1】は、スクレイピングで取得した日付の文字列を、Pythonの日付・時刻型データに変換する処理でした。この変換はdatetime.datetime.strptime関数を使えばよいのでした。

同関数の第1引数には、スクレイピングで取得した日付の文字列を指定します。そのコードは「sp.select_one('#date').string」でした。

第2引数には、フォーマットを指定します。スクレイピングで取得した日付は「2022/10/01」など、先ほどの例と同じ形式です。よって、目的のフォーマットは「%Y」などのディレクティブを使い、「'%Y/%m/%d'」と書けばよいことになります。

これら2つの引数を指定するのですが、第1引数に「sp.select_one('#date').string」をそのまま指定すると、コードが長くなりすぎて、わかりづらくなってしまいます。そこで、変数に格納し、その変数を第1引数に指定するとします。変数名は何でもよいのですが、ここでは「date」とします。格納するコードは次のようになります。

```
date = sp.select_one('#date').string
```

この変数dateをdatetime.datetime.strptime関数の第1引数に指定します。第2引数には、「'%Y/%m/%d'」をそのまま指定します。

そして、得られたdatetime.datetimeオブジェクトは変数に格納して、以降の処理に用いるようにします。先ほどのdateメソッドの体験でおわかりのとおり、datetime.datetime.strptime関数の後ろにそのままdateメソッドを付けると、コードが長くなりすぎてしまいます。

datetime.datetimeオブジェクトを格納する変数は、ここでは「dtime」とします。以上を踏まえると、コードは次のようになります。

```
dtime = datetime.datetime.strptime(date, '%Y/%m/%d')
```

これら2つコードが【STEP1】のコードになります。続けて、【STEP2】のコードを考えましょう。

datetime.datetimeオブジェクトは変数dtimeに格納されています。そのdateメソッドを使って、日付型データに変換します。コードは次のようになります。

```
dtime.date()
```

これが【STEP2】のコードです。あとは【STEP3】の処理として、上記の日付型データをExcelのA2セルに代入します。コードは次のようになります。【STEP2】と【STEP3】を含むコードになります。

```
ws.cell(2, 1).value = dtime.date()
```

それでは、本章サンプルのコードに、上記の【STEP1】の2つのコード、および【STEP2】と【STEP3】を含むコードを次のように追加してください。B2セルに利用者数を入力するコードとの間には、空白行を入れるとします。datetimeモジュールをインポートするコードも忘れずに追加します。

▼追加・変更前

```
import requests
import bs4
import openpyxl

rs = requests.get('http://tatehide.com/kdata.php')
sp = bs4.BeautifulSoup(rs.text.encode(rs.encoding), 'html.parser')

path = 'pyxlml¥¥公共施設データ.xlsx'
wb = openpyxl.load_workbook(path)
ws = wb.worksheets[0]

ws.cell(2, 1).value = sp.select_one('#date').string
ws.cell(2, 2).value = int(sp.select('.val')[0].string)
ws.cell(2, 3).value = sp.select('.val')[1].string
ws.cell(2, 4).value = float(sp.select('.val')[2].string)

wb.save(path)
wb.close()
print('終了')
```

▼追加・変更後

```
import requests
import bs4
import openpyxl
import datetime
```

```
rs = requests.get('http://tatehide.com/kdata.php')
sp = bs4.BeautifulSoup(rs.text.encode(rs.encoding), 'html.parser')

path = 'pyxlml¥¥公共施設データ.xlsx'
wb = openpyxl.load_workbook(path)
ws = wb.worksheets[0]

date = sp.select_one('#date').string
dtime = datetime.datetime.strptime(date, '%Y/%m/%d')
ws.cell(2, 1).value = dtime.date()

ws.cell(2, 2).value = int(sp.select('.val')[0].string)
ws.cell(2, 3).value = sp.select('.val')[1].string
ws.cell(2, 4).value = float(sp.select('.val')[2].string)

wb.save(path)
wb.close()
print('終了')
```

追加できたら、実行してください。その際、実行前にはブック「公共施設データ.xlsx」を閉じておいてください。実行し終えたら、ブック「公共施設データ.xlsx」を開いてください。すると、次の画面3のように、A2セルに日付が入力されます。

▼**画面3　日付がシリアル値で入力された**

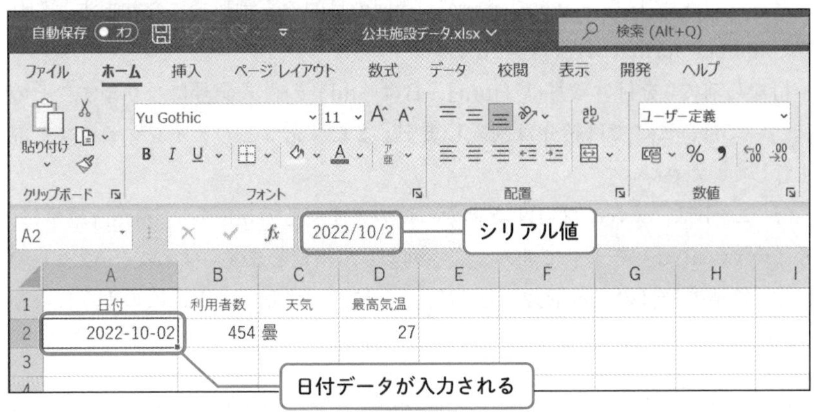

ちゃんと右揃えで表示されており、かつ、上記画面はA2セルを選択した状態であり、数式バーを見ると、ちゃんとシリアル値で入力されていることがわかります。ただし、A2セルでは、年月日が「-」で区切られた形式になっています。この形式はPython標準の日付の形式でした。

また、［ホーム］タブの表示形式を見ると、「ユーザー定義」になっています。その設定内容を見ると、Python標準の日付けの形式になっています。6-1節の仕様紹介でも触れたとおり、あえてA列の表示形式を標準のままにしたのですが、上記コードでA2セルに日付を入力したことで、表示形式が「ユーザー定義」としてPython標準の形式に自動で設定されたのです。

セルの表示形式をPythonで設定する

A2セルはこのままの表示形式でもよいのですが、練習を兼ねて、Excelの標準的な日付の表示形式「年/月/日」に設定する処理を追加しましょう。年月日を「/」で区切ります。年は西暦4桁、月と日は1桁の場合、前に0が付かない形式です。

表示形式はセルのオブジェクトの「number_format」という属性で設定します。書式は次のようになります。

書式

```
セルのオブジェクト.number_format = 書式記号
```

number_format属性に代入する「書式記号」によって、表示形式を指定します。Excelのセルの表示形式と同じ書式記号が使えます。今回の目的の日付の表示形式には、次の書式記号を使います（表2）。

▼表2 日付の表示形式

項目	書式記号	備考
年	yyyy	西暦4桁
月	m	1桁なら前に0を付けない
日	d	1桁なら前に0を付けない

これら年と月と日を「/」で区切った次の記述が、今回の目的の表示形式になります。これを文字列として、number_format属性に代入します。

ちなみに、一桁なら前に0を付ける月は「mm」、日は「dd」の書式記号になります。その他の書式記号については、ここでは紹介は割愛します。また、先ほどのディレクティブと混同しないよう注意してください。

A2セルのオブジェクトは「ws.cell(2, 1)」とわかっています。そのnumber_format属性に、目的の書式記号「yyyy/m/d」を「'」で囲み、文字列として指定します。よって、A2セルの表示形式を、Excel標準の日付の表示形式「年/月/日」に設定するコードは次のようになります。

```
ws.cell(2, 1).number_format = 'yyyy/m/d'
```

では、このコードを追加しましょう。日付をA2セルに入力するコードの下に追加するとします。

▼追加前

```
        :
        :
date = sp.select_one('#date').string
dtime = datetime.datetime.strptime(date, '%Y/%m/%d')
ws.cell(2, 1).value = dtime.date()

ws.cell(2, 2).value = int(sp.select('.val')[0].string)
        :
        :
```

▼追加後

```
        :
        :
date = sp.select_one('#date').string
dtime = datetime.datetime.strptime(date, '%Y/%m/%d')
ws.cell(2, 1).value = dtime.date()
ws.cell(2, 1).number_format = 'yyyy/m/d'

ws.cell(2, 2).value = int(sp.select('.val')[0].string)
        :
        :
```

追加できたら、ブック「公共施設データ.xlsx」を閉じたうえで、実行してください。実行し終えたら、ブック「公共施設データ.xlsx」を開いてください。すると、次の画面4のように、A2セルの表示形式が目的のExcel標準形式に設定されています。

▼画面4　表示形式がExcel標準の「yyyy/m/d」に設定された

なお、実は【STEP2】で日付型に変換せず、日付・時刻型のままA2セルに代入しても、時刻のデータ「00:00:00」が残りますが、その次で表示形式を「yyyy/m/d」に設定すれば、同じ結果が得られます。また、時刻のデータが残ったままでも、集計･分析は問題なくできます。ここでは練習を兼ねて、あえて日付・時刻型から日付型に変換しました。

Excelのセルの「表示形式」

ご存知の方もいるかと思いますが、Excelの日付は、データそのものはシリアル値であり、どのような形式でセル上に表示するのかは、「表示形式」によって指定できます。時刻も同様です。他にも、数値を通貨の形式で表示したり、小数をパーセントの形式で表示したりするなど、データの種類に応じて、多彩な形式で表示できます。

2行目以降にもデータ入力を可能にしよう

ここまでに、Webページ「公共施設利用概況」からスクレイピングで取得した日付、利用者数、天気、最高気温の4つのデータを、Excelのブック「公共施設データ.xlsx」のA2～D2セルに意図通り入力できるようになりました。ここまでは前節冒頭で述べたように、2行目に固定したかちでプログラムを作成しました。ここからは、2行目以降にも行方向に増えつつ、データを追加で入力できるようプログラムを発展させます。

それに先立ち準備として、ブック「公共施設データ.xlsx」のワークシート「Sheet1」の2行目全体を削除します。理由は本節のプログラム作成後に改めて解説しますので、とりあえず削除しましょう。2行目の行番号の部分を右クリック→［削除］をクリックしてください。A2～A4セルの値だけを Delete キーなどで削除するのではなく、必ず2行目全体を削除してください（画面5）。

▼画面5　ブック「公共施設データ.xlsx」の2行目全体を削除

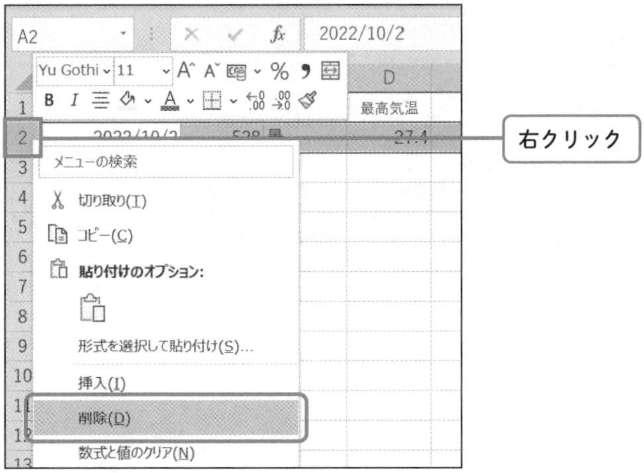

2行目全体を削除できたら、上書き保存したのちブックを閉じてください。これで準備は完了です。

2行目以降にもデータを追加で入力可能とする処理手順は何通りか考えられますが、ここではExcelの請求書作成のプログラムのカイゼン（3-7節）の際に利用したmax_row属性による方法とします。OpenPyXLにおけるワークシートのオブジェクトの属性のひとつであり、そのワークシートでデータが入っている最後のセルの行番号を数値として取得できるのでした。

このmax_row属性を使い、ブック「公共施設データ.xlsx」のワークシート「Sheet1」にて、現在データが入っている最後のセルの行番号を取得します。

たとえば、日付など4つのデータがまったく入力されていない状態なら、現在は見出しが入っている1行目しか値は入っていません。この場合、データが入力されている最後のセルは1行目になるので、max_row属性は1が得られます。そして、次にスクレイピングで取得したデータは、2行目（A2～D2セル）に入力することになります。

次に、データが1日ぶんだけ入力されている状態を考えます。現在は2行目にのみデータが入力されている状態になります。この場合、データが入力されている最後のセルは2行目なので、max_row属性は2が得られます。そして、次にスクレイピングで取得したデータは、3行目に入力することになります。

以下同様に考えると、次にスクレイピングで取得したデータを入力する行は、現在データが入力されている最後のセルの行の1行下であるとわかります。つまり、その現在データが入力されている最後のセルの行——max_row属性の値に1を足した行が、データの入力先の行となります。

このmax_row属性の値に1を足した数値を、日付など4つのデータをセルに入力するコードのcellメソッドの第1引数の行に指定します。これで、2行目以降もデータを追加で入力可能になるでしょう（図1）。

図1 max_row属性の値に1を足した行に入力

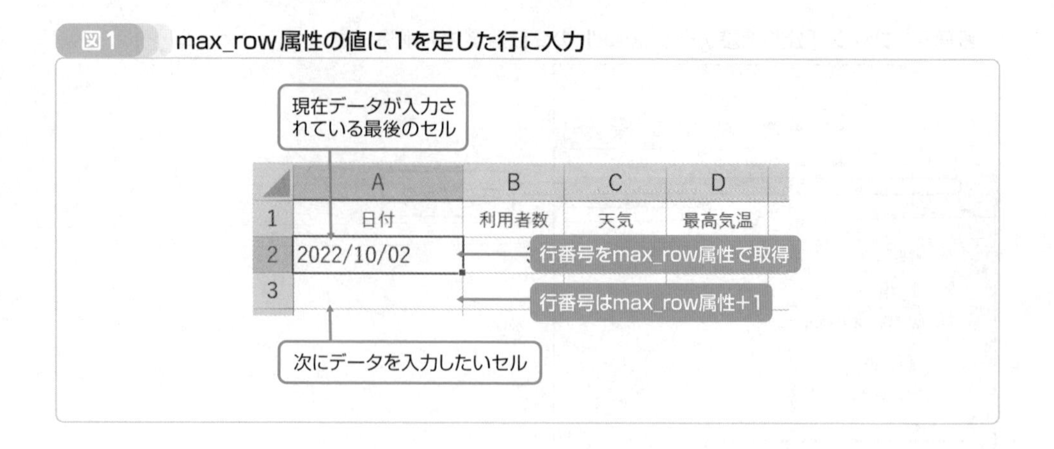

2行目以降にもデータを追加で入力可能とする処理手順がわかったところで、さっそくコードに落とし込んでいきましょう。

ブック「公共施設データ.xlsx」のワークシート「Sheet1」のオブジェクトは、すでに変数wsに格納されているのでした。現在データが入力されている最後のセルの行は、max_row属性を使って「ws.max_row」で得られます。この属性の値に1を足した値が、データを入力する行番号になるので、次のように「ws.max_row」に1を足します。

```
ws.max_row + 1
```

上記コードをcellメソッドの第1引数の行にそのまま記述してもよいのですが、該当箇所は計5つあり、すべてにそのまま記述すると、コード全体が見づらくなるうえに、メンテナンス性の低下も招いてしまいます。

そこで、上記「ws.max_row + 1」を変数に格納し、その変数をcellメソッドの第1引数の行に指定するかたちとします。変数名は何でもよいのですが、ここでは「row」とします。すると、格納するコードは次のようになります。

```
row = ws.max_row + 1
```

この変数rowを使い、cellメソッドの第1引数に指定していた行番号の2を置き換えます。たとえばA2セルの日付を入力するコードなら、次のようになります。

```
ws.cell(row, 1).value = dtime.date()
```

以上を踏まえ、コードを追加・変更しましょう。まず「row = ws.max_row + 1」を追加します。そして、cellメソッドの第1引数の行に2をしている箇所が5つあるので、すべての2を変数rawに置き換えます。

▼追加・変更前

```
        :
        :
ws = wb.worksheets[0]

date = sp.select_one('#date').string
dtime = datetime.datetime.strptime(date, '%Y/%m/%d')
ws.cell(2, 1).value = dtime.date()
ws.cell(2, 1).number_format = 'yyyy/m/d'

ws.cell(2, 2).value = int(sp.select('.val')[0].string)
ws.cell(2, 3).value = sp.select('.val')[1].string
ws.cell(2, 4).value = float(sp.select('.val')[2].string)
        :
        :
```

▼追加・変更後

```
        :
        :
ws = wb.worksheets[0]

row = ws.max_row + 1

date = sp.select_one('#date').string
dtime = datetime.datetime.strptime(date, '%Y/%m/%d')
ws.cell(row, 1).value = dtime.date()
ws.cell(row, 1).number_format = 'yyyy/m/d'

ws.cell(row, 2).value = int(sp.select('.val')[0].string)
ws.cell(row, 3).value = sp.select('.val')[1].string
ws.cell(row, 4).value = float(sp.select('.val')[2].string)
        :
        :
```

追加・変更できたら実行してください。ブック「公共施設データ.xlsx」を開くと、スクレイピングで取得したデータが2行目に入力されています。ここまでは今まで同じです（画面6）。

▼画面6 2行目にデータが入力された

A2 | 2022/10/2

	A	B	C	D	E
1	日付	利用者数	天気	最高気温	
2	2022/10/2	386	雨	28.4	
3					
4					
5					

同ブックをそのまま閉じてください。続けて、プログラムをもう1回実行してください。ブック「公共施設データ.xlsx」を開くと、次の画面のように、データが3行目に入力されています。同じ日に実行するので、同じ日付になります。利用者数と天気と最高気温はランダムに変化します（画面7）。

▼画面7 3行目のデータが入力された

A2 | 2022/10/2

	A	B	C	D	E
1	日付	利用者数	天気	最高気温	
2	2022/10/2	386	雨	28.4	
3	2022/10/2	528	晴	26.5	
4					
5					

以下同様に、実行する度、スクレイピングで取得したデータが4行目以降に増えていくかたちで、追加で入力されていきます。

本章のサンプルはこれで完成とします。スクレイピングの基礎とともに、文字列から数値または日付・時刻にデータを変換する方法も身に付いたかと思います。

空のセルでも表示形式が設定されていると……

本節の最後に、準備としてブック「公共施設データ.xlsx」のワークシートの2行目全体を削除した理由を解説します。A2～A4セルの値だけではなく、2行目全体を削除した理由です。その理由はmax_row属性がうまく機能しなくなるからです。第3章3-6節の最後に「max_row属性には注意すべき“クセ”がある」と予告した件に関連します。

3-6節でも軽く触れましたが、実はmax_row属性は厳密には、行番号を取得する最後のセルは、厳密には「最後に値が入っている」セルではなく、「最後に使用された」セルです。「最後に使用された」とは、たとえ値が入っていない空の状態でも、書式設定が一度でも行われたら、使用されたと見なされます。これがmax_row属性の注意すべき“クセ”なのです。

もし、準備の際に2行目全体を削除せず、A2～A4セルの値だけを Delete キーなどで削除した場合、A2セルは空でも、日付の書式が設定された状態です。すると、max_row属性はA2を「最後に使用された」セルと見なし、その行番号である2が得られます。データ入力先はコードに書いたように、その行番号である2に1を足した行です。よって、3行目にデータが入力される結果となります。2行目はA2～A4セルの値を削除して空なのに、3行目から入力されてしまいます。このような事態を避けるため、準備として2行目全体を削除したのです。

6-1節の仕様紹介では、ブック「公共施設データ.xlsx」のA列「日付」の2行目以降のセルでは、表示形式はあらかじめ日付に設定するのではなく、デフォルトの「標準」のままにしておいたのもの同じ理由です。あらかじめ表示形式を設定しておくと、設定した最後のセルの行番号がmax_row属性で得られてしまいます。

参考までに、もしどうしてもA列にあらかじめ日付の表示形式を設定しておきたければ、データ入力先の行番号の取得は、max_row属性による方法ではなく、次のコードの方法を用います。

```
row = 1
while(ws.cell(row, 1).value != None):
    row += 1
```

A列のセルに値が入っているのか（空でないか）、1行目から順にwhile文のループでチェックしていきます。変数rowは1で初期化し、値が入っていれば、「+= 1」によって1だけ増やします。値が入っているかの判定は、「!= None」で行っています。!=は「等しくない」の比較演算子です。Noneは空の状態を意味する特殊な値です。「!= None」の意味は「空の状態と等しくない」であり、言い換えると、「値が入っている」です。そして、このwhileループは空のセルに到達したら終了します。その時点での変数rowの値は、空のセルの行番号であり、その行はまさにデータの入力先になります。

このような処理手順なら、A列にあらかじめ日付の表示形式を設定できます。

コラム

コードのカイゼンはどうする？

本章サンプルのコードにはもちろん、カイゼンの余地は多々残っています。なかでも、「sp.select('.val')」にインデックスを付けて、個々のデータのオブジェクトを取り出す処理は、確実でわかりやすいのですが、取得したいデータが増えた際にコードの追加・変更が非常に手間になるので、何とかしたいものです。

考えられる手段はたとえば、「sp.select('.val')」からfor文によって個々の要素のオブジェクトを取り出し、A列のセルから順に属性値を入れていく処理手順です。これならデータが増えても、追加・変更はラクです。

この処理手順でネックとなるのが、データ変換処理です。利用人数なら整数に変換し、天気なら変換しないなど、データの種類に応じて変換しなければなりません。

Pythonには文字列のオブジェクトの「isdigit」というメソッドを使うと、その文字列が数字の文字列か判定できます。しかし、最高気温のように小数点の「.」を含むと、数字の文字列であると正しく判定できません。その場合、「pandas」というデータ分析の定番ライブラリの「to_numeric」という関数を使うのが有効です。同関数なら小数点やマイナス記号が含まれていても、数字の文字列であると正しく判定できます。

上記の方針でカイゼンしたコードは、本書では割愛しますが、余裕があればチャレンジするとよいでしょう。

6-7 ExcelのグラフをPythonで作ろう

集約・保存したデータを集計・分析しよう

本章サンプルはここまでに、Webページ「公共施設利用概況」からスクレイピングで4つのデータを取得し、Excelのブック「公共施設データ.xlsx」に集約・保存する機能まで作りました。そのように集約・保存したデータは集計・分析して、業務に活かしたいものです。本節では集計・分析のもっとも基本となるグラフ化を解説します。ExcelのグラフをPythonで作る方法を解説します。

グラフ作成のプログラムは今回、前節とは別のプログラムとし、別々に実行できるよう、コードを分けるとします。また、本来はブック「公共施設データ.xlsx」を使うべきですが、ここでは毎日のデータを追加で入力していく手間を省くため、別のブック「公共施設データ_グラフ.xlsx」を用いるとします。5日ぶんのデータがすでに入力された状態のブックです。

ブック「公共施設データ_グラフ.xlsx」は本書ダウンロードファイルに含まれています。では、「pyxlml」フォルダーにコピーしてください。コピーできたら、ダブルクリックしてExcelで開いてください。次の画面のようにワークシート「Sheet1」に、5日ぶんのデータが入っています（画面1）。

▼画面1　ブック「公共施設データ_グラフ.xlsx」の中身

自動保存 オフ　公共施設データ_グラフ.xlsx

ファイル　ホーム　挿入　ページ レイアウト　数式　データ　校

A6　2022/10/9

	A	B	C	D	E
1	日付	利用者数	天気	最高気温	
2	2022/10/5	526	曇	28	
3	2022/10/6	464	晴	29.6	
4	2022/10/7	490	曇	27.8	
5	2022/10/8	532	晴	28.7	
6	2022/10/9	575	晴	29.6	
7					
19					
20					

Sheet1

準備完了　NumLock　ScrollLock　アクセシビリティ: 問題ありません

このデータをグラフ化します。どのデータをどのような体裁のグラフにするのかは、解説しながら順次提示していくとします。

PythonでExcelのグラフを作成することは、OpenPyXLでできます。よって、新たに別のライブラリを追加するなどの準備は不要です。

グラフ作成の大まかな処理の流れ

OpenPyXLでExcelのグラフを作成するために最小限必要な処理は、大まかな流れとしては次の4つのステップです。

【STEP1】
グラフのオブジェクトを生成

【STEP2】
系列のセル範囲を設定

【STEP3】
項目のセル範囲を設定

【STEP4】
ワークシートにグラフを追加

これから上記ステップを順に解説します。そのなかで、ブック「公共施設データ_グラフ.xlsx」のデータからグラフを作成していきます。

最初は【STEP1】の「グラフのオブジェクトを生成」です。OpenPyXLでは、折れ線グラフや円グラフなどグラフの種類に応じて、オブジェクトを生成する関数が用意されています。厳密には、その種類のグラフのクラスのコンストラクタですが、関数と見なしても実用上は問題ありません。以下同様です。

ここではまず、定番の折れ線グラフを作ってみましょう。折れ線グラフのオブジェクト生成は「openpyxl.chart.LineChart」という関数を使います。書式は次の通りです。引数なしで実行します。

書式

```
openpyxl.chart.LineChart()
```

実行すると、生成された折れ線グラフのオブジェクトが戻り値として得られます。通常は変数に格納し、以降の処理に用います。ここでは変数名は「c1」とします。なお、この変数名は筆者が命名したのですが、数字の「1」を付けた意味は次節で解説します。以降に登場する変数も同様です。

目的のコードは次のようになります。

```
c1 = openpyxl.chart.LineChart()
```

取り急ぎ、このコードを書いてみましょう。ブック「公共施設データ_グラフ.xlsx」を開き、ワークシート「Sheet1」のオブジェクトを取得する処理、およびブックを上書き保存して閉じる処理のコードもあわせて記述します。

そのコードは次のようになります。上記コードとブック名以外は、前節のコードの流用です。

```
import openpyxl

path = 'pyxlml¥¥公共施設データ_グラフ.xlsx'
wb = openpyxl.load_workbook(path)
ws = wb.worksheets[0]

c1 = openpyxl.chart.LineChart()

wb.save(path)
wb.close()
```

では、Jupyter Notebookの新しいセルに入力してください。まだ実行しないでください(実行しても、動作確認できる処理のコードがないため、意味がありません)。

系列のセル範囲を設定する

次は【STEP2】の「系列のセル範囲を設定」です。実際にグラフ化したいデータを設定します。その処理は「openpyxl.chart.Reference」という関数で行います。書式は次のようになります。紙面の関係で2行に渡っていますが、1つのコードになります。

書式

```
openpyxl.chart.Reference(ワークシート, min_col = 開始列, min_row = 開始行,
max_col = 終了列, max_row = 終了行)
```

第1引数には、系列としてグラフ化したいデータが入力されているワークシートのオブジェクトを指定します。

そして、そのデータのセル範囲を以降の4つの引数で指定します。引数min_colは開始列を、A列を1とする連番の数値で指定します。引数min_rowは開始行を数値で指定します。引数max_colは終了列を引数min_colと同様に数値で指定します。引数max_rowは終了行を数値で指定します。

openpyxl.chart.Reference関数を実行すると、系列のセル範囲のオブジェクトが戻り値として得られます。通常は変数に格納し、以降の処理に用います。

また、openpyxl.chart.Reference関数はグラフ作成の際に、複数回使うこともあり、通常は

次のようにfrom import文でインポートし、関数名を「Reference」とだけ記述すれば済むようにするのがセオリーです。

```
from openpyxl.chart import Reference
```

ここでは例として、利用者数のデータを系列に指定してみましょう。

第1引数には、変数wsを指定します。先ほど追加したコードによって、ブック「公共施設データ_グラフ.xlsx」のワークシート「Sheet1」のオブジェクトが格納されている変数です。

引数min_colは、利用者数のデータはB列（2列目）に入っているので2を指定します。

引数min_rowですが、データ自体は2行目から入力されていますが、通常は見出しの1行目も含めて指定します。その意義はこのあとすぐ解説します。よって、引数min_rowには1行目の1を指定します。

引数max_colには、B列なのでこちらも2を指定します。今回の例は1列のみ指定するので、引数min_colと引数max_colに同じ2を指定しています。複数の列も指定可能であり、その際は異なる値を指定することになります。

引数max_rowは、データは6行目まで入っているので6を指定します（図1）。

図1 利用者のデータのセル範囲を４つの引数で指定

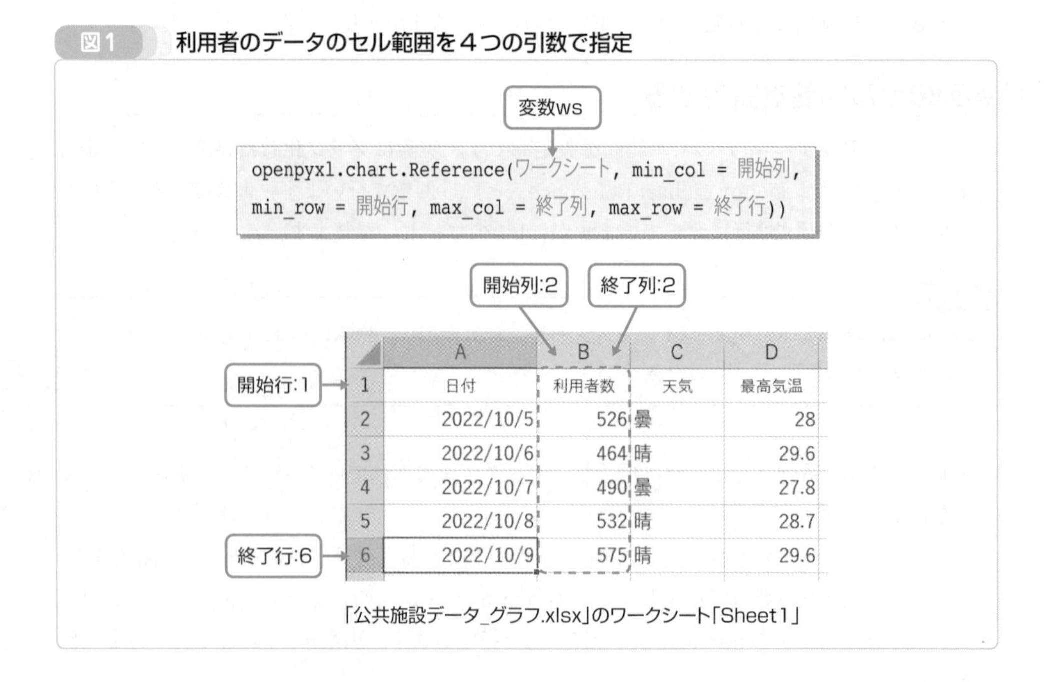

「公共施設データ_グラフ.xlsx」のワークシート「Sheet1」

戻り値となる系列のセル範囲のオブジェクトを格納する変数は「v1」とします。vに数字の「1」を付けた変数名です。以上を踏まえると、コードは次のようになります。関数名は先述のインポートが前提です。また、キーワード引数の形式とし、途中で改行しています。

```
v1 = Reference(ws, min_col = 2, min_row = 1,
                          max_col = 2, max_row = 6)
```

【STEP2】にはもう1つ処理が必要です。取得した系列のセル範囲のオブジェクトを、グラフに設定する処理です。その処理はグラフのオブジェクトの「add_data」というメソッドで行います。基本的な書式は次のようになります。

書式

```
グラフのオブジェクト.add_data(系列のセル範囲, titles_from_data=True)
```

第1引数には、系列のセル範囲のオブジェクトを指定します。引数titles_from_dataにTrueを指定すると、第1引数に指定したセル範囲の先頭行のセルを、自動的に系列名として凡例に使用してくれます。グラフ化するデータは2行目以降に自動で設定してくれます。先ほどのopenpyxl.chart.Reference関数の引数min_rowに、列見出しの行である1を指定したのは、この機能を踏まえてのことです。

グラフのオブジェクトは変数c1、系列のセル範囲のオブジェクトは変数v1に格納してあるのでした。よって、コードは次のようになります。

```
c1.add_data(v1, titles_from_data=True)
```

【STEP2】のコードは以上です。では、お手元のコードに追加してください。インポートのコード「from openpyxl.chart import Reference」も忘れずに追加してください。

▼追加前

```
import openpyxl

path = 'pyxlml¥¥公共施設データ_グラフ.xlsx'
wb = openpyxl.load_workbook(path)
ws = wb.worksheets[0]

c1 = openpyxl.chart.LineChart()

wb.save(path)
wb.close()
```

▼追加後

```
import openpyxl
from openpyxl.chart import Reference

path = 'pyxlml¥¥公共施設データ_グラフ.xlsx'
wb = openpyxl.load_workbook(path)
ws = wb.worksheets[0]

c1 = openpyxl.chart.LineChart()
v1 = Reference(ws, min_col = 2, min_row = 1,
                           max_col = 2, max_row = 6)
c1.add_data(v1, titles_from_data=True)

wb.save(path)
wb.close()
```

項目のセル範囲を設定後、グラフを追加

続けて、【STEP3】の「項目のセル範囲を設定」です。横軸に表示したい項目のデータが入ったセル範囲を設定する処理です。

【STEP2】と似たようなコードになります。まずはopenpyxl.chart.Reference関数によって、項目に設定したいセル範囲を指定します。今回はA列の日付を項目とします。データが入っているA2～A6を指定します。項目については、見出しの1行目のセル（この場合はA1セル）は含めないので注意してください。項目のセル範囲のオブジェクトを格納する変数は「x_v」とします。

以上を踏まえるとコードは次のようになることがわかります。A列なので、引数min_colと引数max_colには両方とも1を指定します。

```
x_v = Reference(ws, min_col = 1, min_row =2,
                             max_col = 1, max_row = 6)
```

項目も系列と同じく、セル範囲をグラフに設定する必要があります。その処理は、グラフのオブジェクトの「set_categories」というメソッドで行います。

書式

```
グラフのオブジェクト.set_categories(項目のセル範囲)
```

引数には、項目のセル範囲のオブジェクトを指定します。

グラフのオブジェクトは変数c1、項目のセル範囲のオブジェクトは変数x_vに格納してあるのでした。よって、コードは次のようになります。

```
c1.set_categories(x_v)
```

それでは、これら【STEP3】の2つのコードを追加してください。

▼**追加前**

```
        :
        :
c1 = openpyxl.chart.LineChart()
v1 = Reference(ws, min_col = 2, min_row = 1,
                              max_col = 2, max_row = 6)
c1.add_data(v1, titles_from_data=True)

wb.save(path)
wb.close()
```

▼**追加後**

```
        :
        :
c1 = openpyxl.chart.LineChart()  # 最初は折れ線→棒に変更
v1 = Reference(ws, min_col = 2, min_row = 1,
                              max_col = 2, max_row = 6)
c1.add_data(v1, titles_from_data=True)
x_v = Reference(ws, min_col = 1, min_row =2,
                              max_col = 1, max_row = 6)
c1.set_categories(x_v)

wb.save(path)
wb.close()
```

最後は【STEP4】の「ワークシートにグラフを追加」です。この処理はワークシートのオブジェクトの「add_chart」というメソッドで行います。

書 式

```
ワークシートのオブジェクト.add_chart(グラフ, 配置先)
```

ワークシートのオブジェクトは、グラフを挿入したいワークシートのものを指定します。第1引数には、グラフのオブジェクトを指定します。第2引数には、配置したい場所のセル番地を文字列として指定します。すると、そのセル番地がグラフエリアの左上となるよう、グラフが配置されます。

今回はワークシートのオブジェクトが変数ws、グラフのオブジェクトが変数c1に格納されているのでした。配置先ですが、ここではE2セルとします。コードは次のようになります。

```
ws.add_chart(c1, 'E2')
```

【STEP4】の処理は以上です。では、コードを追加してください。追加後のコードには、コード全体を掲載しておきます。

▼追加前

```
      :
      :
c1.set_categories(x_v)

wb.save(path)
wb.close()
```

▼追加後

```
import openpyxl
from openpyxl.chart import Reference

path = 'pyxlml¥¥公共施設データ_グラフ.xlsx'
wb = openpyxl.load_workbook(path)
ws = wb.worksheets[0]

c1 = openpyxl.chart.LineChart()
v1 = Reference(ws, min_col = 2, min_row = 1,
                           max_col = 2, max_row = 6)
c1.add_data(v1, titles_from_data=True)
x_v = Reference(ws, min_col = 1, min_row =2,
```

```
                                        max_col = 1, max_row = 6)
c1.set_categories(x_v)
ws.add_chart(c1, 'E2')

wb.save(path)
wb.close()
```

これで【STEP1】から【STEP4】まで、すべてのコードを記述できました。実行して動作確認してみましょう。実行できたら、ブック「公共施設データ_グラフ.xlsx」を開いてください。誤って「公共施設データ.xlsx」を開かないよう注意してください。

すると、次の画面2のように、折れ線グラフが作成されているのが確認できます。

▼画面2　ブック「公共施設データ_グラフ.xlsx」に折れ線グラフが作成できた

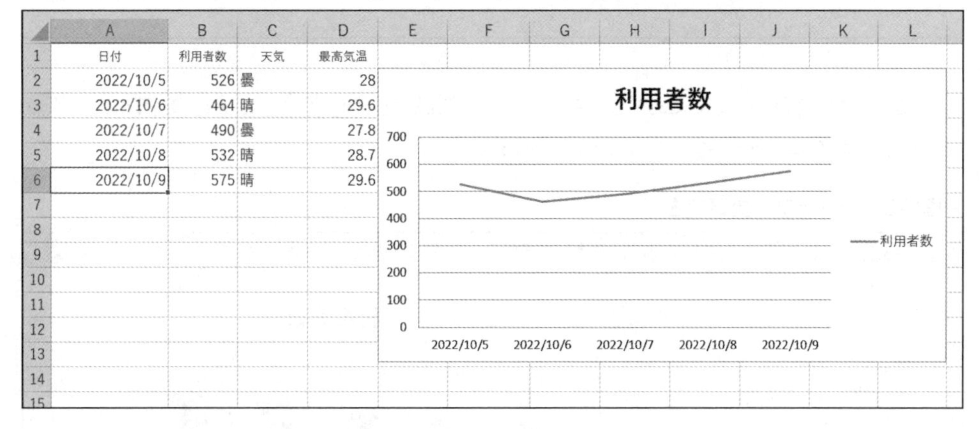

細かいところだと、add_dataメソッドの引数titles_from_dataにTrueを指定したため、列見出しであるB1セルの値「利用者数」が自動的に系列名として凡例に使われているのも確認できます。

もろもろ確認できたら、次の動作確認のために、グラフをクリックして選択した状態で Delete キーを押すなどしてグラフを削除した後、ブックを上書き保存して閉じてください。

グラフの種類を変更してみよう

ここで、折れ線グラフではなく、棒グラフを作成するようコードを変更してみましょう。棒グラフのオブジェクトは「openpyxl.chart.BarChart」という関数で生成します。引数なしです。

では、お手元のコードを次のように変更してください。変更は実質、「c1 = openpyxl.chart.LineChart()」の中の「Line」の部分を、「Bar」に書き換えるだけです。

▼変更前

```
        :
        :
c1 = openpyxl.chart.LineChart()
        :
        :
```

▼変更後

```
        :
        :
c1 = openpyxl.chart.BarChart()
        :
        :
```

変更できたら実行してください。ブック「公共施設データ_グラフ.xlsx」を開き、棒グラフが作成されたことを確認しましょう（画面3）。

▼画面3　棒グラフに変更できた

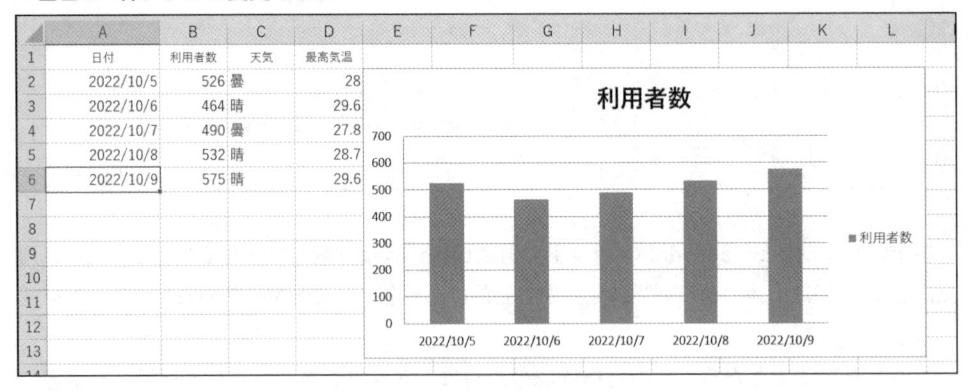

確認できたら、グラフを右クリック→［削除］で削除した後、ブックを上書き保存して閉じてください。なお、グラフを削除せずに閉じると、次回の動作確認で実行した際、既存のグラフの真上に、同じグラフが重ねて作成されることになります。

OpenPyXLによるExcelのグラフ作成方法のキホンは以上です。本節で作成したグラフは、サイズやタイトル、軸などの書式はすべてデフォルトのままです。次節では、これらを設定して見た目を整える方法を解説します。さらには、複合グラフ（複数の系列があるグラフ）の作成にも挑戦します。

6-8 もっと凝ったExcelのグラフをPythonで作ろう

グラフの書式を設定して見た目を整える

本節ではまず、グラフの書式を設定する方法を解説します。前節で作成したグラフはデフォルトの書式なので、それに対して書式をいくつか設定します。

書式設定は通常、グラフのオブジェクトを生成したあと、系列のセル範囲を設定する前に行います。大まかな処理の流れは次の5ステップです。前節の4つのステップに、書式設定が2つ目のステップとして加わります。

【STEP1】
グラフのオブジェクトを生成

【STEP2】
グラフの書式を設定

【STEP3】
系列のセル範囲を設定

【STEP4】
項目のセル範囲を設定

【STEP5】
ワークシートにグラフを追加

グラフで設定できる書式は多岐にわたり、その多くをOpenPyXLで設定できます。ここでは例として、次のように書式設定を行うとします。

●グラフのサイズ
幅18、高さ12

●グラフのタイトル
「公共施設日毎実績」

●横軸のタイトル
「日付」

●項目の書式
「月/日」の形式（1桁の場合は前に0を付けない）

●縦軸のタイトル
「利用者数」

●凡例の表示位置
上

グラフのサイズですが、単位が非常にわかりづらいので、前節で作成したグラフはデフォルトのサイズであり、それを基準にするとよいでしょう。デフォルトの幅は15、高さは7.5です。ここでは、それより大きいサイズに変更してみます。

グラフの書式をPythonで設定する

グラフの書式はすべて、グラフのオブジェクトの各種属性に、目的の値を代入することで設定します。今回設定する書式の属性名と設定方法は次の表1とおりです。

▼表1　今回設定する書式の属性名と設定方法

書式	属性	設定方法
グラフの幅	width	数値
グラフの高さ	height	数値
グラフのタイトル	title	文字列
横軸のタイトル	x_axis.title	文字列
項目の書式	x_axis.number_format	書式記号
縦軸のタイトル	y_axis.title	文字列
凡例の表示位置	legend.legendPos	位置を意味する文字

横軸のタイトルの属性は厳密には、属性名は「title」です。その前に「.」を挟んである「x_axis」は、横軸（X軸）のオブジェクトになります。つまり、グラフのオブジェクト以下にある横軸（X軸）のオブジェクト（「x_axis」オブジェクト）のtitle属性という階層構造になっています。他の階層構造になっている属性も同様です。

項目の書式は日付ですが、6-6節で登場した書式記号を文字列として指定します。

凡例の表示位置は場所に応じて、表2の文字のいずれかを指定します。ちょうどExcelの「凡例の書式設定」画面の「凡例のオプション」で設定可能な位置に該当します。

▼表2　凡例の表示位置を示す文字

文字	位置
l	左
r	右
t	上
tr	右上
b	下

以上を踏まえると、今回の例で書式を設定するコードは次のようになることがわかります。

```
c1.width = 18
c1.height = 12
c1.title = '公共施設日毎実績'
c1.x_axis.title = '日付'
c1.x_axis.number_format = 'm/d'
c1.y_axis.title = '利用者数'
c1.legend.legendPos = 't'
```

項目の日付は「月/日」の形式にしたいので、書式記号は6-6節で学んだように「'm/d'」を記述します。凡例の表示位置は、ここでは上に設定したいので、「't'」を設定します。

実は横軸の項目が日付の場合、このあとの分析作業などの関係で、単位を設定するのがセオリーです。本節では分析まで行いませんが、練習として単位も設定しましょう。今回は日毎のデータなので、単位は日を設定します。グラフのオブジェクト以下のx_axisオブジェクト以下の「majorTimeUnit」という属性に、日を意味する文字列「days」を設定します。

```
c1.x_axis.majorTimeUnit = 'days'
```

以上を踏まえ、次のようにコードを追加してください。【STEP4】のコードのすぐ後ろに追加します。

横軸の単位を日に設定するコードは、項目の日付の書式を設定するコードのすぐ後ろに追加しています。また、コード全体が見やすくなるよう、空白行も適宜挿入しています。

▼追加前

```
import openpyxl
from openpyxl.chart import Reference

path = 'pyxlml¥¥公共施設データ_グラフ.xlsx'
wb = openpyxl.load_workbook(path)
ws = wb.worksheets[0]

c1 = openpyxl.chart.BarChart()
v1 = Reference(ws, min_col = 2, min_row = 1,
                              max_col = 2, max_row = 6)
c1.add_data(v1, titles_from_data=True)
x_v = Reference(ws, min_col = 1, min_row =2,
```

```
                              max_col = 1, max_row = 6)
c1.set_categories(x_v)
ws.add_chart(c1, 'E2')

wb.save(path)
wb.close()
```

▼追加後

```
import openpyxl
from openpyxl.chart import Reference

path = 'pyxlml¥¥公共施設データ_グラフ.xlsx'
wb = openpyxl.load_workbook(path)
ws = wb.worksheets[0]

c1 = openpyxl.chart.BarChart()

c1.width = 18
c1.height = 12
c1.title = '公共施設日毎実績'
c1.x_axis.title = '日付'
c1.x_axis.number_format = 'm/d'
c1.x_axis.majorTimeUnit = 'days'
c1.y_axis.title = '利用者数'
c1.legend.legendPos = 't'

v1 = Reference(ws, min_col = 2, min_row = 1,
                           max_col = 2, max_row = 6)
c1.add_data(v1, titles_from_data=True)
x_v = Reference(ws, min_col = 1, min_row =2,
                              max_col = 1, max_row = 6)
c1.set_categories(x_v)
ws.add_chart(c1, 'E2')

wb.save(path)
wb.close()
```

追加できたら実行してください。ブック「公共施設データ_グラフ.xlsx」を開くと、次の画面のように、書式が意図通り設定できたのが確認できます（画面1）。グラフの大きさは図1ではわかりづらいですが、書式設定前のデフォルトのサイズに比べて大きくなっています。

▼画面1　グラフの書式が設定された

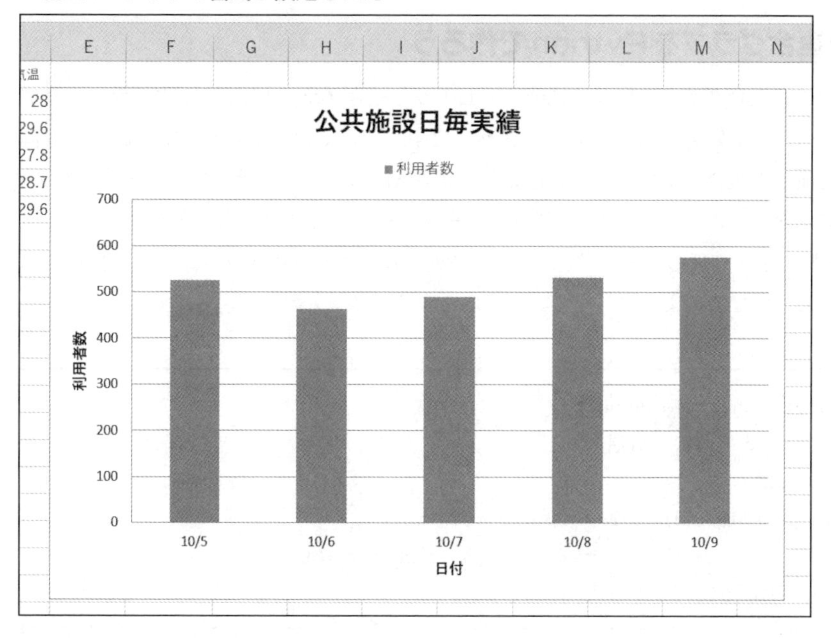

図1　今回設定したグラフの書式

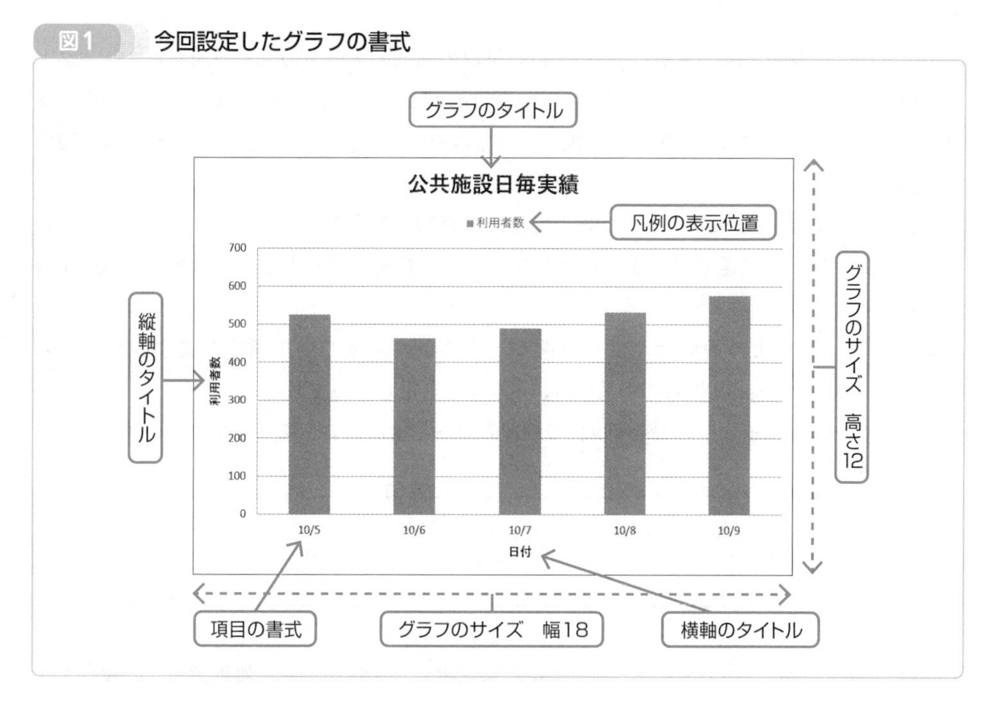

確認できたら、グラフを削除したのち、ブックを上書き保存して閉じてください。

グラフの書式は他にも、系列の色をはじめ、まだまだたくさん種類がありますが、本書では以上とします。興味あれば、OpenPyXL公式サイト（https://openpyxl.readthedocs.io/en/stable/index.html）などで、自分で調べてみるとよいでしょう。

Excelの複合グラフをPythonで作ろう

本章の最後に、複合グラフの作成に挑戦しましょう。複合グラフとは、1つのグラフエリアに2種類のデータの系列が表示されているグラフです。ここでは利用者数に加え、最高気温のグラフも追加した複合グラフを作るとします。最高気温のグラフは折れ線グラフとします。

その方法ですが、大きく分けて2つの処理のコードを追加する必要があります。

1つ目に必要となる処理のコードは、2つ目の系列となるグラフのオブジェクトを作成するコードです。ここでは次のようにします。このあとすぐポイントのみ解説します。

```
c2 = openpyxl.chart.LineChart()
c2.y_axis.title = '最高気温'
c2.y_axis.axId = 2
v2 = Reference(ws, min_col = 4, min_row = 1,
                           max_col = 4, max_row = 6)
c2.add_data(v2, titles_from_data=True)
```

グラフのオブジェクトの変数は「c2」、最高気温の系列のデータのセル範囲のオブジェクトの変数は「v2」とします。前節で利用者数の変数c1に数字の1をつけたのは、2つ目のグラフ用の変数を見越してのことです。折れ線グラフなので、openpyxl.chart.LineChart関数を用います。

コード「c2.y_axis.axId = 2」は、ここで新たに登場した属性「y_axis.axId」を使った処理です。詳しい解説は割愛しますが、複合グラフ作成に必要な“おまじない”とだけ認識すればOKです。

系列のデータのセル範囲は、最高気温が入力されているD列を指定します。そのためopenpyxl.chart.Reference関数の引数では、列に4を指定しています。

複合グラフ作成に追加が必要な2つ目の処理のコードは次のようになります。

```
c1.y_axis.crosses = 'max'
c1 += c2
```

「c1.y_axis.crosses = 'max'」も、ここで新たに登場した属性を使った処理であり、複合グラフ作成に必要な“おまじない”とだけ認識すればOKです。これで“おまじない”のコードが計2つになりましたが、いずれか片方が欠けると、複合グラフの構成が崩れてしまいます。

「c1 += c2」はザックリ言えば、1つ目のグラフ（利用者数の棒グラフ）に、2つ目のグラフ（最高気温の折れ線グラフ）を“合体”させる処理です。このコードによって、変数c1には変数c2のグラフのオブジェクトも含まれるようになります。そのため、そのあとのadd_chartメソッドの引数に変数c1を指定しただけなのに、変数c2のグラフもワークシートに追加されます。

駆け足になりましたが、これで複合グラフ作成に追加が必要な2つのコードがわかりました。では、お手元のコードに次のように追加してください。1つ目のコードは棒グラフを追加するコード「c1.add_data(〜」と、横軸の項目のセル範囲のオブジェクトを設定するコード「x_v = Reference(〜」との間に挿入します。

2つ目のコードは、横軸の項目を設定するコード「c1.set_categories(x_v)」と、ワークシートにグラフを追加するコード「ws.add_chart(c1, 'E2')」との間に挿入します。空白行も適宜挿入しています。

▼追加前

```
        :
        :
v1 = Reference(ws, min_col = 2, min_row = 1,
                           max_col = 2, max_row = 6)
c1.add_data(v1, titles_from_data=True)
x_v = Reference(ws, min_col = 1, min_row =2,
                             max_col = 1, max_row = 6)
c1.set_categories(x_v)
ws.add_chart(c1, 'E2')

wb.save(path)
wb.close()
```

▼追加後

```
        :
        :
v1 = Reference(ws, min_col = 2, min_row = 1,
                           max_col = 2, max_row = 6)
c1.add_data(v1, titles_from_data=True)

c2 = openpyxl.chart.LineChart()
c2.y_axis.title = '最高気温'
c2.y_axis.axId = 2
```

1 2 3 4 5 6 7 インターネットで情報収集してExcelで整理

```
v2 = Reference(ws, min_col = 4, min_row = 1,
                           max_col = 4, max_row = 6)
c2.add_data(v2, titles_from_data=True)

x_v = Reference(ws, min_col = 1, min_row =2,
                             max_col = 1, max_row = 6)
c1.set_categories(x_v)

c1.y_axis.crosses = 'max'
c1 += c2

ws.add_chart(c1, 'E2')

wb.save(path)
wb.close()
```

追加できたら実行してください。ブック「公共施設データ_グラフ.xlsx」を開くと、次の画面のように、複合グラフが意図通り作成できたのが確認できます（画面2）。

▼画面2　最高気温と利用者数の複合フラグを作成できた

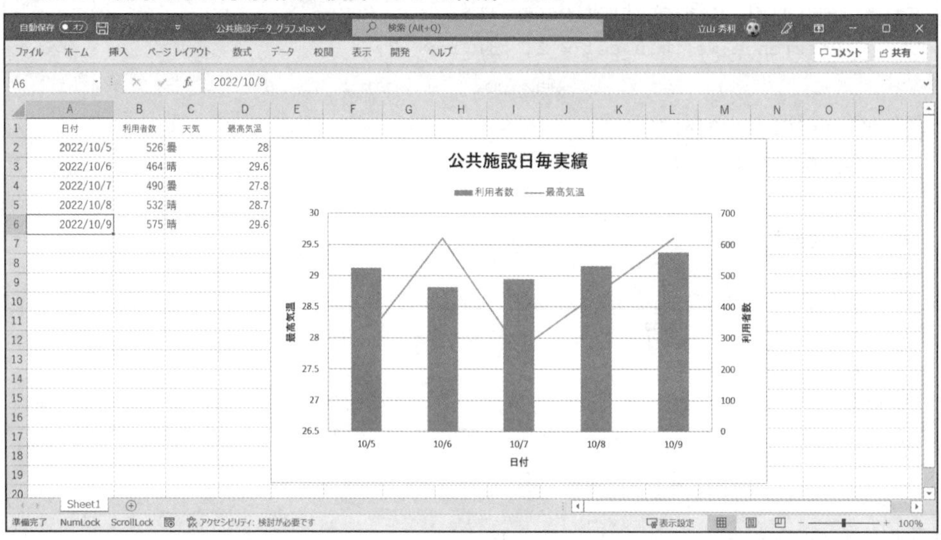

最高気温の系列の折れ線グラフが追加されました。凡例にも最高気温が追加されています。

縦軸は左側に最高気温の数値と軸タイトルが追加されました。利用者数の数値と軸タイトルは縦軸の右側に移動しています。

本章で解説するグラフ作成は以上です。

第7章

インターネットからWeb APIで情報を取得

インターネットから情報を収集する方法はスクレイピングに加え、「Web API」もあります。本章では、Web APIによる情報収集をPythonで自動化します。

7-1 「Web API」のキホンを学び、体験もしよう

「Web API」とは

本章では、Web APIによって、インターネットから情報を自動で取得する方法を解説します。もちろん、そのプログラムはPythonで作ります。

Web APIとは、インターネット上のサービスを第三者が利用するための仕組みです。イメージとしては、自分のプログラム側からインターネット上のサービス側へ、「こんなデータを送って！」などのように要求（リクエスト）します。すると、サービス側はそのリクエストの内容に沿って処理を行い、結果を自分のプログラムに返します（図1）。

図1 Web APIの仕組みのイメージ

Web APIの一例として挙げられるのが、ショッピングサイトの情報です。ショッピングサイトの中には、Web APIを提供しているところがいくつかあります。そのショッピングサイトのWebページに表示されている商品などの情報は、第三者がWeb APIを使って取得できます。第三者はプログラムを使いWeb APIから得た情報を、自分のWebページに掲載したり、分析など別の処理に利用したりするなど、自由に利用できます。

イメージとしては、自分のプログラム側からインターネット上のサービス側へ、「こんなジャンルでこんな価格帯の商品名と価格のデータを送って！」とリクエストします。すると、インターネット上のサービス側で該当するデータの抽出が行われ、自分が指定したジャンルと価格帯の商品名と価格のデータが送られてきます。Web APIを利用するには通常、ユーザー登録などの手続きが事前に必要となります。

Web APIは民間のサービス以外に、公的機関なども提供しています。たとえば、政府統計の総合窓口(e-Stat)では、統計データをWeb APIで取得できます。

以上がWeb APIの概要です。注意点としては、インターネット上のすべてのサービスがWeb APIを提供しているわけではありません。また、Web APIごとに、提供する機能や情報、使い方や規約などが異なります。

「リクエストURL」と「JSON」

現在、インターネット上で公開されているWeb APIの多くは、リクエストは**リクエストURL**という方法で行います。リクエストURLでカギを握る仕組みが**クエリパラメーター**です。なおかつ、処理結果のデータを**JSON**という形式で返すサービスが一般的です。

まずはリクエストURLおよびクエリパラメーターを解説します。リクエストURLは文字通り、インターネット上のサービス側にリクエストを送るためのURLです。Google検索をはじめ、Web APIではないサービスでも広く利用されています。

リクエストURLの構造は、まずはベースとなるURLがあります。このURLは基本的に、サービス側のWeb APIのサーバーのURLになります。

そして、ベースのURLに続けて、「?」を挟み、クエリパラメーターを付けます。そこに自分が欲しい情報の条件などを指定します。クエリパラメーターはURLに情報を付加するための仕組みです。パラメーター名（情報の項目名）に続けて「=」を挟み、パラメーターの値（情報の値）を記述します。この「パラメーター名=パラメーターの値」をワンセットとします。パラメーターが複数あるなら、このワンセットを「&」でつなげて記述します。

以上のリクエストURLおよびクエリパラメーターの仕組みを図2にまとめておきます。

図2　リクエストURLとクエリパラメーターの仕組み

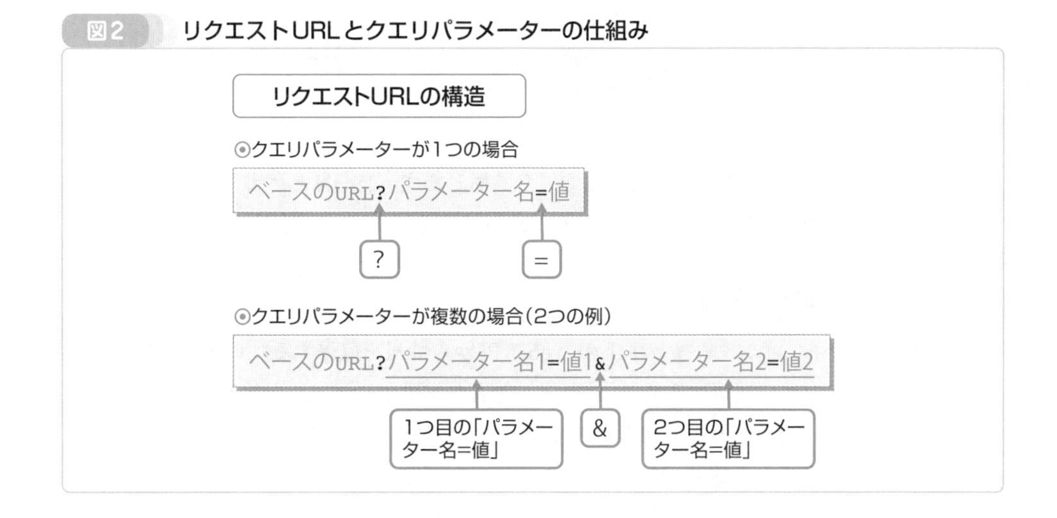

このようなリクエストURLによって、インターネット上のサービス側にリクエストを送ると、多くの場合、情報のデータはJSONの形式で返されます。

JSONとは、「key:value」のかたちの情報を「{ }」で囲んだ汎用的なデータ形式です。こちらも「key」が情報の項目、「value」が情報本体です。文字列なら「"」（ダブルクォーテーション）で囲います。情報が複数ある場合は「key:value」のセットを「,」で区切って並べます（図3）。

たとえば、1つの商品における商品名と単価の情報なら、次の図3の<A>の例のような要素が2つのデータになります。要素にカテゴリが加わり、3つに増えたら、次の図3の<B>の例のようになります。

図3 JSONの書式と例

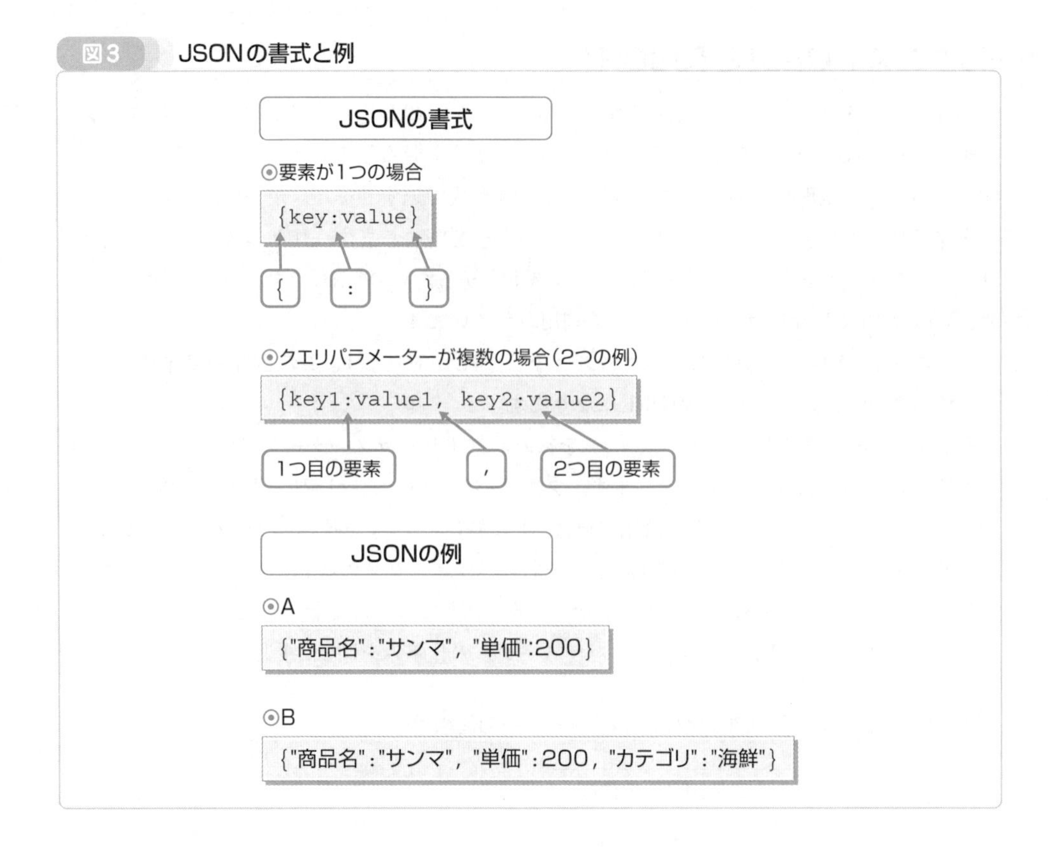

また、JSONはPythonの辞書と形式はまったく同じです。JSONと辞書の違いや使分け方は少々ややこしいので、次々節で実例とともに改めて解説します。

本章で使うWeb API紹介

本章ではこれから、インターネット上のWeb APIから情報を取得するプログラムをPythonで作ります。そのなかで利用するWeb APIは、筆者が本書用に作成した簡易的なものを使うとします。名称は「簡易郵便番号検索」とします。郵便番号をクエリパラメーターに渡すと、該当する住所が取得できるWeb APIになります。

仕様は以下とします。まずはリクエストURLの書式です。

▼リクエストURL

```
http://tatehide.com/kzip.php?zipcode=郵便番号
```

ベースとなるURLは「http://tatehide.com/kzip.php」です。「?」に続くクエリパラメーターは、パラメーター名を「zipcode」として、「=」に続けて郵便番号を指定します。郵便番号は「104-0061」などのように、必ず「-」(ハイフン) ありとします。

上記書式のリクエストURLでリクエストを送ると、該当する郵便番号の住所が以下の形式のJSONデータで返されます。

▼返されるJSONデータ

```
{"address1":"都道府県","address2":"市区町村","address3":"町域"}
```

「key:value」のセットが3つで構成されます（表1）。なお、町域とは、住所の市区町村以降のエリアです。たとえば、「東京都中央区銀座」なら「銀座」です。（～丁目までを表す場合もあり）。

▼**表1　本書用Web APIのkeyとvalue**

key	value
address1	都道府県
address2	市区町村
address3	町域

本書用Web API「簡易郵便番号検索」は簡易版ということで、以下5つの郵便番号のみに対応しています（表2）。

▼**表2　対応している郵便番号と都道府県、市区町村、町域**

郵便番号	address1	address2	address3
060-0053	北海道	札幌市中央区	南三条東
104-0061	東京都	中央区	銀座
460-0008	愛知県	名古屋市中区	栄
530-0001	大阪府	大阪市北区	梅田
810-0801	福岡県	福岡市博多区	中洲

上記以外の郵便番号だと、「address1」に「その郵便番号には対応しておりません。」というメッセージが入ります。「address2」と「address3」には何も入りません。

本章で使うWeb APIをチョット体験

ここで、本書用Web API「簡易郵便番号検索」をPythonで制御する前に、Webブラウザーを使って試してみましょう。Web APIの中には、プログラムから利用するだけでなく、Webブラウザーを使って手動でリクエストを送り、送られてきたデータをWebブラウザー上に表示することも可能なサービスがあります。本章用Web API「簡易郵便番号検索」も同様であり、ここでリクエストURLとJSON形式データの実例を体験してみます。

では、表2の各郵便番号によるリクエストURLをWebブラウザーに入力していきましょう。前ページのリクエストURL書式に、表2の郵便番号を当てはめて、Webブラウザーのアドレスバーに入力してください。すると、該当する郵便番号の住所が返され、Webブラウザー上に表示されます。表1のkeyとvalueの形式で、表2のデータを持つJSONデータになっていることを確認しましょう（画面1～5）。

郵便番号： 060-0053 （札幌・南三条東）

```
http://tatehide.com/kzip.php?zipcode=060-0053
```

▼画面1　札幌の住所データがJSON形式で得られた

郵便番号： 104-0061 （東京・銀座）

```
http://tatehide.com/kzip.php?zipcode=104-0061
```

▼画面2　東京の住所データがJSON形式で得られた

郵便番号： 460-0008 （名古屋・栄）

```
http://tatehide.com/kzip.php?zipcode=460-0008
```

▼画面3　名古屋の住所データがJSON形式で得られた

郵便番号： 530-0001 （大阪・梅田）

```
http://tatehide.com/kzip.php?zipcode=530-0001
```

▼画面4 大阪の住所データがJSON形式で得られた

郵便番号： 810-0801 （博多・中州）

```
http://tatehide.com/kzip.php?zipcode=810-0801
```

▼画面5 博多の住所データがJSON形式で得られた

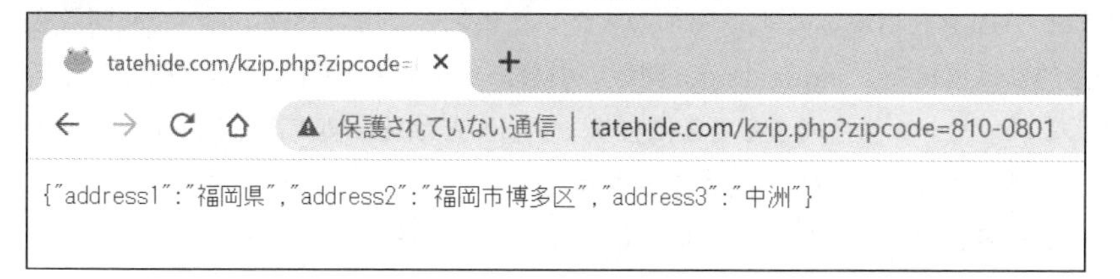

本書用Web API「簡易郵便番号検索」のWebブラウザーによる体験は以上です。次節から、本節では手動で行った郵便番号検索を自動化するプログラムをPythonで作っていきます。

ちなみに、このWeb APIに検索用フォームのWebページを設け、さらには検索結果も生のJSONデータのままではなく、表形式などに体裁を整えるなどしてWebページに表示するようすれば、ちょっとした郵便番号検索のWebアプリケーションになります。Web APIはこの視点で見ると、検索用フォームや体裁を整えて結果を表示するなどのユーザーインターフェースがない形式のサービスと言えます。

7-2 Web APIでJSONデータを取得しよう

Web APIをPythonで操作するには

本節では、本書用Web API「簡易郵便番号検索」で郵便番号を自動で検索して取得するプログラムをPythonで作ります。ここでは例として、東京･銀座の郵便番号「104-0061」を使い、その住所のデータを検索して取得するとします。取得したJSONデータは生のままprint関数で出力するとします。

それでは、Pythonのコードをどう書けばよいか、どのようなライブラリをどう使えばよいかなどを考えながら、プログラムを作っていきましょう。

PythonでWeb APIを利用するには、6-3節のスクレイピングで用いたrequests.get関数を使います。基本的には単純で、requests.get関数の引数にリクエストURLを文字列として指定してします。これでリクエストできることになります。あとは戻り値であるResponseオブジェクトのtext属性によって、Web APIから返されたデータがテキストとして得られます。

さっそくコードを書いていきましょう。本書用Web API「簡易郵便番号検索」で、東京・銀座の郵便番号「104-0061」を取得するためのリクエストURLは、前節で体験したとおり以下でした。

```
http://tatehide.com/kzip.php?zipcode=104-0061
```

このリクエストURLをそのまま文字列として、requests.get関数の引数urlに指定します。

```
requests.get('http://tatehide.com/kzip.php?zipcode=104-0061')
```

あとは戻り値のResponseオブジェクトのtext属性をprint関数で出力すればOKです。ここでは戻り値の同オブジェクトを変数「rs」に入れて使うとします。するとコードは以下になります。最初にrequestsモジュールをインポートする処理も忘れずに書きます。

```
import requests


rs = requests.get('http://tatehide.com/kzip.php?zipcode=104-0061')
print(rs.text)
```

それでは、上記コードをJupyter Notebookの新しいセルに入力してください。入力できたら実行してください。すると、次の画面1のように、郵便番号「104-0061」の住所のJSONデータが出力されます。

▼画面1　Web APIをPythonで利用し、東京・銀座の住所が得られた

```
In [1]:  1 import requests
         2
         3 rs = requests.get('http://tatehide.com/kzip.php?zipcode=104-0061')
         4 print(rs.text)

{"address1":"東京都","address2":"中央区","address3":"銀座"}
```

クエリパラメーターをもっと効率よく設定

これで、本書用Web API「簡易郵便番号検索」から、郵便番号「104-0061」の住所のJSONデータを取得するプログラムを作ることができました。このコードはこれで決して誤りではないのですが、実はrequests.get関数のコードはもっと効率よく書くことができます。

実はrequests.get関数には、クエリパラメーターを扱うための引数paramsが用意されています。省略可能なオプショナル引数になります。リクエストURLにクエリパラメーターを設定する処理を飛躍的に効率化できる引数です。

引数paramsを使う場合のrequests.get関数の書式は以下になります。

書式

```
requests.get(url, params)
```

第1引数の引数urlには、目的のWeb APIのベースとなるURLを指定します。先ほどの例はリクエストURLをすべて指定しましたが、引数paramsを使う場合は、ベースとなるURLだけを指定します。

第2引数の引数paramsには、目的のクエリパラメーターのkeyとvalueの値を以下の辞書形式で指定します。

書式

```
{key : value}
```

すると、自動で間に「=」を付けて、クエリパラメーターの形式に整えくれます。さらには、そのクエリパラメーターを、引数urlに指定したベースのURLに自動で「?」を挟んだうえで付けて、リクエストURLを組み立ててくれます。同時に、クエリパラメーターが複数あれば「&」を付けて連結したり、valueの値に日本語があればUnicode変換したりすることを自動で行ってくれます。

このように、自分でリクエストURLの形式の文字列をいちいち書かなくても、引数paramsにクエリパラメーターのkeyとvalueさえ指定すれば、自動で組み立ててくれるため、コード記述の手間もミスの恐れも劇的に減らせるのです。

また、引数paramsは通常、その前に別の省略可能な引数があるなどの関係で、キーワード引数で指定します。

引数paramsを使ってコードをカイゼン

それでは、この引数paramsを用いて、先ほどのコードを書き換えてみましょう。本書用Web API「簡易郵便番号検索」では、ベースとなるURLは「http://tatehide.com/kzip.php」なので、第1引数にはそれを文字列として指定します。「?」は自動で末尾に付けてくれるので、引数urlに指定するURLの文字列に付ける必要はないのでした。

本書用Web API「簡易郵便番号検索」のクエリパラメーターは、パラメーター名は「zipcode」であり、パラメーターの値には目的の郵便番号の文字列郵便番号を指定するのでした。したがって、クエリパラメータのkeyには、文字列「zipcode」を指定します。valueには、目的の郵便番号「104-0061」を文字列として指定します。

すると、引数paramsに指定すべき辞書は以下とわかります。

```
{'zipcode' : '104-0061'}
```

以上を踏まえ、コードを次のように追加・変更してください。requests.get関数のコードは長くなったので、途中で改行しています。引数urlはベースのURLのみを指定します。引数paramsはキーワード引数として指定するので、「引数名=」に続けて、上記の辞書を指定します。

▼追加・変更前

```
import requests


rs = requests.get('http://tatehide.com/kzip.php?zipcode=104-0061')
print(rs.text)
```

▼追加・変更後

```
import requests


res = requests.get('http://tatehide.com/kzip.php',
                   params={'zipcode' : '104-0061'})
print(res.text)
```

追加・変更できたら実行してください。すると、先ほどと同様の結果が得られます（画面2）。

▼画面2　引数paramsを使ったコードの実行結果

```
In [1]:  1 import requests
         2
         3 rs = requests.get('http://tatehide.com/kzip.php',
         4                   params={'zipcode' : '104-0061'})
         5 print(rs.text)

        {"address1":"東京都","address2":"中央区","address3":"銀座"}
```

ここでいったんコードを整理しましょう。ベースのURLとクエリパラメーターの辞書をそれぞれ変数に格納して使うとします。変数名は前者を「url」、後者を「prms」とします。

では、以下の通りコードを追加・変更してください。requests.get関数のコードは第1引数に変数urlを指定し、キーワード引数paramsには変数prmsを指定するかたちになります。

▼追加・変更前

```
import requests

res = requests.get('http://tatehide.com/kzip.php',
                   params={'zipcode' : '104-0061'})
print(res.text)
```

▼追加・変更後

```
import requests

url = 'http://tatehide.com/kzip.php'
prms = {'zipcode' : '104-0061'}
rs = requests.get(url, params=prms)
print(rs.text)
```

追加・変更できたら実行して、同じ結果が得られるか確かめておいてください（画面3）。

▼画面3　整理後のコードを動作確認

```
In [1]:  1 import requests
         2
         3 url = 'http://tatehide.com/kzip.php'
         4 prms = {'zipcode' : '104-0061'}
         5 rs = requests.get(url, params=prms)
         6 print(rs.text)

        {"address1":"東京都","address2":"中央区","address3":"銀座"}
```

追加・変更後のコードを改めて見直すと、クエリパラメーターの「?」も「=」も一切登場していないのに、引数paramsによって自動で付与され、意図通りWeb APIから住所のデータを得られました。

これでクエリパラメーターの設定を大幅に効率化できました。また、変数urlと変数prmsを使ったことで、コードがずいぶんスッキリ見やすくなりました。一方、現時点では、この住所のデータは生のJSON形式のままです。次節では、このJSONデータから、都道府県と市区町村、町域のデータをそれぞれ取り出す方法を解説します。

コラム

引数paramsに複数のkeyとvalueを指定する

引数paramsに複数のkeyとvalueを渡すには、「key:value」のセットを必要な数だけ「,」（カンマ）で区切り、「{}」の中に並べます。たとえば、2セット指定するとして、1つ目のkeyが「key1」、valueが「value1」、2つ目のkeyが「key2」、valueが「value2」とします。その場合は以下を引数paramsに指定します。

```
{"key1": "value1", "key2": "value2"}
```

7-3 JSONから目的のデータを取り出すには

JSON形式のテキストを辞書に変換

前節では、requests.get関数を使い、本書用Web API「簡易郵便番号検索」から、東京・銀座の郵便番号「104-0061」の住所データを取得しました。そのデータは生のJSON形式でした。本節では、そのJSON形式のデータから都道府県と市区町村、町域のデータをそれぞれ取り出す方法を解説します。

この生のJSON形式のデータはもっと厳密にいえば、テキストデータです。JSON形式のフォーマットで書かれていますが、データそのものはテキストです。スクレイピングの際もrequests.get関数で取得したHTMLのデータはテキストでした。それをid名やcalss名などから目的の要素内容を取得できるよう、BeautifulSoupオブジェクトに変換したのでした。

Web APIにおける住所データも同じく、都道府県と市区町村、町域を取り出すには、データを変換する必要があります。何に変換するのかですが、JSON形式のテキストは辞書に変換するのがセオリーです。辞書に変換できれば、目的のデータのkeyを使って、「辞書名[key]」と記述すれば、その値（value）を取り出せます

JSON形式のテキストから辞書への変換は、JSON処理用の標準ライブラリである「json」の「json.loads」関数で行います。書式は以下です。JSON形式のテキストから変換した辞書が戻り値として得られます。

書式

```
json.loads(JSON形式のテキスト)
```

今回のコードでは、住所のJSON形式のテキストは「rs.text」でした。それをjson.loads関数の引数に指定すれば、辞書に変換されます。

```
json.loads(rs.text)
```

今回は変換した辞書を変数「zipdata」に格納して、以降の処理に使うとします。ひとまずprint関数で出力してみましょう。では、以下のようにコードを追加・変更してください。

「json.loads(rs.text)」の戻り値を変数zipdataに格納し、同変数をprint関数で出力するようコードを追加・変更します。jsonモジュールをインポートするコードも必ず追加します。

▼追加・変更前

```
import requests
```

```
url = 'http://tatehide.com/kzip.php'
prms = {'zipcode' : '104-0061'}
rs = requests.get(url, params=prms)
print(rs.text)
```

▼追加・変更後

```
import requests
import json

url = 'http://tatehide.com/kzip.php'
prms = {'zipcode' : '104-0061'}
rs = requests.get(url, params=prms)
zipdata = json.loads(rs.text)
print(zipdata)
```

追加・変更できたら実行してください。すると、次のように出力されます（画面1）。

▼画面1　辞書に変換した住所データが出力された

```
In [1]:  1 import requests
         2 import json
         3
         4 url = 'http://tatehide.com/kzip.php'
         5 prms = {'zipcode' : '104-0061'}
         6 rs = requests.get(url, params=prms)
         7 zipdata = json.loads(rs.text)
         8 print(zipdata)

        {'address1': '東京都', 'address2': '中央区', 'address3': '銀座'}
```

出力された内容は辞書に変換する前と全く同じですが、データ型が文字列型から辞書型に変わっています。試しに組み込み関数の「type」関数を使い、コード「type(rs.text)」によって「rs.text」のデータ型を調べると、str型（文字列型）とわかります。一方、変数zipdataはコード「type(zipdata)」によって、dict型（辞書型）であることが確認できます。

都道府県、市区町村、町域のデータを取り出す

これで住所のJSONデータをテキストから辞書に変換できたので、辞書として扱えます。つまり、「辞書名[key]」で値（value）を取り出せます。辞書名は「zipdata」になります。keyは7-1節で紹介したとおり、都道府県が「address1」、市区町村が「address2」、町域が「address3」でした。

ここでは例として、都道府県のデータを取り出して出力するとします。都道府県のkeyは「address1」なので、「zipdata['address1']」で値を取得できます。keyは文字列として指定するので、「'」で囲みます。では、コードを以下のように変更してください。変更とはいえ、実質は「['address1']」を追記するだけです。

▼変更前

```
        :
        :
print(zipdata)
```

▼変更後

```
        :
        :
print(zipdata['address1'])
```

変更できたら実行してください。すると、「東京都」と出力されます（画面2）。

▼画面2　都道府県のデータを取り出せた

```
In [1]:  1 import requests
         2 import json
         3 
         4 url = 'http://tatehide.com/kzip.php'
         5 prms = {'zipcode' : '104-0061'}
         6 rs = requests.get(url, params=prms)
         7 zipdata = json.loads(rs.text)
         8 print(zipdata['address1'])

        東京都
```

これで意図通り、辞書zipdataから都道府県のデータを取り出すことができました。余裕があれば、keyを「address1」や「address2」に変更し、市区町村や町域を取り出して出力してみましょう。

続けて、それぞれ取り出し、+演算子で連結して出力してみましょう。すべて文字列なので、+演算子でそのまま連結できます。では、以下のようにコードを追加してください。

▼追加前

```
        :
        :
print(zipdata['address1'])
```

▼追加後

```
        :
        :
print(zipdata['address1'] + zipdata['address2'] + zipdata['address3'])
```

変更できたら実行してください。すると、「東京都中央区銀座」と出力されます（画面3）。

▼画面3　都道府県と市区町村と町域が連結されて出力された

```
In [1]:  1 import requests
         2 import json
         3
         4 url = 'http://tatehide.com/kzip.php'
         5 prms = {'zipcode' : '104-0061'}
         6 rs = requests.get(url, params=prms)
         7 zipdata = json.loads(rs.text)
         8 print(zipdata['address1'] + zipdata['address2'] + zipdata['address3'])

        東京都中央区銀座
```

これで、指定した郵便番号の住所データから、都道府県と市区町村と町域を取り出せるようになりました。余裕があれば、7-1節の表2に記載されている別の郵便番号に変更し、都道府県と市区町村と町域を取得・出力してみましょう。

Web APIで得た情報を Excelに集約・保存する

取得した住所データをExcelの表に保存

前節までに、本書用Web API「簡易郵便番号検索」をPythonで制御し、指定した郵便番号のリクエストURLを送り、返された住所のJSONデータを辞書に変換し、都道府県と市区町村と町域のデータを取得・出力するところまでプログラムを作成しました。本節では、Excelと組み合わせ、もう少し実践的なプログラムに発展させます。

本節ではExcelのブック「郵便番号住所.xlsx」を組み合わせるとします。本書ダウンロードファイル（5ページ）に含まれているので、「plxlml」フォルダーにコピーしてください。コピーできたら中身を確認してみましょう。ダブルクリックなどで開いてください。

次の画面1のように、ワークシートは「Sheet1」の1枚だけであり、A～D列に表があります。

▼画面1　Excelブック「郵便番号住所.xlsx」の中身

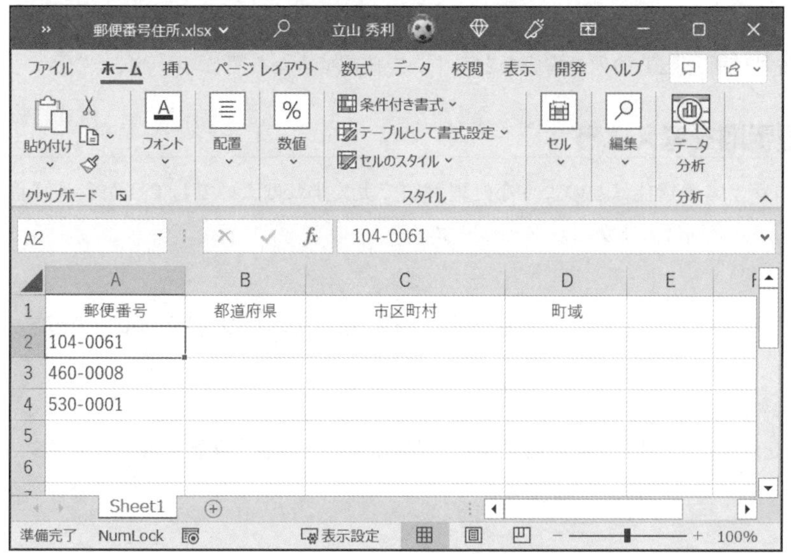

1行目は見出し行です。列の構成は以下です。

- ・A列　郵便番号
- ・B列　都道府県
- ・C列　市区町村
- ・D列　町域

A2～A4セルには、郵便番号が入力してあります。これらの郵便番号に該当する住所データを本書用Web API「簡易郵便番号検索」から取得し、都道府県はB列、市区町村はC列、町域はD列に入力するプログラムをこれから作成するとします（図1）。

図1 A列の郵便番号の住所をWeb APIで取得

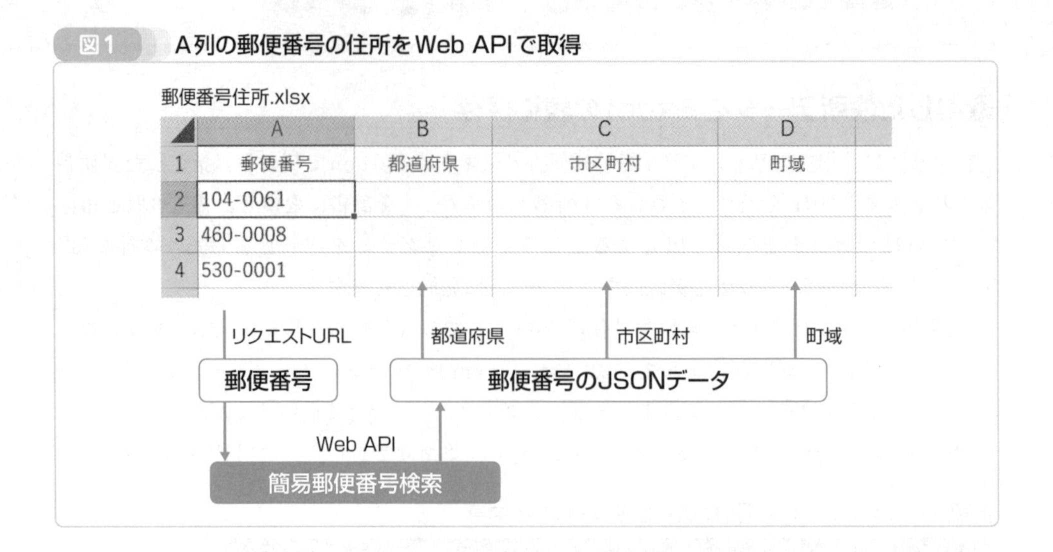

ブック「郵便番号住所.xlsx」の列の構成など、中身を確認できたら閉じておいてください。

大まかな処理手順を考えよう

本書で作るプログラムの機能はどのような処理手順で実装すればよいでしょうか？　何通りか考えられますが、今回は大まかに以下とします。

・ブック「郵便番号住所.xlsx」にて郵便番号が入っている最初のセル（A2セル）の値を取り出す。

↓

・その郵便番号をリクエストURLに埋め込んで、Web API「簡易郵便番号検索」にリクエストを送る。

↓

・返された住所データのJSON形式のテキストを辞書に変換し、都道府県と市区町村と町域をそれぞれ取り出し、ブック「郵便番号住所.xlsx」のB～D列の2行目のセルに入力。

↓

・A3セルとA4セルの郵便番号も同様に処理。

上記の処理手順は、for文のループを軸に、A2～A4セルの郵便番号を順に取得して処理するコードでできそうです。

まず、A2～A4セルの郵便番号を順に取得するコードを考えましょう。第3章を中心に、これまで学んできた内容から、以下のコードが考えられます。

```
import openpyxl

path = 'pyxlml¥¥郵便番号住所.xlsx'
wb = openpyxl.load_workbook(path)
ws = wb.worksheets[0]

for i in range(2, ws.max_row + 1):
    print(ws.cell(i, 1).value)

wb.close()
```

A2～A4セルの郵便番号を取得しているコードが「ws.cell(i, 1).value」です。第1引数「行」に指定している変数iは、for文のカウンタ変数です。このカウンタ変数iはfor文にて、range関数を上記のように指定しているため、ループが回る度に、2から4へ1ずつ増えていくので、A2～A4セルを順に処理できるのです。

また、ここでは暫定的な処理として、取得した郵便番号はとりあえず、print関数で出力するようにしています。なお、max_row属性を使う関係で、現在の空のセルには、書式を事前に一切設定しないとします。

ひとまず上記コードをJupyter Notebookの別のセルに入力・実行してください。すると、次の画面2のように、A2～A4セルの値である3つの郵便番号が順に出力されます。

▼画面2　A2～A4セルの郵便番号を順に出力

```
In [1]:  1 import openpyxl
         2 
         3 path = 'pyxlml¥¥郵便番号住所.xlsx'
         4 wb = openpyxl.load_workbook(path)
         5 ws = wb.worksheets[0]
         6 
         7 for i in range(2, ws.max_row + 1):
         8     print(ws.cell(i, 1).value)
         9 
        10 wb.close()

104-0061
460-0008
530-0001
```

住所データをExcelに入力して保存しよう

このコードと、前節のコードを合体させれば、目的の機能のプログラムを作れるでしょう。前節のコードでは下記のように、クエリパラメーターの辞書（変数prmsに格納）のvalueの部分に、郵便番号の文字列を直接記述していました。

```
prms = {'zipcode' : '104-0061'}
```

この郵便番号を直接している「'104-0061'」の箇所を、A2～A4セルから取得した郵便番号に置き換えます。そのコードは「ws.cell(i, 1).value」でした。「'104-0061'」の箇所を置き換えると下記になります。

```
prms = {'zipcode' : ws.cell(i, 1).value}
```

以上を踏まえ、前節のコードに、先ほどのコードを合体させるよう、下記のように追加・変更してください。追加・変更した箇所は色を付けておきましたので参考にしてください。

▼追加・変更前

```
import requests
import json

url = 'http://tatehide.com/kzip.php'
prms = {'zipcode' : '104-0061'}
rs = requests.get(url, params=prms)
zipdata = json.loads(rs.text)
print(zipdata['address1'] + zipdata['address2'] + zipdata['address3'])
```

▼追加・変更後

```
import requests
import json
import openpyxl

path = 'pyxlml¥¥郵便番号住所.xlsx'
wb = openpyxl.load_workbook(path)
ws = wb.worksheets[0]
```

```
url = 'http://tatehide.com/kzip.php'

for i in range(2, ws.max_row + 1):
    prms = {'zipcode' : ws.cell(i, 1).value} ――――――― (1)
    rs = requests.get(url, params=prms)
    zipdata = json.loads(rs.text)
    print(zipdata['address1'] + zipdata['address2'] + zipdata['address3'])

wb.close()
```

一段インデント

追加･変更後のコードのポイントは（1）の箇所です。クエリパラメーターの辞書のvalueに、目的の郵便番号を「'104-0061'」と文字列を直接指定していた箇所を、「ws.cell(i, 1).value」に置き換えることで、A2～A4セルの郵便番号で順に処理できるように変更しています。

追加・変更できたら実行してください。次の画面3のように、A2～A4セルの郵便番号に該当する都道府県と市区町村と町域が連結されて順に出力されます。

▼画面3　A2～A4セルの郵便番号の住所が出力された

```
In [1]:  1 import requests
         2 import json
         3 import openpyxl
         4
         5 path = 'pyxlml¥¥郵便番号住所.xlsx'
         6 wb = openpyxl.load_workbook(path)
         7 ws = wb.worksheets[0]
         8
         9 url = 'http://tatehide.com/kzip.php'
        10
        11 for i in range(2, ws.max_row + 1):
        12     prms = {'zipcode' : ws.cell(i, 1).value}
        13     rs = requests.get(url, params=prms)
        14     zipdata = json.loads(rs.text)
        15     print(zipdata['address1'] + zipdata['address2'] + zipdata['address3'])
        16
        17 wb.close()

東京都中央区銀座
愛知県名古屋市中区栄
大阪府大阪市北区梅田
```

あとは都道府県、市区町村、町域をA列、B列、C列に入力するよう変更し、かつ、ブックを上書き保存する処理を追加すれば完成です。では、以下のように追加・変更してください。追加・変更した箇所は色を付けておきましたので参考にしてください。

コード「zipdata = json.loads(rs.text)」までは同じです。それ以降の都道府県、市区町村、町域をprint関数で出力する処理を、ExcelのA～C列のセルに入力する処理に変更します。かつ、最後にブック上書き保存の処理を追加します。

▼追加・変更前

```
      :
      :
for i in range(2, ws.max_row + 1):
    prms = {'zipcode' : ws.cell(i, 1).value}
    rs = requests.get(url, params=prms)
    zipdata = json.loads(rs.text)
    print(ws.cell(i, 1).value)
    print(zipdata['address1'] + zipdata['address2'] + zipdata['address3'])

wb.close()
```

▼追加・変更後

```
      :
      :
for i in range(2, ws.max_row + 1):
    prms = {'zipcode' : ws.cell(i, 1).value}
    rs = requests.get(url, params=prms)
    zipdata = json.loads(rs.text)
    ws.cell(i, 2).value = zipdata['address1']
    ws.cell(i, 3).value = zipdata['address2']
    ws.cell(i, 4).value = zipdata['address1']

wb.save(path)
wb.close()
```

B列に都道府県、C列に市区町村、D列に町域を入力するコードでは、入力先のセルを指定するために、cellメソッドの第1引数の行にカウンタ変数iを指定しています。同じ行のA列の郵便番号をクエリパラメータに指定しており、その際のカウンタ変数iがそのままデータ入力先のセルの行として使えます。

追加・変更できたら、さっそく動作確認してみましょう。ブック「郵便番号住所.xlsx」を上書き保存する処理を加えた関係で、実行する前に必ず同ブックを閉じておいてください（閉じておかないとエラーになるのでした）。

実行した後、ブック「郵便番号住所.xlsx」を開くと、次の画面4のように、A2～A4セルの郵便番号に該当する都道府県、市区町村、町域が本書Web APIで取得され、B2～D4セルに入力されたことが確認できます。

▼画面4 取得した住所データがA2～D4セルに入力された

	A	B	C	D
1	郵便番号	都道府県	市区町村	町域
2	104-0061	東京都	中央区	東京都
3	460-0008	愛知県	名古屋市中区	愛知県
4	530-0001	大阪府	大阪市北区	大阪府

本章のプログラムはこれで完成です。A列の郵便番号を変更したり追加したりしても（ただし、7-1節の表2の範囲）、意図通り住所を取得してセルに入力できるのか、試してみるとよいでしょう。郵便番号を増やしても、for文のrange関数の第2引数には、第3章で学んだように「ws.max_row + 1」を指定しているので、データの行方向の増減に自動で対応できます。

また、他に機能を追加したり、エラー処理を加えたりするなどして、プログラムをもっと発展させるのもよいでしょう。

本章では、Web APIで情報を取得するプログラムをPythonで作りました。そのなかでさまざまな処理が登場し、そのひとつにJSONの処理がありました。実はVBAにはJSON処理用の関数やメソッドが標準で用意されておらず、必要な処理のコードをゼロから自分で書かなければなりません。このようにVBAが苦手とする――実質できないと言っても過言ではないJSONの処理も、Pythonならはるかに簡単にコードが書けてしまうのは大きなメリットでしょう。

コラム

文字列を連結するその他の方法

本書ではこれまでに、文字列の連結は主に+演算子を用いてきました。パスの文字列については、os.path.join関数を使いました。Pythonには文字列を連結する方法は他にもいくつかあります。ここでは2つの方法を紹介します。

1つ目は+=演算子です。変数の現在の値に対して、指定した値で更新する演算子（累積代入演算子）であり、第3章3-5節（103ページ）で転記先セルの行の処理に使いました。

この+=演算子は文字列にも使えます。左辺に指定した文字列の末尾に、右辺の指定した文字列を連結します。その例が下記コードです。

```
a = 'Python'
b = 'で'
a += b
```

```
print(a)

c = '自動化'
a += c
print(a)
```

変数aに文字列「Python」、変数bに文字列「で」を用意します。その次のコード「a += b」では、+=演算子によって、変数aの末尾に変数bを連結しています。その次のprint関数で変数aを出力すると、「Pythonで」と出力されます（画面1）。

さらに変数cに文字列「自動化」を用意し、コード「a += c」によって、変数aの末尾に変数cを連結しています。この直前の変数aの値は文字列「Pythonで」であり、変数cの文字列「自動化」が末尾に連結されるため、変数aの値は「Pythonで自動化」となります。print関数で出力した結果で確認できます。

▼画面1　+=演算子で文字列を連結する例

```
In [19]:  1 a = 'Python'
          2 b = 'で'
          3 a += b
          4 print(a)
          5
          6 c = '自動化'
          7 a += c
          8 print(a)

Pythonで
Pythonで自動化
```

2つ目の方法は、文字列のオブジェクトの「join」メソッドです。書式は以下です。

書式

```
文字列.join(リストなど)
```

joinメソッドの引数に、文字列を要素とするリストやタプルを指定すると、それらの文字列が先頭から順に連結されます。さらに連結する際、上記書式の「文字列」の部分に指定した文字列が間に挿入されます。どういうことなのか、下記コードの例で解説します。

```
l = ['東京都', '中央区', '銀座']
print('/'.join(l))
```

3つの文字列「東京都」「中央区」「銀座」を要素とするリスト「l」を用意します。そして、上記書式の「文字列」の部分に文字列「'/'」を指定し、joinメソッドの引数にリストlを指定したうえで、print関数で出力しています。

これで、リストlの要素である3つの文字列が、上記書式の「文字列」の部分に指定した「/」が間に挿入されて連結されます。その結果、文字列「東京都/中央区/銀座」が得られます（画面2）。

▼画面2　文字列「東京都/中央区/銀座」が得られる

```
In [18]:  1 l = ['東京都', '中央区', '銀座']
          2 print('/'.join(l))

        東京都/中央区/銀座
```

上記書式の「文字列」の部分に空の文字列「''」を指定すると、リストlの要素がそのまま連結されます（画面3）。単純に連結したい場合は、このように空の文字列を指定しましょう。

```
l = ['東京都', '中央区', '銀座']
print(''.join(l))
```

▼画面3　要素がそのまま連結される

```
In [15]:  1 l = ['東京都', '中央区', '銀座']
          2 print(''.join(l))

        東京都中央区銀座
```

Python文法基礎

ここでは、本書に登場するプログラムのコードを読み書きするために、必要となるPythonの文法やルールの中から、主なものを簡単に解説します。

数値と文字列

処理の中で数値を使う際は、目的の数値を半角で記述します。文字列なら、目的の文字列を「'」(シングルクォーテーション) または「"」(ダブルクォーテーション) のいずれかで囲みます。本書では「'」を採用しています。たとえば、「自動化」という文字列なら次のように記述します。

```
'自動化'
```

このようにコードに直接記述した数値や文字列は **リテラル** と呼ばれます。

データを入れる“ハコ”の「変数」

数値や文字列は多くの場合、**変数** に格納して処理に使います。変数は一言で表すなら「データを入れる“ハコ”」です。数値や文字列といった値（データ）を入れて処理に使います。変数は名前を付けて使います。複数の変数を同時に使え、区別するため一つ一つに名前を付けます。変数の名前は **変数名** と呼ばれます（図1)。

図1　変数の仕組みと使い方のイメージ

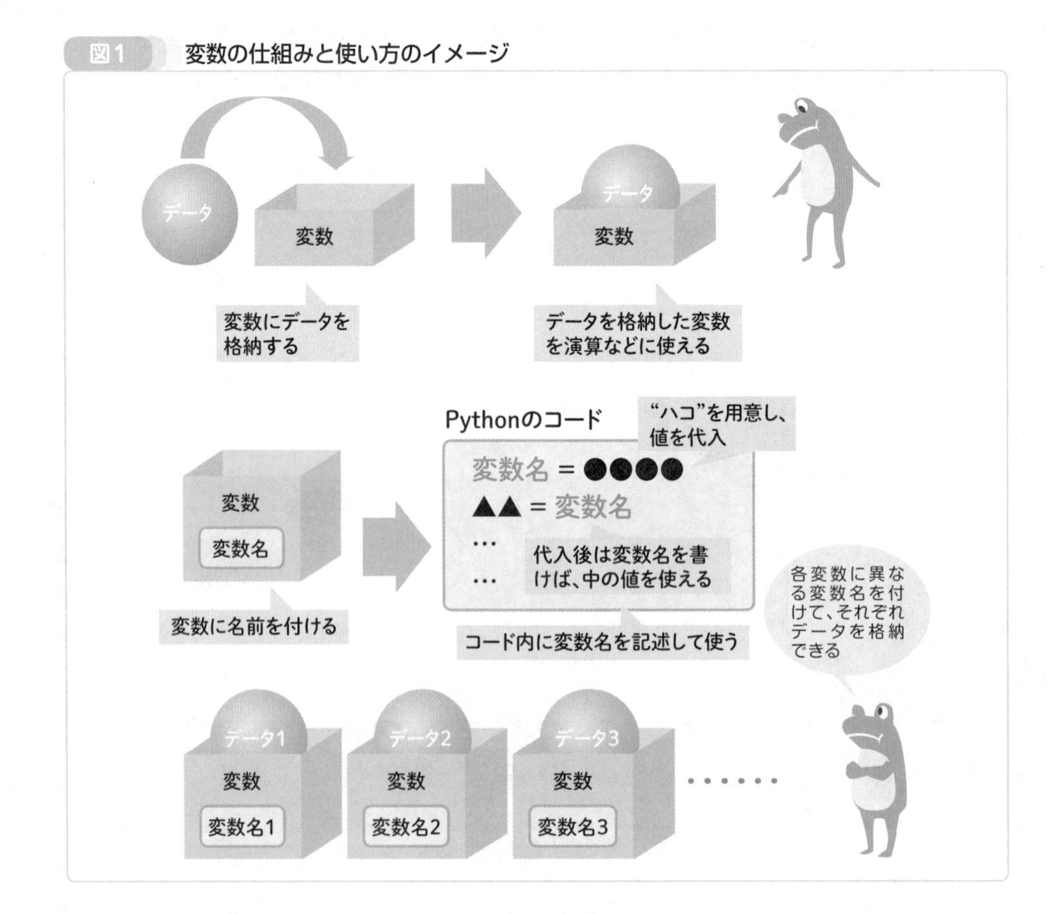

変数名は原則、アルファベットと数字と記号で自由に付けてOKです。ただし、既にある変数と同じ名前は付けられません。さらに「_」(アンダースコア) 以外の記号は使えない、数字で始まる変数名は付けられないといったルールがあります。アルファベットの大文字小文字は区別されます。

変数名を決めた後、コードにその変数名を書きます。これで、その名前の“ハコ”である変数が用意されます。変数に値を入れるには、そのためのコードを記述します。変数に値を入れることは専門用語で **代入** と呼ばれます。代入のための演算子(演算のための記号類)である「=」を使い、以下の書式で記述します。

書式

```
変数名 = 値
```

たとえば「hoge」という名前の変数を用意し、数値の10という値を代入するには、次のように記述します。

```
hoge = 10
```

変数に値を一度代入したら、以降はその変数名を記述すれば、中の値を取得して処理に使えます。たとえば、先ほどの変数hogeの値を取得し、print関数で出力するコードは以下です。

```
print(hoge)
```

変数の値を変更したければ、変更したい値を新たに代入するコードを記述します。たとえば、変数hogeの値を20に変更したければ、20を代入するよう以下のコードを記述します。

```
hoge = 20
```

複数の変数が集まった「リスト」

リスト とは、複数の変数が集まったものです。変数は「値が入った“箱”」というイメージでしたが、リストは「“箱”が順に複数並んだもの」というイメージです。それらの“箱”には、それぞれ異なる値を入れることができます。

そして、リストの“箱”はたとえば、「～番目の“箱”にこの数値を代入する」などのように個別に使ったり、「先頭の“箱”から順に値を取り出して計算に用いる」などのように、まとめて使ったりします。リストの個々の“箱”は **要素**、要素の数は **要素数** と呼ばれます。

リストのコードを書き方は、全体を半角の「[」と「]」で全体を囲みます。その中に、要素に入れたい値を「,」で区切りつつ、必要な数だけ並べます。この数が要素数になります。そして、リストは多くの場合、変数に代入して使います。以上をまとめた書式が以下です。

書式

```
変数名 = [値1, 値2, 値3, ・・・]
```

たとえば、要素が文字列「アジ」、「サンマ」、「サバ」、「タイ」の4つのリストを作成し、それを変数「ary」に代入するコードは以下です。

```
ary = ['アジ', 'サンマ', 'サバ', 'タイ']
```

これで変数aryに上記のリストが格納され、aryという変数名でリストを扱えるようになりました（図2）。この場合、「リストary」とも呼びます。

図2　リストの例

複数あるリストの要素のうち、どれを扱う対象にするのかは、**インデックス**という仕組みで指定します。インデックスとは、整数の連番です。リストの先頭から何番目の要素なのか、インデックスで指定することで、目的の要素を決定します。書式は以下です。

書式

```
リスト名[インデックス]
```

上記書式の**リスト名**は、リストを代入した変数名になります。リスト名に続き「[]」を書き、その中にインデックスを指定します。

ポイントは、インデックスが始まるのは1ではなく、0であることです。たとえば、先頭の要素なら、インデックスは0になります。2番目の要素なら1、3番目の要素なら2になります。「インデックスは1から始まる」と勘違いしやすいので注意しましょう。

たとえば、先ほどのリストaryの先頭要素なら「ary[0]」と記述します。すると、先頭要素の値である文字列「アジ」が取得できます（図3）。3番目の要素なら「ary[2]」と記述します。すると、3番目の値である文字列「サバ」が取得できます。

図3　リストaryの要素の値を取得する例

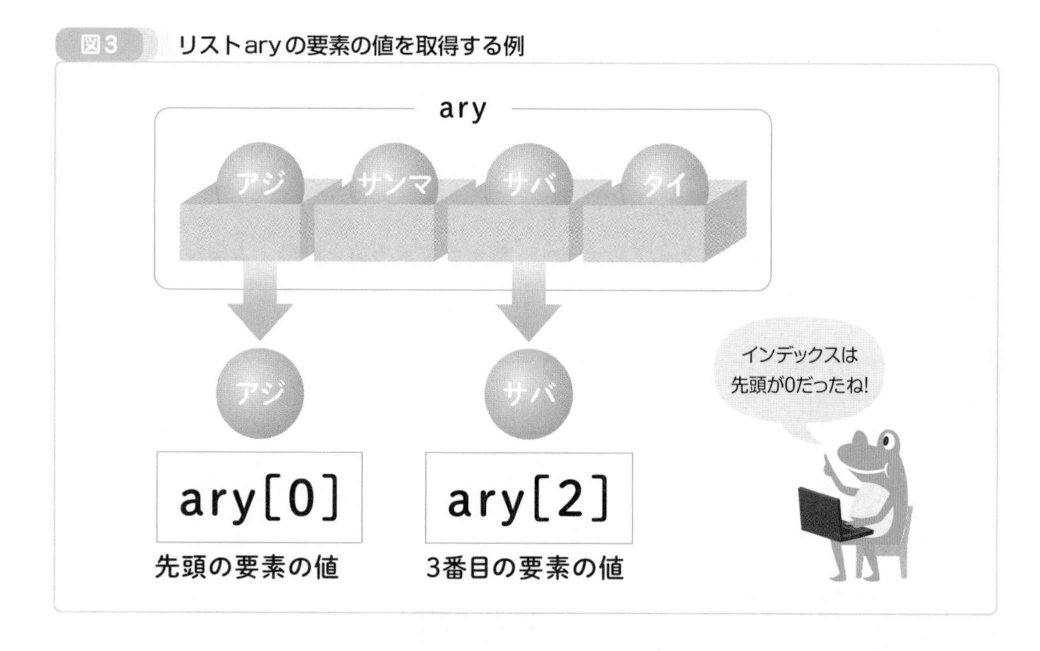

リストの要素の値を変更したければ、「リスト名[インデックス]」で目的の要素を取得し、それに続けて変更後の値を「=」で代入します。

「タプル」と「辞書」

タプルとは、複数の値が集まったものです。リストは複数の変数＝“箱”が集まったものですが、タプルは“箱”がなく、”箱”の中身である値のみが集まったものというイメージです。

タプルを作るには、全体を「(」と「)」で囲み、その中に目的の値（数値や文字列）を必要な個数だけ、カンマ区切りで並べて記述します。リストの書式と非常に似ており、違いは囲むのが「()」か「[]」かだけです。そしてリストと同じく、変数に代入して使うことも多々あります。

書式

```
変数名 = (値1, 値2, 値3, ・・・)
```

タプルはリストと同じく、インデックスを使って個々の要素の値を取得できます。リストと決定的に異なるのは、値の変更ができないことです。取得した要素に値を代入しようとするとエラーになります。

辞書 もリストやタプルと同じく、複数の値をまとめて扱うための仕組みです。処理対象の要素をインデックスという数値ではなく、文字列で指定するタイプです。その文字列は **キー** と呼ばれます。

辞書を作成する書式は以下です。リストなどと同様に、変数に代入して使えます。

書式

```
変数名 = {キー1:値1, キー2:値2, ・・・}
```

全体を「{}」で囲み。その中にキー(key)と値(value)を「:」(コロン)で区切ったセットを、必要な数だけ「,」(カンマ)で区切って並べます。

これでその変数名を辞書名として扱えます。個々の要素の値を取得する書式は以下です。キーは文字列として指定します。

書式

```
辞書名[キー]
```

たとえば、以下の表のキーと値を備えた「member」という名前の辞書を作成するとします(表1)。

▼表1 辞書「member」のキーと値

キー	値
name	立山秀利
age	50
address	東京都江東区東陽2-4-2

そのコードは以下です。

```
member = {
    'name' : '立山秀利',
    'age' : 50,
    'address' : '東京都江東区東陽2-4-2'
}
```

上記コードは。途中で改行しています。Pythonでは「{}」や「()」の中なら、改行することができます。なお、それ以外の場所で改行するなら、改行したい箇所に「 ¥」(半角スペースと¥）と記述します。

この辞書memberから、キー「name」の値を取得するなら「member['name']」と記述します。「辞書名[キー]」の書式にのっとり、目的のキーを文字列として指定しています。他のキー「age」や「address」の値も同様に取得できます。

文字列を連結する演算子

「+」演算子を使うと、文字列を連結できます。たとえば3つの文字列「Pythonで」、「Excelと」、「メール操作を自動化」を連結するなら、以下のように記述します。

```
'Pythonで' + 'Excelと' + 'メール操作を自動化'
```

これで3つの文字列が連結され、「PythonでExcelとメール操作を自動化」という1つの文字列が得られます。

また、+演算子は両辺に数値を指定すると、足し算を行えます。他に計算を行う演算子には主に表2のようなものがあります。これらは**算術演算子**と呼ばれます。

▼表2　主な算術演算子

演算子	意味
+	足し算
-	引き算
*	掛け算
/	割り算
%	割り算の余り
**	べき乗

変数の現在の値から増やす

数値計算で他に便利な演算子が、**累積代入演算子**です。算術演算と代入をひとまとめにした演算子です。**複合演算子**と呼ばれる場合もあります。

累積代入演算子は変数の現在の値に対して、指定した値で更新する演算子です。ここでいう更新とは、値を増やしたり減らしたりすることなどを意味します。主に、数値が格納された変数の値を更新する処理に用いる演算子です。

主な累積代入演算子は次の表3のとおりです。

▼表3　主な累積代入演算子

演算子	意味	例	処理内容
+=	足し算して代入	a += 1	aにa+1を代入
-=	引き算して代入	a -= 1	aにa-1を代入
*=	掛け算して代入	a *= 1	aにa*1を代入
/=	割り算して代入	a /= 1	aにa/1を代入
%=	割り算の余りを代入	a %= 1	aにa%1を代入
**=	指数の累乗を代入	a **= 1	aにa**1を代入

累積代入演算子の書式は以下です。

書式
変数 累積代入演算子 値

左辺には変数を記述します。オブジェクトの属性（326ページ）を記述するケースも多々あります。右辺には、更新したい値を指定します。これで、左辺の変数の現在の値に対して、右辺に指定した値のぶんだけ、指定した累積代入演算子によって値が更新されます。たとえば「+=」演算子なら、左辺の変数の現在の値に対して、右辺に指定した値が足され、その結果が左辺の変数に代入されることで値が更新されます。

累積代入演算子の例を紹介しましょう。足し算して代入する「+=」演算子を用います。コードは以下です。

```
num = 10
num += 1
print(num)
num += 1
print(num)
```

コード1行目で変数numに最初10を代入し、コード2行目にて「+=」演算子で1を増やします。この時点で変数numは最初の10に1を足した結果である11が代入されます。言い換えると、変数numの値が10から11に更新されたことになります。ゆえにコード3行目のprint関数で11が出力されます。

コード4行目では、再び「+=」演算子で変数numの値を1増やしています。変数numのその直前の値は11であり、1を足した結果である12が代入されます。変数numの値が11から12に更新されたのであり、コード5行目のprint関数で12が出力されます。

他にも、文字列の中に指定した語句が含まれるかを判定する「in」演算子など、さまざまな演算子があります。

「関数」と「引数」のキホン

関数 とは、あるまとまった処理を実行するための仕組みです。たとえば「print」は関数の一種であり、一般的には「print関数」と呼ばれ、「数値や文字を出力する」という処理の関数です。Pythonにはさまざまな関数が用意されており、それぞれ名前（**関数名**）が付けられています。

関数を実行するコードの書式は以下です。

書式
```
関数名(引数1, 引数2・・・)
```

関数名に続き「()」を記述し、その中に **引数**（ひきすう）を指定します。引数とは、関数が処理に使う“材料”を渡したり、処理の内容を細かく設定したりするための仕組みです。print関数なら処理の内容は「値を出力する」であり、「どのような値を出力するのか」という“材料”を引数として指定することになります。

関数によっては引数が複数あります。その場合は上記書式のように、「,」(半角のカンマ)で区切って並べて記述します。引数が1つだけの関数、なしの関数もあります。また、引数の中には省略可能なものもあります。省略した場合、既定値が指定されます。引数の数や並び順、省略可／不可、既定値は関数の種類によって異なります。

引数の指定方法は上記書式に加えて、もうひとつあります。引数名を使った方法です。

書式
```
関数名(引数名1=値1, 引数名2=値2・・・)
```

「引数名＝値」のセットを「,」で区切って並べて指定します。どのような引数名なのかは、関数によって決められています。こういった引数の指定方法は**キーワード引数**と呼ばれます。

キーワード引数の大きなメリットは、一部の引数を省略する場合です。並び順で前の引数を省略する場合、キーワード引数を使わないと、省略する引数の数だけ「,」のみを並べて記述しなければなりません。一方、キーワード引数なら「,」のみを並べる必要はなく、使用する引数のぶんだけ「引数名＝値」を記述すればOKです。

関数の実行結果は **戻り値** と呼ばれます。下記書式のように記述することで、戻り値を変数に代入でき、以降の処理に使えます。もちろん、キーワード引数ではなく、通常の引数で指定した場合も同様です。

書式
```
変数名 = 関数名(引数名1=値1, 引数名2=値2・・・)
```

どのような戻り値を返すのかは、関数によって異なります。また、戻り値がない関数もあります。さらに「def」文を使えば、オリジナルの関数を定義して使うこともできます。

ライブラリ関数の使い方

print関数などは**組み込み関数**と呼ばれ、特に何の準備もなく使えます。一方、ライブラリの関数（以下、**ライブラリ関数**）は、準備として事前に**インポート**をしておく必要があります。

インポートのコードの書式は以下です。

書式

```
import モジュール名
```

モジュール名の部分には、ライブラリによって決められたモジュール名を指定します。モジュールとは、ライブラリのプログラムのことです。

ライブラリ関数の中には、関数名が長いものが多々あります。そのような関数名は複数の「.」で区切られた形式の名前になっています。この場合、モジュールをインポートするimport文にて、キーワード「from」も使うと、関数名の記述を短くできます。

書式

```
from モジュール名 import 関数名やオブジェクト名
```

たとえば、現在の日付を取得するdatetime.date.today関数の記述を短くするなら、以下のようにインポートするよう記述します。

```
from datetime import date
```

これで、関数名「datetime.date.today」の「datetime」の部分が記述不要になり、「date.today」とだけ記述すれば済むようになります。

「オブジェクト」の使い方のキホン

オブジェクトとはザックリ言えば、データとそのデータ専用の関数のセットです。データは**属性**、専用の関数は**メソッド**と呼ばれます。イメージは図4のとおりです。

図4　オブジェクトのイメージ

オブジェクト

データ1　メソッド1
データ2　メソッド2
データ3　メソッド3

データは複数種類持っている場合が多いよ。専門用語で「属性」って呼ばれるよ

「メソッド」はオブジェクト専用の関数だよ

どのような属性やメソッドをいくつ備えているのかは、オブジェクトの種類によって異なります。

オブジェクトの属性を使う書式は以下です。

書式
```
オブジェクト.属性名
```

上記によって、そのオブジェクトの属性の値を取得できます。=で値を代入すれば、その値に変更できます。

オブジェクトのメソッドを使う書式は以下です。

書式
```
オブジェクト.メソッド名(引数)
```

引数の指定方法は関数と全く同じです。戻り値も関数と同様に使えます。引数の種類や数や名前、省略可能/不可能、および戻り値の内容はメソッドによって異なります。

また、オブジェクトの中には、最初に"専用の関数"を使って、生成してから使うタイプが多々あります。たとえば、本書第5章の送信メールのオブジェクトなどです。そのような"専用の関数"は専門用語で**コンストラクタ**などと呼ばれます。

オブジェクトを生成するために、どのような名前のコンストラクタを使い、引数をどのように指定するのかは、オブジェクトの種類によって異なります。

また、生成したオブジェクトは通常、変数に代入して以降の処理に用います。その場合、上記書式「オブジェクト.属性名」や「オブジェクト.メソッド名(引数)」の「オブジェクト」の部分には、オブジェクトを代入した変数名を記述することになります。

条件に応じて処理を実行する「if文」

if文 を使うと、指定した条件の成立/不成立に応じて異なる処理を実行できます。基本的な書式は以下です。

書式
```
if 条件式:
    成立時の処理
else:
    不成立時の処理
```

「if」に続けて条件を式(以下、**条件式**)として書きます。「成立時の処理」と「不成立時の処理」は必ず一段インデントして記述します。そうしないと、意図通り条件の成立/不成立に応じて処理を実行できなくなるので注意しましょう。また、「:」(コロン)を書き忘れないよう注意してください。

これで、「条件式」が成立すると「成立時の処理」が実行され、不成立だと「不成立時の処理」が実行されます。

条件式は通常、「比較演算子」を使って記述します。書式は以下です。

書式

値1 比較演算子 値2

主な比較演算子は次の表4です。「等しい」は「=」が2つ並びます。

▼表4 主な比較演算子

演算子	意味
==	左辺と右辺が等しい
!=	左辺と右辺が等しくない
>	左辺が右辺より大きい
>=	左辺が右辺以上
<	左辺が右辺より小さい
<=	左辺が右辺以下

比較したい2つの値を比較演算子の左辺と右辺に記述します。この書式がそのまま条件式になり、成立するかどうかを判定します。判定結果として、その条件（比較）が成立するなら「True」、不成立なら「False」という特別な値を返します。厳密な意味はともかく、Trueは「成立」や「Yes」、Falseは「不成立」や「No」のように捉えておけば、実用上は問題ありません。

たとえば、変数hogeに5が代入されているとします。「等しい」の比較演算子である==を使い、条件式を「hoge == 5」と記述したとします。「変数hogeが5と等しいか？」という意味の条件式になります。変数hogeには5が代入されているため、「hoge == 5」は成立しTrueが得られます。

これが「hoge == 3」という条件式なら、変数hogeは3と等しくないので不成立となり、Falseが得られます。

比較演算子を使った条件式の書き方は以上です。では、if文の例を以下のコードのとおり紹介します。

```
hoge = 5

if hoge == 5:
    print('こんにちは')
else:
    print('さようなら')
```

あらかじめ変数hogeに5を代入しておきます。if文の条件式は先ほどの例と同じ「hoge == 5」です。成立時の処理は「print('こんにちは')」、不成立時の処理は「print('さようなら')」を記述しています。

変数hogeの値は5であり、条件式「hoge == 5」は成立するので、「if 条件式:」以下の「print('こんにちは')」が実行され、「こんにちは」と出力されます。もし、変数hogeに代入する値を5ではない数値に変更すれば、条件式は「hoge == 5」は不成立となり、「else:」以下の「print('さようなら')」が実行され、「さようなら」と出力されます。

以上がif文の基礎です。さらにif文には「else:」以下がない書式もあります。その場合、指定した条件式が成立する場合のみ処理が実行され、不成立の場合は何も実行されません。また、「elif 条件式:」を追加することで、複数の条件式によって異なる処理を実行することも可能です。

なお、「if 条件式:」などの下に一段インデントしてコードを書く部分は「ブロック」などと呼ばれる場合もあります。if文以外でも、一段インデントした部分はブロックと呼ばれます。

処理を繰り返す「for文」

for文 は指定した処理を繰り返す仕組みです。書式は以下です。「:」を書き忘れやすいので注意しましょう。

書式
```
for 変数名 in 集まり:
    処理
```

押さえてほしいポイントが3つあるので、順に解説します。1つ目は、for文では、上記書式の「処理」のコードが繰り返し実行されることです。必ず一段インデントして記述します。言い換えると、繰り返したい処理をfor以下のブロックに記述することになります。

2つ目のポイントは、繰り返される回数は書式の「集まり」の部分で決まることです。この部分にはさまざまなものを指定できます。たとえばリストです。リストを指定した場合、リストの要素数ぶんだけ繰り返されます。たとえば要素数が4のリストを指定したら、4回繰り返されます。

「集まり」の部分は他にも、組み込み関数の「range」関数を使うと、回数を数値で指定して繰り返せます。たとえば5回繰り返したければ「range(5)」と記述します。

3つ目のポイントは書式の「変数名」の部分です。繰り返しの度に、ここに指定した変数に、「集まり」に指定したものが先頭から順に格納されます。

例を挙げましょう。次のコードを見てください。

```
ary = ['アジ', 'サンマ', 'サバ']
```

```
for elm in ary:
    print(elm)
```

最初に3つの文字列「アジ」、「サンマ」、「サバ」を要素とするリスト「ary」を用意します。そのリストaryをfor文の書式の「集まり」に指定します。そして、for文の変数を「elm」とし、for以下のブロックにて、その変数elmをprint関数で出力するコードです。

実行すると、文字列「アジ」と「サンマ」と「サバ」が順に出力されます。これはリストaryの要素である各文字列が先頭から順に出力された結果になります。このコードの処理の流れが図5です。

図5　リスト ary の要素が変数 elm に順に格納される

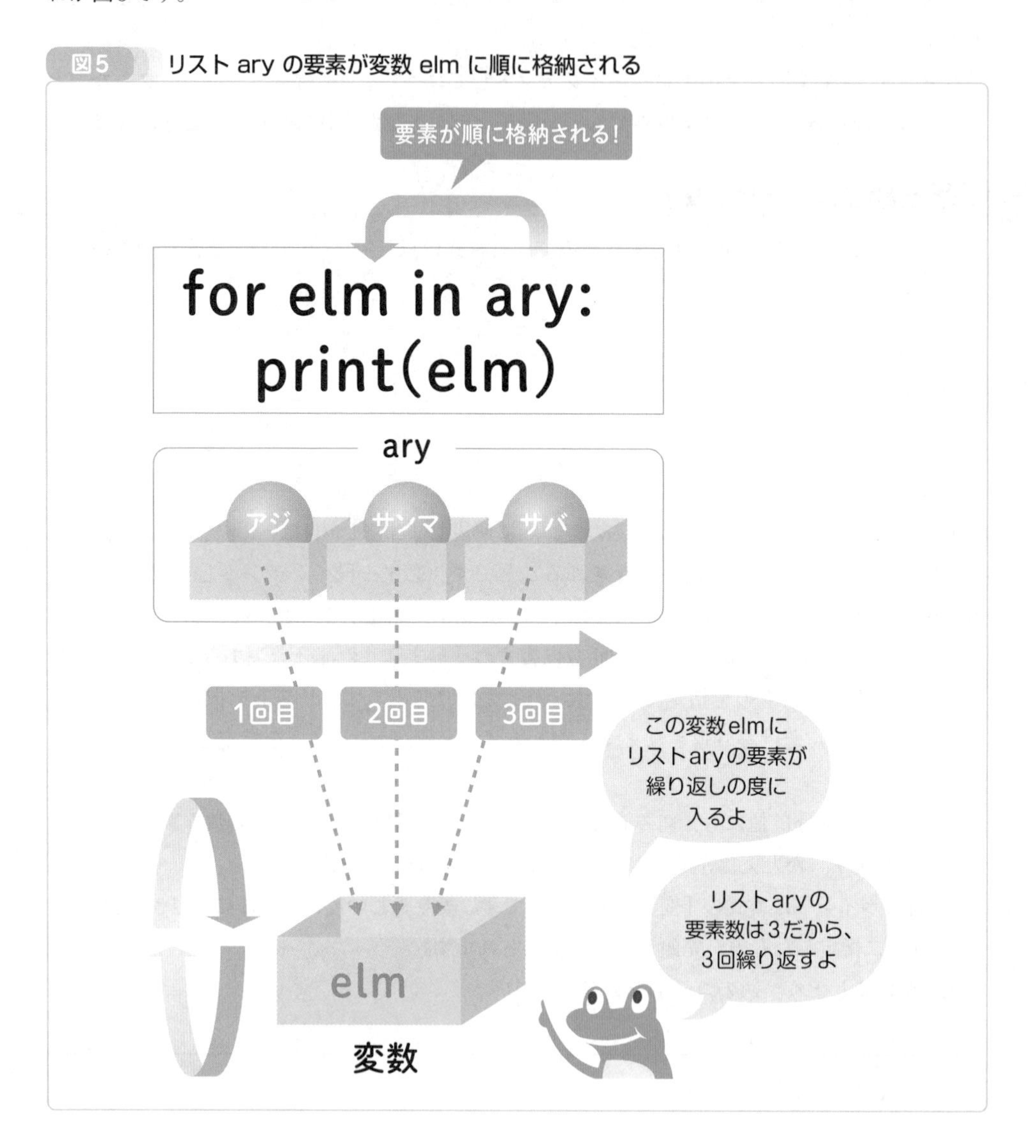

繰り返しの1回目では、先頭の要素の値である文字列「アジ」が変数elmに格納され、print関数で出力されます。繰り返しの2回目では、2番目の要素の文字列「サンマ」、3回目では3番目の要素の文字列「サバ」が格納され、繰り返しの度に出力されます。リストaryの要素数は3なので、3回繰り返して終了します。

for文の例をもうひとつ以下のとおり提示します。

```
for i in range(5):
    print(i)
```

for文の書式の「集まり」には、「range(5)」を指定しています。range関数の引数に5を指定したコードです。range関数は0から始まり、引数に指定した数より1少ない整数までを順に生成する関数です。上記コードの「range(5)」によって、0～4の計5つの整数が順に生成されます。for文の書式の「集まり」には、5つの整数が指定されるので、5回繰り返します。

for文の変数には「i」を指定しています。この変数iに、「range(5)」で生成した0～4の数値が繰り返しの度に順に格納されます。そして、for以下のブロックでは、変数iをprint関数で出力しています。したがって、繰り返しの度に0から4までの数値が順に出力されます。

なお、上記例のように、for文で繰り返しの回数を表す変数のことは、専門用語で **カウンタ変数** などと呼ばれます。

おわりに

いかがでしたか？　Pythonを使ってExcelの請求書作成、PDF化、添付ファイル付きのメール作成・送信、さらにはスクレイピングやWeb APIを自動化する基本的な方法、およびツボとコツは身に付けられたでしょうか？

とはいえ、「はじめに」でも触れましたが、基本的な方法だけでも、解説した内容は多岐にわたり、分量も多いため、一読しただけでは身に付けるのは難しいことでしょう。一読したあとも何度か読み返しつつ、コードを再び書いて実行したり、コードの一部を変更して試したりして、徐々に理解を深めていくとよいでしょう。

また、本書ではメール受信をはじめ、解説できなかった内容がいくつかあります。最近はインターネットに豊富な情報があるので、それらを参考に自分で学んでみるとよいでしょう。本書で得た知識とノウハウがあれば、ザセツすることなく身に付けられるはずです。

読者のみなさんがPythonによるExcelやメール操作などの自動化の実践力アップに、本書が少しでもお役に立てれば幸いです。

索 引

記号・数字

A

B

C

D

さ行

た行

な行

は行

ま行

や行

ら行

わ行

著者略歴

立山　秀利（たてやま　ひでとし）

フリーライター。1970年生まれ。
筑波大学卒業後、株式会社デンソーでカーナビゲーションのソフトウェア開発に携わる。
退社後、Web プロデュース業を経て、フリーライターとして独立。現在は『日経ソフトウエア』でPythonの記事等を執筆中。『図解！　Pythonのツボとコツがゼッタイにわかる本　“超”入門編』『図解！　Pythonのツボとコツがゼッタイにわかる本　プログラミング実践編』『Excel VBAのプログラミングのツボとコツがゼッタイにわかる本［第2版］』『VLOOKUP関数のツボとコツがゼッタイにわかる本』『図解！　Excel VBAのツボとコツがゼッタイにわかる本　“超”入門編』（秀和システム）、『入門者のExcel VBA』『実例で学ぶExcel VBA』『入門者のPython』（いずれも講談社）など著書多数。
Excel VBA セミナーも開催している。
セミナー情報　http://tatehide.com/seminar.html

・Python関連書籍
「図解！　Pythonのツボとコツがゼッタイにわかる本　“超”入門編」
「図解！　Pythonのツボとコツがゼッタイにわかる本　プログラミング実践編」

・Excel 関連書籍
『Excel VBAでAccessを操作するツボとコツがゼッタイにわかる本［第2版］』
『Excel VBA のプログラミングのツボとコツがゼッタイにわかる本』
『続 Excel VBA のプログラミングのツボとコツがゼッタイにわかる本』
『続々 Excel VBA のプログラミングのツボとコツがゼッタイにわかる本』
『Excel 関数の使い方のツボとコツがゼッタイにわかる本』
『デバッグ力でスキルアップ！ Excel VBAのプログラミングのツボとコツがゼッタイにわかる本』
『VLOOKUP関数のツボとコツがゼッタイにわかる本』
『図解！ Excel VBAのツボとコツがゼッタイにわかる本　“超”入門編』
『図解！ Excel VBAのツボとコツがゼッタイにわかる本　プログラミング実践編』

・Access 関連書籍
『Access のデータベースのツボとコツがゼッタイにわかる本 2019/2016対応』
『Access マクロ&VBA のプログラミングのツボとコツがゼッタイにわかる本』

カバーデザイン・イラスト　mammoth.

PythonでExcelやメール操作を自動化するツボとコツがゼッタイにわかる本

発行日　2023年　2月　6日　　第1版第1刷

著　者　立山　秀利

発行者　斉藤　和邦
発行所　株式会社　秀和システム
〒135-0016
東京都江東区東陽2-4-2　新宮ビル2F
Tel 03-6264-3105（販売）Fax 03-6264-3094
印刷所　三松堂印刷株式会社

ISBN978-4-7980-6776-6 C3055